普通高等教育"十二五"部委级规划教材（本科）

浙江省重点教材建设项目

蚕丝加工工程

陈文兴　傅雅琴　主　编

江文斌　副主编

中国纺织出版社

内 容 提 要

本书注重基础性与前沿性相结合、理论与实践相结合,系统地介绍了蚕茧的形成与结构性能、收烘与茧质量鉴定、混剥选茧、煮茧,缫丝和复摇整理,生丝质量检验,制丝加工原理、工艺与设备及制丝用水等知识。全书共分9章,每章前面列有知识点,每章后面附有思考题,供读者自学和练习使用。

本书可作为丝纤维加工与技术、制丝学、蚕丝学等课程的教材,也可以供从事制丝、丝绸生产及设备制造的技术和科研人员参考。

图书在版编目(CIP)数据

蚕丝加工工程/陈文兴,傅雅琴主编. —北京:中国纺织出版社,2013.9(2022.1重印)

普通高等教育"十二五"部委级规划教材(本科) 浙江省重点教材建设项目

ISBN 978 – 7 – 5064 – 9883 – 8

Ⅰ.①蚕… Ⅱ.①陈… ②傅… Ⅲ.①蚕丝—加工—高等学校—教材 Ⅳ.①TS102.3

中国版本图书馆 CIP 数据核字(2013)第 161933 号

策划编辑:秦丹红 责任编辑:王军锋 特约编辑:符 芬
责任校对:寇晨晨 责任设计:何 建 责任印制:何 艳

中国纺织出版社出版发行
地址:北京市朝阳区百子湾东里 A407 号楼 邮政编码:100124
邮购电话:010—67004422 传真:010—87155801
http://www.c-textilep.com
E-mail:faxing@ c-textilep.com
官方微博 http://weibo.com/2119887771
北京虎彩文化传播有限公司印刷 各地新华书店经销
2013 年 9 月第 1 版 2022 年 1 月第 4 次印刷
开本:787×1092 1/16 印张:16.25
字数:323 千字 定价:42.00 元

出版者的话

　　《国家中长期教育改革和发展规划纲要》(简称《纲要》)中提出"全面提高高等教育质量"，"提高人才培养质量"。教高〔2007〕1号 文件"关于实施高等学校本科教学质量与教学改革工程的意见"中，明确了"继续推进国家精品课程建设"，"积极推进网络教育资源开发和共享平台建设，建设面向全国高校的精品课程和立体化教材的数字化资源中心"，对高等教育教材的质量和立体化模式都提出了更高、更具体的要求。

　　"着力培养信念执著、品德优良、知识丰富、本领过硬的高素质专门人才和拔尖创新人才"，已成为当今本科教育的主题。教材建设作为教学的重要组成部分，如何适应新形势下我国教学改革要求，配合教育部"卓越工程师教育培养计划"的实施，满足应用型人才培养的需要，在人才培养中发挥作用，成为院校和出版人共同努力的目标。中国纺织服装教育协会协同中国纺织出版社，认真组织制订"十二五"部委级教材规划，组织专家对各院校上报的"十二五"规划教材选题进行认真评选，力求使教材出版与教学改革和课程建设发展相适应，充分体现教材的适用性、科学性、系统性和新颖性，使教材内容具有以下三个特点：

　　(1)围绕一个核心——育人目标。根据教育规律和课程设置特点，从提高学生分析问题、解决问题的能力入手，教材附有课程设置指导，并于章首介绍本章知识点、重点、难点及专业技能，增加相关学科的最新研究理论、研究热点或历史背景，章后附形式多样的思考题等，提高教材的可读性，增加学生学习兴趣和自学能力，提升学生科技素养和人文素养。

　　(2)突出一个环节——实践环节。教材出版突出应用性学科的特点，注重理论与生产实践的结合，有针对性地设置教材内容，增加实践、实验内容，并通过多媒体等形式，直观反映生产实践的最新成果。

　　(3)实现一个立体——开发立体化教材体系。充分利用现代教育技术手段，构建数字教育资源平台，开发教学课件、音像制品、素材库、试题库等多种立体化的配套教材，以直观的形式和丰富的表达充分展现教学内容。

　　教材出版是教育发展中的重要组成部分，为出版高质量的教材，出版社严格甄选作者，组织专家评审，并对出版全过程进行跟踪，及时了解教材编写进度、编写质量，力求做到作者权威、编辑专业、审读严格、精品出版。我们愿与院校一起，共同探讨、完善教材出版，不断推出精品教材，以适应我国高等教育的发展要求。

中国纺织出版社

教材出版中心

前言

本书是在由苏州丝绸工学院和浙江丝绸工学院共同编写的、纺织工业出版社出版的《制丝学》和《制丝化学》这两本教材的基础上发展而来的。这两本教材后来都经过修订再版，但二十多年来，蚕丝加工理论和技术均有了很大的发展，特别是原来的立缫机缫丝工艺，目前已基本被自动缫丝机缫丝工艺所代替。为了适应蚕丝加工技术的发展，更好地满足高等教育教学和生产企业的需要，我们编写了本书。本书共分9章，系统地阐述了蚕茧的形成与结构性能、生丝质量检验、制丝加工原理、工艺与设备以及制丝用水等内容。

本书第一章由陈文兴(浙江理工大学)、傅雅琴(浙江理工大学)编写；第二章由傅雅琴、胡琛瑜(杭州飞宇纺织机械有限公司)、陈锦祥(东南大学)编写；第三章由胡琛瑜编写；第四章由陈文兴编写；第五章由江文斌(浙江理工大学)、胡琛瑜编写；第六章由李玉红(山东丝绸纺织职业学院)、傅雅琴编写；第七章由江文斌、傅雅琴编写；第八章由胡琛瑜编写；第九章由傅雅琴、江文斌编写；全书由陈文兴统稿。

本书在编写内容上力求兼顾深度与广度，注重基础性与前沿性相结合、理论与实践相结合，以适应本科教育的学习要求，也可供职业教育和从事丝绸纺织行业的工程技术人员、科研人员参考。

本书在编写过程中还参考了很多前辈、同仁的文献资料，由于篇幅限制，有些引用文献并没有在参考文献中一一列出。同时，本书的出版还得到了浙江省教育厅、浙江理工大学的资助和中国纺织出版社的大力支持。在此，一并表示衷心感谢！

本书编写时间紧迫，加之作者水平有限，错误和不妥之处，敬请批评指正！

编者
2013 年 6 月

课程设置指导

课程名称: 蚕丝加工工程

适用专业: 纺织工程专业

总学时: 32 学时

理论教学时数: 28 学时

实验(实践)教学时数: 4 学时

课程性质: 本课程是一门研究如何采用有效的工艺与设备,通过工艺设计与加工技术将蚕茧加工成生丝及对蚕茧、生丝质量进行检验评价的一门学科,是纺织工程学生的学科基础课之一。

课程目的:

1.使学生掌握蚕茧与生丝的基本结构;蚕茧质量及工艺性能对丝纤维加工性能及生丝质量的影响;蚕茧、生丝质量的评价与检验的方法;各类与丝纤维相关的标准的应用。初步掌握工艺设计的程序,了解蚕丝纤维加工的工艺管理过程。

2.能利用所学知识区分蚕茧、生丝质量的好坏。

3.能利用所学知识对常规的蚕茧进行工艺设计,初步具备利用各类与丝纤维相关的标准进行检验与分级的技能。

4.使学生通过相关的理论学习和实验,提高理论联系实际的能力,特别是能利用所学知识解释实际生产中出现的相关现象,并提出解决办法的能力。

课程教学基本要求: 教学环节包括课堂教学、实践教学、实验教学、课外作业和考核。通过各教学环节重点培养学生对理论知识的理解和运用能力。

1.课堂教学:在讲授基本概念的基础上,采用启发、引导的方式进行教学,举例说明蚕丝加工理论在生产实际中的应用,并及时补充最新的发展动态。

2.实践教学(2 学时):安排学生到制丝生产一线现场参观学习、了解整个蚕丝加工的工艺流程,增加感性认识。

课程设置指导

3.实验教学(2 学时):通过进行茧丝纤度分布曲线测定实验,掌握茧丝纤度分布的一般规律及茧丝纤度曲线各项特征数的计算。

4.课外作业:课外作业是引导学生学习、检查教学效果的重要环节,也是体现课程要求的标志,习题的选取应围绕教学要求强调基础训练,培养学生分析和解决问题的能力,巩固所学知识,又较贴近应用实际并可激发学生学习兴趣。每章给出若干思考题,尽量系统反映该章的知识点,布置适量书面作业。

5.考核:采用阶段测验进行阶段考核,以考试作为全面考核。考核形式根据情况采用开卷、闭卷笔试方式,题型一般包括填空题、名词解释、判断分析题、计算题。

理论教学学时分配

章 序	讲 授 内 容	学时分配
第一章	蚕茧的形成与结构性能	4
第二章	蚕茧的收烘与茧质检验	2
第三章	混茧、剥茧、选茧	2
第四章	煮茧	4
第五章	缫丝	6
第六章	复摇整理	2
第七章	生丝质量检验	2
第八章	制丝工艺设计	4
第九章	制丝用水	2
合 计		28

目录

第一章　蚕茧的形成与结构性能

本章知识点

1. 茧丝的形成与茧丝在茧层中的排列形式。

2. 茧的外观性状及外观性状与制丝工艺的关系。

3. 茧的工艺性能及工艺性能与缫丝产量、质量、消耗的关系。

4. 柞蚕茧的形状与茧层的组成。

第一节　蚕茧的形成

一、蚕的基本知识

1. 蚕的分类　蚕属于节肢动物门,昆虫纲,鳞翅目,蚕蛾科,分为家蚕(也称桑蚕)与野蚕两类。家蚕以桑叶为饲料,结成的蚕茧可以加工成生丝,是天然丝的主要来源;野蚕有柞蚕、蓖麻蚕、天蚕、樟蚕、樗蚕和柳蚕等数种。柞蚕茧可以加工成柞蚕丝,是天然丝的第二来源;另外,天蚕茧可以缫制成天蚕丝;其他野蚕结的茧不易缫丝,一般用作绢纺原料或拉制丝绵。

我国农村地区以饲养家蚕为主,少部分地区饲养柞蚕。天蚕只在黑龙江省、吉林省等部分山间湖畔的柞林中有繁殖。

2. 家蚕的发育过程　家蚕是一种属于完全变态的昆虫,它的一生中要经过卵、幼虫、蛹和成虫四个阶段,如图 1 – 1 所示。

(1) 卵　　　　(2) 幼虫(蚕儿)　　　　(3) 蛹　　　　(4) 成虫（蛾）

图 1 – 1　家蚕的四个发育阶段

家蚕是以卵越冬,从蚕卵催青孵化后发育成长的幼虫,通常称为蚕儿。从卵孵化出来的小蚕称蚁蚕。蚁蚕开始食桑,蚕体逐渐发育长大,大约三天以后,停止食桑,不动,称为"眠"。经过一昼夜,脱去旧皮,换上新皮,便开始新的龄期。从蚁蚕到第一次脱皮称为一龄;第一次脱皮完成到第二次脱皮称为二龄;以后各龄依此类推。蚕儿一般脱皮四次,经过五龄开始结茧。蚕儿生长到五龄期末,停止食桑,皮肤透明,这时蚕儿称为熟蚕。此时蚕儿上蔟,开始吐丝结茧。从蚕卵孵化出蚁蚕到熟蚕结茧的时间称作蚕期。蚕期因品种、饲育季节和饲育条件而异,一般春期约26天,夏秋期为20~24天。

3. 家蚕品种 家蚕品种是提高生丝产、质量,降低消耗的先决条件,也是保证蚕茧优质高产的主要因素。蚕品种以系统分有中国种、日本种、欧洲种;以季节分有春蚕、夏蚕、秋蚕,秋蚕还分早秋蚕、中秋蚕、晚秋蚕和晚晚秋蚕;按化性分有一化性、二化性和多化性。化性是指一年内在自然条件下孵化的次数。一化性的蚕儿的特点为发育慢、体质弱,但丝质优良;多化性的蚕儿的特点为发育快、体质强,但丝质较差。我国多数省区一般采用二化性品种,只有广东、广西等省份采用多化性品种。不同品种交配而培育成的种称杂交种。目前我国农村饲养的都为一代杂交种。图1-2所示为家蚕一化性品种的生长历程。

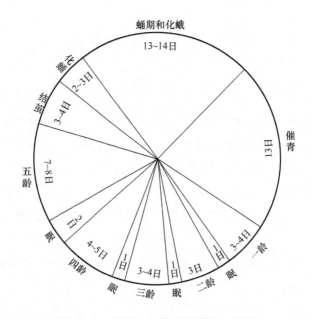

图1-2 家蚕一化性品种的生长历程

现行主要蚕品种中,春期有菁松×皓月、苏5×苏6、杭7×杭8、871×872等;夏秋期有秋丰×白玉、苏3·秋3×苏4、781×朝霞等。为了提高蚕茧产量,不少地方正在推广春种秋养技术。

二、蚕丝的形成

蚕丝来源于绢丝腺。当蚕儿成熟时,其体内的绢丝腺也已经发育成熟。此时若解剖蚕体可见一个半透明对称的管状器官,即是绢丝腺,如图1-3所示。

蚕儿吐丝时,依靠其体壁肌肉的收缩和吐丝部的压缩作用,使绢丝腺中的绢丝液由后部丝腺向前推进,后部丝腺分泌的是丝素。经中部丝腺时,丝素被中部丝腺分泌的丝胶包围;到达前部丝腺时,丝素在内,丝胶在外,完全密合成柱状的绢丝液;再前进到吐丝部,左右两根柱状绢丝液在吐丝部汇合,经吐丝部的榨丝区、吐丝口排出体外,在空气中凝固硬化成一根茧丝。在吐丝

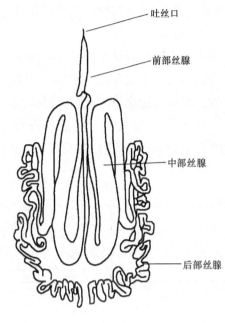

吐丝口

前部丝腺

中部丝腺

后部丝腺

(a)实物照片　　　　　　　　　　　　(b)示意图

图1-3　家蚕的绢丝腺

过程中,液状物质经过丝腺本身的收缩作用而脱掉部分水分,浓度提高,且丝素分子沿流动方向逐渐变为有规则排列,分子的取向度提高。当丝素通过吐丝部时,又受剪切应力作用,丝素分子链伸展,且部分结晶化。蚕在吐丝时,由于头部左右摆动,即产生牵引作用,使绢丝液纤维化而形成茧丝。

三、吐丝结茧

1.结茧过程　蚕儿成熟后,停止食桑,寻找适当的结茧场所。将适熟蚕逐头捉起放在蚕蔟上叫作上蔟(也叫上山)。常用的蔟具有方格蔟(塑料、纸板等做成)、伞形蔟、蜈蚣蔟、折蔟(稻草、麦秆等做成),其中方格蔟较为理想。蚕儿上蔟后,吐出绢丝液形成丝缕,不规则地绕在蚕蔟上,先构成蚕茧的骨架,然后排泄粪尿,再吐出疏松、十分零乱的丝圈,构成初步具有茧子轮廓的茧衣。

茧衣结成后,蚕儿开始以有规则的形式进行吐丝,每吐出15～20个丝圈,更换一次位置,很多丝圈相互重叠,并借丝胶的黏合作用构成茧层。吐丝接近终了时,蚕儿吐丝速度逐渐减慢,且头部摆动无规则,致使这部分丝缕细弱而紊乱,这是茧层的最内层部分,称为蛹衣。

蛹衣形成后,蚕就在茧内脱去蚕皮化蛹。因此,一粒蚕茧是由茧衣、茧层、蛹衣和蛹体四部分组成。蛹衣和蛹体叫作蛹衬,能够用来缫丝的为茧层。茧衣的丝缕细而脆弱,丝胶含量多,排列不规则,也不能用来缫丝。蛹衣的丝缕也较细弱,丝胶含量少,排列不规则,也不能用来缫丝。茧衣和蛹衣通常用作绢纺原料。

结茧过程中的蔟中环境,以温度、相对湿度、气流最为重要。当蔟中高温多湿或低温多湿,以及不通风或没有气流时,解舒率等茧质明显下降。一般蔟中温度以22～25℃,相对湿度以

70% ±5%,气流速度以0.2~1m/s为宜。此外,还要求上蔟环境的光线柔和,避免阳光直射。

2. 茧丝的排列形式 吐丝时蚕儿头部左右摆动,使吐出的丝形成S形或8字形,依靠丝胶胶着而重叠排列起来。

茧丝的排列形式,因蚕品种、茧层部位和蔟中温湿度等不同而有差异。一般中国系统和欧洲系统的原种,其吐丝形式多为S形,日本系统原种则多为8字形。中日杂交种的茧丝排列形式,在外层时蚕体移动速度快,头部左右摆动幅度较狭,丝环的横幅A短、纵幅B长、开角φ大,呈S形;渐至中内层,移动速度渐慢,而头部左右摆动的幅度较宽,丝环横幅A长、纵幅B短、开角小,成为较狭长的S形,并逐渐改变成8字形,如图1-4所示。

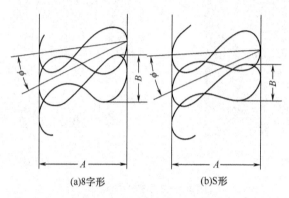

(a)8字形   (b)S形

图1-4 茧丝的排列形式

A—幅 B—纵幅 φ—开角

对茧层各部位的茧丝排列形式进行调查统计,其结果见表1-1。

表1-1 丝缕排列形式分布

茧形	不同茧层部位S形所占百分比(%)					
	100回(外)	200回	300回	400回	500回	600回(内)
椭圆	64	30	8	3	1	0
束腰	68	14	2	0	0	0

注 1回=1.125m,S形与8字形的总和为100%。

从表1-1可以看出,不论椭圆形或束腰形茧,茧丝排列形式由外层大部分是S形,逐渐转变到内层大部分是8字形,接近蛹衬部分,几乎全是8字形。一般茧型大的丝圈大;茧型小的丝圈也小。同粒茧,丝圈在茧的膨大部最大,束腰部次之,两端最小。丝圈的排列与蔟中温度有关,在29℃以上高温时,吐丝速度快,A长,B短,φ小,重叠多;在21℃以下低温时,吐丝速度慢,A、B都小,φ也小,重叠多而不整齐;一般在22~25℃适温时,吐丝幅度适当,重叠少。

茧丝排列形式的不同,对煮茧、缫丝有不同的影响。茧丝排列形式为S形的,丝缕交叉重叠点少,容易干燥,胶着程度轻,煮后容易离解;茧丝排列形式为8字形的,交叉重叠点多,干燥缓慢,胶着程度重,煮后难以离解,缫丝过程中茧子跳动比较激烈,容易增加落绪和产生环颚。

3. 采茧的适期　蚕儿结茧过程中温度高时,吐丝速度快;温度低,吐丝速度慢。结茧时的温度一般在 24℃左右,结茧过程需要 50～60h。吐丝结束后,再经过两昼夜就蜕化成蛹。刚化蛹的蛹体呈淡乳黄色,蛹皮软嫩,容易受伤。此时不宜采茧,否则蛹体容易受损破裂,其浆液会污染茧层,形成内印茧。再过两昼夜,蛹皮坚韧,并转变成黄褐色,此时便是采茧适期。通常春茧在上蔟后 6～7 天,夏秋茧在上蔟后 5～6 天,晚秋茧在上蔟后 7～8 天,采茧最为适宜。

采茧过迟,如有蝇蛆寄生,容易增多蛆孔茧,最好在采茧前检查一下化蛹情况。采茧时应注意轻采轻放,按类分开堆放,分别出售。

第二节　茧的外观性状

茧的外观性状是指茧的形状、大小、颜色、光泽,茧层的缩皱、厚薄、松紧、通气性和通水性等,它们均可凭肉眼观察和触感加以初步鉴别。茧的外观性状与制丝工艺关系密切。

一、茧的形状和大小

(一)茧的形状

家蚕茧的形状主要有圆形、椭圆形、束腰形、框子形和尖头形,与饲养的品种有很大的关系。中国种多圆形、椭圆形和尖头形;日本种多深束腰形;欧洲种多浅束腰形。目前,我国饲育的品种的茧形多呈椭圆而带浅束腰形,如图 1-5 所示。

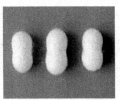

　(a)中国种(圆形)　　　(b)日本种(深束腰形)　　　(c)欧洲种(浅束腰形)　　(d)中国种与日本种杂交(椭圆形)

图 1-5　茧的形状

束腰形茧,由于束腰部分的茧层较厚,丝缕胶着程度重,难以均匀煮熟,缫丝时茧丝容易切断,落绪增多。尖头形茧,由于尖头处的茧丝排列不规则,缫丝时茧跳动大,茧丝也易切断。

(二)茧的大小

茧的大小是以一粒茧的纵幅和横幅来表示,单位为毫米(mm),可用茧幅尺测量。我国桑蚕茧现行品种的春茧,一般纵幅为 28～37mm,横幅为 15～23mm;夏秋茧一般纵幅为 25～35mm,横幅为 15～20mm。柞蚕茧春茧纵幅为 42mm 左右,横幅为 22mm 左右;秋茧纵幅为 47mm 左右,横幅为 24mm 左右。工厂只测量横幅,以表示茧幅。通常抽取 100 粒样茧,逐粒量

出茧幅大小,以相差1mm为一档,计算平均茧幅、茧幅整齐率、茧幅均方差和茧幅最大开差。计算式如下:

$$\overline{E} = \frac{\sum_{i=1}^{n} f_i E_i}{N} \qquad (1-1)$$

式中: $\overline{E}$ ——平均茧幅, mm;

n ——茧幅档数;

E_i ——第 i 档茧幅, mm;

f_i ——第 i 档的频数;

N ——样茧总粒数, 粒。

$$E = \frac{N_m + N_n + N_d}{N} \times 100\% \qquad (1-2)$$

式中: E ——茧幅整齐率, %;

N_m ——粒数最多一档茧幅粒数, 粒;

N_n ——粒数最多一档的上一档茧幅粒数, 粒;

N_d ——粒数最多一档的下一档茧幅粒数, 粒。

$$E_k = E_{max} - E_{min} \qquad (1-3)$$

式中: E_k ——茧幅最大开差, mm;

E_{max} ——最大一档的茧幅, mm;

E_{min} ——最小一档的茧幅, mm。

$$\sigma = \sqrt{\frac{\sum_{i=1}^{n} f_i (E_i - \overline{E})^2}{N}} \qquad (1-4)$$

式中: σ ——茧幅均方差, mm。

在茧幅相同的情况下,茧幅均方差小,表示茧型比较整齐;茧幅整齐率大,也表示该批茧的茧型较整齐。

表示茧型大小的方法还有下列几种。

(1)公斤茧粒数,即1000g茧的粒数(也有用500g茧的粒数表示的,企业一般称为斤茧粒数)。一般春茧为1000~1300粒,夏秋茧为1500~1800粒。

(2)0.11m²(1平方市尺)的茧粒数。一般春茧为170~200粒,夏秋茧为190~220粒,目前已较少用。

茧的大小,不仅与蚕品种有关,还与催青温度(21~26℃)、饲育环境等有关,特别是与五龄期内食桑的多少、桑叶的好坏有关。

一般茧型大,其茧丝粗,茧丝长;茧型小则相反。同一批茧子因茧型大小不一,则茧丝纤度粗细也不一,从而影响生丝纤度的均匀程度。茧的大小不一,还不利于煮熟均匀。因此,制丝工艺要求茧的形状和大小均匀一致。

二、茧的颜色和光泽

（一）茧的颜色

桑蚕茧的颜色有黄色、白色、淡绿色、淡红色等几种。我国饲育的杂交种均为白色茧。白色茧中又可分纯白、白带乳黄、白带微绿等色。柞蚕茧则多为黄褐色，一般是外层色较深，内层色较浅（基本接近白色）。

茧的色素来源于桑叶。由于蚕品种的不同，蚕体内消食管和绢丝腺对色素的透过性或合成能力有差异，以致吃下同一品种的桑叶会结成不同颜色的茧。如白蚕种，因为它对色素缺乏透过性，又没有合成能力，所以结的茧呈白色。

有色茧的色素大部分存在于丝胶中，极少量渗透到丝素中。因此，生丝精练除去丝胶后，颜色大部分褪去，但还会残留一部分。

茧的颜色，除了蚕品种的主要原因外，还与蔟中环境有关。在温度相同时，蚕儿在多湿环境下吐丝，容易增多米色茧，使茧色呈暗灰色，光泽变次，这种茧的解舒差。

（二）茧的光泽

光泽是指光线投射到蚕茧上再反射到人们眼中所引起的感觉。茧层对光线的反射能力强，茧的光泽就好；反之则差。白色茧的反射能力强，故光泽好；茧色灰暗，则茧的光泽呆滞。有色茧因光线反射能力弱，其光泽较差。在多湿环境下结的茧，茧丝不易干燥，其光泽差，解舒亦差。

茧的颜色和光泽与制成的生丝的色泽有关。茧的色泽不齐，则生丝的色泽也不整齐，且会产生夹花丝。制丝要求茧的颜色和光泽统一整齐。

三、茧的缩皱

茧层表面细微的凹凸皱纹称为缩皱。形成缩皱的原因在于蚕儿吐丝时从外层逐渐向内层，从而不同茧层干燥先后有别。因为茧丝干燥时产生收缩，当先干燥的外层已基本定形不再收缩时，后干燥的内层收缩牵引外层，使外层起皱。由于各层收缩是依次进行的，外层受到多次牵引，缩皱加深；越往内层，缩皱越浅，直至最内层茧层已趋于平坦。

缩皱的形态有粗缩皱和细缩皱之分。同一品种在合理的温湿度范围内结茧，一般干燥较快，收缩均匀，缩皱较细，且排列均匀，凹沟浅；反之，在多湿环境下结茧，则缩皱大多数较粗，排列乱，凹沟深。病蚕结茧时无力，茧丝排列紊乱，茧层松浮，看不清缩皱，形成绵茧。

缩皱的粗细和均匀与否，直接影响缫丝的难易程度。同一品种的茧，缩皱细而均匀，则茧层弹性好，丝缕离解容易，颣节少，对缫丝有利；缩皱粗乱不均，凹沟深，茧层坚硬，丝缕不易离解，容易产生颣节，缫丝较困难。绵茧因颣节极多，不用于缫丝；柞蚕茧的缩皱比桑蚕茧密，水不易渗透，丝缕不易离解。

四、茧层的厚薄与松紧

（一）茧层的厚薄

茧层的厚薄通常是凭手的触感来鉴别，也可以用测微器来测定。茧层厚度一般为 $0.36 \sim 0.90$ mm。茧层厚薄不仅与蚕品种、饲育条件、上蔟环境有关，而且在同一粒茧的各个部位也不一样。一般束腰部最厚,膨大部次之,两端最薄。无束腰形的茧,膨大部厚、两端薄(表1-2)。

表1-2 蚕茧部位与茧层厚薄

蚕茧部位	相对湿度			
	65%		75%	
	次数	平均厚度(mm)	次数	平均厚度(mm)
束腰部	220	0.600	133	0.646
膨大部	220	0.537	133	0.560
两　端	220	0.366	—	—

注　摘自上海纺织科学研究院测定资料。

茧层厚,则丝量多,出丝率高;反之则低。茧层厚薄不匀,煮茧时易产生煮熟不匀,特别是薄头茧易煮成穿头茧,给缫丝带来困难,并且增大缫折。

(二)茧层的松紧

茧层的松紧是指茧层的软硬和弹性,可以用紧密度,即单位面积的茧层量与厚度之比或单位体积的茧层量(一般为0.30~0.45mg/mm³)表示。通常用触感鉴别,凡是感觉茧层紧硬富有弹性的称作"紧",感觉松软弹性差的称作"松"。

在多湿环境下结的茧,触感硬而无弹性。这种茧胶着重,解舒差,额节多,缫丝困难。反之,在高温干燥环境下结的茧,触感软,缺乏弹性,这种茧煮茧困难,缫丝中绵条额多,运转率减小,断头数增加。因此,茧层的胶着程度必须适当,过松和过紧均不适宜。缫丝要求茧层厚薄均匀、松紧适当,富有弹性。

五、茧层的通气性和通水性

(一)通气性

通气性是指空气通过茧层的难易程度,或者说是空气通过茧层时阻力的大小。通气性的好坏主要由茧层结构决定,与茧层的空隙大小有关。

茧层薄、茧型大、茧丝粗、缩皱粗疏的,通气性较好,反之则差。同一粒茧中,由于蚕茧部位不同,茧层厚薄有差异,通气性也不同:膨大部通气性好,束腰部则差,两端通气性最好。

另外,茧层的通气性与其干燥程度有很大关系。茧层干燥程度增加,其通气性也随之增加;当茧层湿润而面上附有水膜时,空气进出的阻力加大,通气性减弱。

(二)通水性

通水性是指水通过茧层的难易程度,或者说是水通过茧层的阻力大小。

由于茧层中有许多微细空隙和丝纤维的多孔性,茧层具有毛细现象,水能自然润湿茧层,进入茧腔。当茧层湿润时,微细空隙被水填充,茧层的通水阻力减小,通水性比干燥茧层的要好。

(三)两者的关系

茧层的通水性与通气性大体上是一致的,与茧层的紧密度、空隙大小等有密切关系。通气性好,则通水性好;对于干湿程度不同的蚕茧,干茧层的通气性较好,湿茧层的通水性较好。茧层的通水性和通气性直接影响煮茧质量的好坏和缫丝的难易,通气通水性好的,蒸汽容易通过茧层进入茧腔,空气置换和热汤进出茧层都比较容易,因而有利于茧的渗透和均匀煮熟,利于缫丝。

第三节　茧的工艺性能

茧的工艺性能包括茧丝长、茧丝量、茧丝纤度、茧的解舒和茧丝的颣节等。这些性能与缫丝的产质量和原料的消耗关系密切。

一、茧丝长

茧丝长是指一粒茧所能缫得的丝长,单位为米(m)或回。

测定方法有一粒缫或定粒缫。

1. 一粒缫　取一粒煮熟的茧子,找出丝头,用检尺器摇取它的长度,从检尺器上读出所摇取的回数。这样逐粒摇取,取其平均值。

2. 定粒缫　将煮熟的茧子,在缫丝机上以一定的绪数,每绪 8 粒进行缫丝,然后用检尺器摇取生丝总长,按下式算出茧丝长:

$$L_j = \frac{L_s N_A}{N_B} \tag{1-5}$$

式中:L_j——茧丝长,m;

　L_s——生丝总长,m;

　N_A——定粒数,粒(一般为 8 粒);

　N_B——供试茧粒数,粒。

工厂一般采用定粒缫的方法,一是操作简便,二是与实际缫丝结果接近。

茧丝长因蚕的品种、饲育条件及饲育时期不同而有差异。目前我国桑蚕春茧的茧丝长一般为 1000 ~ 1200m,也有 1400m 以上的;夏秋茧的茧丝长一般为 700 ~ 900m,也有 1000m 以上的。在同一解舒条件下茧丝长越长,缫丝时可以减少添绪次数,即单位时间自然落绪少,因而产量和质量都能提高;同时屑丝量和蛹衣量相对减少,还利于提高出丝率,降低原料消耗。

二、茧丝量

茧丝量是指一粒茧所能缫得的丝量。茧丝量的决定因素有全茧量、茧层率和茧层缫丝率。工厂通常用出丝率和缫折来计算一批茧子丝量的多少。桑蚕春茧茧丝量为 0.22 ~ 0.48g,桑蚕夏秋茧茧丝量为 0.2 ~ 0.37g。柞蚕茧茧丝量一般为 0.40 ~ 0.46g。

(一)茧层率

茧层率是指茧层量占全茧量的百分比,是决定茧丝量的主要因素。毛茧包括茧衣、茧层、蛹体、蜕皮四部分。除去茧衣的茧称光茧。由于茧子有光茧和毛茧之分,所以茧层率也有光茧茧层率和毛茧茧层率的区别。通常所讲的茧层率是指光茧茧层率。计算式如下：

$$\eta_c = \frac{W_c}{W_z} \times 100\% \qquad (1-6)$$

式中：η_c——茧层率，%；

$\quad W_c$——茧层量，g；

$\quad W_z$——全茧量，g。

茧层率常因蚕品种等的不同而不同。目前桑蚕鲜茧茧层率一般为18%~25%，干茧茧层率一般为48%~54%。柞蚕鲜茧茧层率为10%左右。

茧层率与饲育条件关系密切。蚕儿在饲育中良桑饱食，是提高茧层率的基本条件。此外，饲育时期、蚕的雌雄、化蛹程度、茧形大小和空气干湿等，均会影响茧层率的高低。

1. 饲育时期对茧层的影响　春茧的茧层率、出丝率都比夏秋茧高，晚秋茧比中秋茧高，中秋茧比早秋茧高。

2. 蚕儿性别、茧型对茧层率的影响　在同一环境下饲育同一品种的蚕儿，一般雌蚕结的茧的茧型大，蛹体重，茧层率低。雄蚕结的茧多为中、小型茧，茧层量与雌茧接近，蛹体轻，全茧量小，故茧层率高。蚕儿雌雄与茧层率的关系见表1-3。

表1-3　蚕儿雌雄与茧层率的关系

品种	性别	全茧量（g）	茧层量（g）	鲜茧的茧层率（%）
荧苏×荧晓	雌	1.435	0.301	20.98
	雄	1.157	0.297	25.63

注　摘自《纺织学报》2005年第4期。

从表1-3可以看出，同一蚕品种雄蚕茧的茧层率高。另外，在茧幅整齐率等其他的茧质指标上，雄蚕茧也占有一定的优势，因此，目前不少地区推广养育雄蚕茧。

3. 化蛹程度对茧层率的影响　蛹体重量随化蛹程度的增进而逐渐减轻，因此，越接近化蛾，茧层率越高（表1-4）。

表1-4　化蛹程度与茧层率变化

蔟后的天数	气候	粒数（粒）	全茧量（g）	蛹体量（g）	化蛹程度	茧层率（%）
5	阴晴	20	42	34.9	毛脚	16.9
6	阴	20	39.3	31.7	蛹淡黄	19.3
7	阴晴	20	36.8	29.6	蛹皮黄	19.6
8	阴晴	20	36.3	29.3	蛹皮黄	19.3
9	阴晴	20	36.3	29.3	蛹皮黄	19.3
10	阴晴	20	35.8	28.8	蛹皮黄	19.6
11	晴	20	35.8	28.8	蛹皮黄	19.6

续表

蔟后的天数	气候	粒数(粒)	全茧量(g)	蛹体量(g)	化蛹程度	茧层率(%)
12	晴	20	35.3	28.3	蛹皮黄	19.8
13	晴	20	34.2	27.2	蛹皮黄	20.46
14	大晴	20	33.2	26.3	黢色	20.76
15	大晴	20	31.9	25.1	眼黑色	21.25
16	阴	20	30.5	23.7	眉清晰	22.3
17	阴	20	28.8	22.6	眉清晰	23.3

注　摘自江苏省江阴周庄茧站的调查资料。

在茧的解舒相同的条件下,茧层量越大,茧层率越高,出丝量就越多,经济价值越大,因此制丝工艺要求茧层量越大,茧层率越高越好。

(二)茧层缫丝率

茧层缫丝率是指蚕茧缫得的丝量占茧层量的百分比。计算如下:

$$\eta_{cs} = \frac{W_j}{W_c} \times 100\% = \frac{W_s}{W_z \eta_c} \times 100\% \qquad (1-7)$$

式中:η_{cs}——茧层缫丝率;

$\quad W_j$——茧丝量,g;

$\quad W_c$——茧层量,g;

$\quad W_s$——生丝量,g;

$\quad W_z$——总茧量,g。

从理论上讲,缫得的丝量应等于茧层量。但由于在煮茧、缫丝中,丝胶、灰分、蜡物质等散失一部分(5%~7%);索理绪和寻头、接结、弃丝等又浪费了一部分丝缕(4%~7%);蛹衬不能缫丝(5%~8%),因此,缫得的丝量低于茧层量。目前鲜茧茧层缫丝率一般为71%~88%,干茧茧层缫丝率为65%~85%。

(三)出丝率

出丝率 η_s 又称丝量百分率,是指缫得丝量占茧量的百分比。计算公式如下:

$$\eta_s = \frac{W_s}{W_z} \times 100\% \qquad (1-8)$$

出丝率的大小与茧层率、茧层缫丝率有密切关系。茧层厚、茧层率高、茧层缫丝率高的蚕茧,出丝率高。三者关系为:

$$\eta_s = \eta_c \cdot \eta_{cs} \qquad (1-9)$$

(四)缫折

缫折又称消耗率,是指茧量占缫得丝量的百分比。习惯指缫制100kg生丝所用茧量的千克数。由于茧有毛茧与光茧之分,因此缫折又分为毛折与光折两种。

$$Z = \frac{W_z}{W_s} \times 100\%$$

$$Z_{\mathrm{m}} = \frac{W_{\mathrm{jm}}}{W_{\mathrm{s}}} \times 100\% \qquad (1-10)$$

$$Z_{\mathrm{g}} = \frac{W_{\mathrm{jg}}}{W_{\mathrm{s}}} \times 100\%$$

式中:Z——缫折,%;

Z_{m}——毛折,%;

W_{jm}——毛茧量,g;

Z_{g}——光折,%;

W_{jg}——上车光茧量,g。

毛茧经过剥选后,能上车缫丝的光茧称为上车光茧;上车光茧量占毛茧量的百分比称为上车率 η_{j}。计算公式如下:

$$\eta_{\mathrm{j}} = \frac{W_{\mathrm{jg}}}{W_{\mathrm{jm}}} \times 100\% \qquad (1-11)$$

光折与毛折的关系式如下:

$$Z_{\mathrm{g}} = Z_{\mathrm{m}} \cdot \eta_{\mathrm{j}} \qquad (1-12)$$

出丝率与缫折的关系式如下:

$$\eta_{\mathrm{s}} = \frac{100}{Z} \times 100\% \qquad (1-13)$$

一般,春茧光折为220%~270%,夏秋茧光折为250%~320%。毛折一般比光折高10%或以上。

三、茧丝纤度

(一)纤度的概念与单位

纤度是指丝条粗细的程度,以一定长度的丝量表示,国际单位为特克斯,符号为 tex,简写成"特"。凡丝长1000m,丝量1g时称为1tex。特克斯是法定单位制,其公式如下:

$$\mathrm{Tt} = \frac{W}{L} \times 1000 \qquad (1-14)$$

式中:W——丝量,g;

L——丝长,m。

由于茧丝和生丝纤度较细,采用特克斯值过小,所以常用分特(dtex)来表示:

$$1\mathrm{tex} = 10\mathrm{dtex}$$

丝厂常用单位为旦尼尔俗称条分,简写成"旦",凡丝长9000m、丝量1g或丝长450m、丝量0.05g时,称为1旦。其公式如下:

$$N_{\mathrm{D}} = \frac{W}{L} \times 9000 \qquad (1-15)$$

如长度不变,丝量越大,则特数或旦数越大,纤度越粗。旦尼尔与特克斯之间的关系式如下:

$$1\mathrm{tex} = 9\text{旦}$$

目前我国丝绸厂生丝纤度单位大都仍采用旦尼尔,本书在后续章节采用旦表示生丝纤度单位。由于丝量是随周围空气温湿度变化而变化的,因此纤度必须在标准温湿度条件下测定。如不符合此条件,则测得的纤度必须换算成公量纤度(即公定回潮率为11%时的纤度)。

(二)影响茧丝纤度的因素分析

1. 蚕品种　同一季节里,由于蚕品种的不同,蚕儿体质强弱和大小有差别,因而其茧丝纤度不同。就蚕的系统讲,日本系统最粗,欧洲系统次之,中国系统最细。就化性而言,一化性最粗,二化性及多化性较细。目前桑蚕茧丝纤度一般为2.3~3.2旦(2.6~3.5dtex)。柞蚕茧丝纤度一般为5.6旦(6.2dtex)。

2. 饲育时期　同一品种,由于饲育时期的不同,茧丝纤度也会产生差异。一般春茧粗,中晚秋茧次之,夏茧及早秋茧最细。

3. 茧幅　其大小与茧丝纤度有密切的关系(表1-5和图1-6)。

表1-5　茧幅与茧丝纤度的关系

茧幅(mm)	15	16	17	18	19	20	21	22	23
纤度(旦)	2.297	2.355	2.423	2.592	2.657	2.765	2.897	3.028	3.105
纤度(dtex)	2.55	2.592	2.614	2.807	2.949	3.069	3.216	3.361	3.447

注　浙江理工大学实验室得到的一粒缫数据,蚕茧由浙江米赛丝绸集团提供的2010年春茧(菁松×皓月),每个茧幅,测定5粒样茧,取平均值。

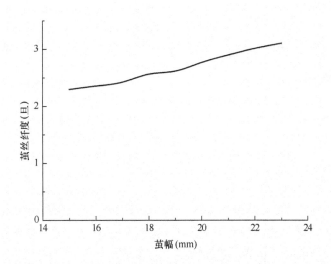

图1-6　茧幅与茧丝纤度的关系

由上可知,同一品种蚕茧的茧丝纤度随着茧幅增大而变粗。

4. 茧层部位　一粒茧的茧丝纤度,从外层到内层是不相同的。一般蚕茧从外层到内层,茧丝纤度逐渐变粗,到一定程度后,又逐渐减细。蚕茧外、中、内层的划分:从起始点到最粗的100回为外层,从最粗的100回到平均纤度的为中层,从平均纤度到结束为内层。即茧丝纤度曲线上存在着四个特殊点,如图1-7所示A、B、C、D四点。在$A(0, Y_A)$点处为茧丝纤度的起点,即

$X_A = 0; B(X_B, Y_{max})$ 点处的茧丝纤度最粗; $C(X_C, S)$ 点处的茧丝纤度等于平均茧丝纤度; 而 $D(L, Y_D)$ 点处为茧丝纤度的终点, 即 $X_D = L$(L 为茧丝长)。四个特殊点正好把茧丝纤度曲线划分成蚕茧的外层、中层及内层。

(三)茧丝纤度曲线及其各项特征数

图 1 - 7 所示为茧丝纤度曲线图。横坐标 X 为茧丝长, 纵坐标 Y 为茧丝纤度。

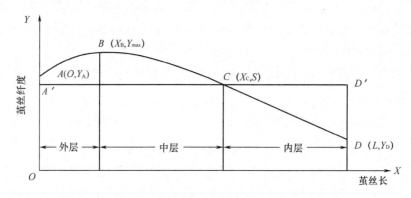

图 1 - 7　茧丝纤度曲线及茧层外、中、内层的划分

常用茧丝平均纤度、茧丝纤度均方差、茧丝纤度最大开差、茧丝纤度初末开差等各项指标来表示其特征数。

1. 茧丝平均纤度　指每粒茧茧丝纤度的平均值。计算公式如下:

$$\overline{Y}_j = \frac{1}{L} \int_0^L Y \mathrm{d}X \qquad (1-16)$$

式中: $\overline{Y}_j$ ——第 j 粒茧的茧丝平均纤度, 旦或 dtex;

　　　L ——茧丝长度, 回。

也可以写成:

$$\overline{Y}_j = \sum_{i=1}^n \frac{X_{ij}}{n} \qquad (1-17)$$

式中: X_{ij} ——第 j 粒蚕茧的第 i 百回的茧丝纤度, 旦或 dtex;

　　　n ——第 j 粒蚕茧的茧丝百回数。

2. 茧丝纤度粒内均方差(也称为偏差)　指一粒蚕茧内各百回茧丝纤度值的均方差, 表示一粒茧茧丝纤度离散情况的统计量。均方差大, 表示一粒茧茧丝纤度变化大; 反之则表示茧丝纤度接近平均纤度, 变化小。计算公式如下:

$$\sigma_{aj} = \sqrt{\sum_{i=1}^n \frac{(X_{ij} - \overline{X}_j)^2}{n}} \qquad (1-18)$$

式中: σ_{aj} ——第 j 粒蚕茧的茧丝纤度粒内均方差, 旦或 dtex;

　　　X_{ij} ——第 j 粒蚕茧的第 i 百回的茧丝纤度, 旦或 dtex;

　　　$\overline{X}_j$ ——第 j 粒蚕茧的平均纤度;

　　　n ——第 j 粒蚕茧的茧丝百回数。

3. 茧丝纤度均方差（也称为综合均方差）　指各粒茧、各百回茧丝纤度值的全部数据的均方差，表示各粒茧子各部位茧丝纤度的离散程度。由茧丝纤度的粒内均方差 σ_a 和粒间均方差 σ_b 组成。其计算公式如下：

$$\sigma_s^2 = \sigma_a^2 + \sigma_b^2 \qquad (1-19)$$

$$\sigma_a = \sqrt{\dfrac{\sum\limits_{j=1}^{m} \sigma_{aj}^2}{m}} \qquad (1-20)$$

$$\sigma_b = \sqrt{\dfrac{\sum\limits_{i=1}^{m} (\overline{X}_j - \overline{X})^2}{m}} \qquad (1-21)$$

式中：$\overline{X}$——样茧百回茧丝纤度的平均值，旦或 dtex；

　　　m——样茧粒数。

4. 茧丝纤度最大开差　指每粒茧最粗与最细纤度之差。从一个方面反映茧丝纤度的离散性，计算公式如下：

$$R_{max} = Y_{max} - Y_D \qquad (1-22)$$

式中：R_{max}——茧丝纤度最大开差，旦或 dtex；

　　　Y_{max}——最粗百回的茧丝纤度，旦或 dtex；

　　　Y_D——最细百回的茧丝纤度，旦或 dtex；

5. 茧丝纤度初末开差　指每粒茧茧丝起点与终点纤度之差。从一个方面反映茧丝纤度的离散性，计算公式如下：

$$R_{AD} = Y_A - Y_D \qquad (1-23)$$

式中：R_{AD}——茧丝纤度初末开差，旦或 dtex。

图 1-8 为 2009 年浙江米赛丝绸集团有限公司门庄中秋茧丝纤度曲线图。

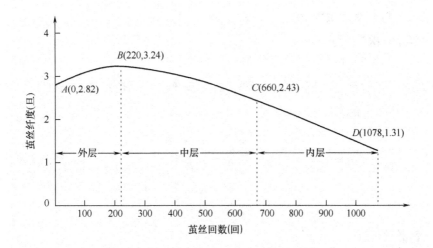

图 1-8　2009 年浙江米赛丝绸集团有限公司门庄中秋茧丝纤度曲线及茧层外、中、内层的划分

不同茧型的茧丝纤度特征数见表 1-6。

表1-6 不同茧型的茧丝纤度特征数

茧型	茧丝长 （回）	茧丝纤度 （旦）	茧丝纤度均方差 （旦）	茧丝纤度最大开差 （旦）	茧丝纤度初末开差 （旦）
大型茧	1294.6	2.963	0.565	1.67	1.01
中型茧	1027.5	2.811	0.492	1.43	0.97
小型茧	958.6	2.522	0.487	1.39	0.82

注 该批蚕茧为湖州大东吴丝绸集团有限公司提供的2007年春茧。

从表1-6中可以看出,茧丝纤度平均偏差 u 、茧丝纤度最大开差 R_{max} 、初末开差 R_{AD} 的大小与生丝纤度偏差有密切关系。茧丝纤度平均偏差、茧丝纤度最大开差、初末开差小,生丝纤度偏差也小。

茧丝纤度平均偏差与茧丝平均纤度有关,茧丝平均纤度细的原料,有利于降低茧丝纤度均方差。

四、茧的解舒

(一)解舒的概念和指标

解舒是指缫丝时茧层丝缕离解的难易程度,狭义的定义是缫丝时中途落绪次数的多少。缫丝时,茧丝离解容易,落绪茧少,解舒好;反之则解舒差。茧的解舒好坏,对于产质量和缫折都有很大影响。

茧子解舒好坏的指标,一般用平均粒茧落绪次数、解舒丝长和解舒率等来表示。

1. 平均粒茧落绪次数 指平均每粒茧落绪的次数(次/粒)。其计算公式如下:

$$K_C = \frac{N_C}{N_B} \tag{1-24}$$

式中: K_C ——平均粒茧落绪次数,次;

N_C ——落绪总次数,次;

N_B ——供试茧粒数,粒。

2. 解舒丝长 指添绪一次所缫取的丝长,桑蚕解舒丝长一般为400~800m,柞蚕解舒丝长为300~450m。其计算公式如下:

$$L_0 = \frac{L_j}{K_t} = \frac{L_j}{1 + K_C}$$

或

$$L_0 = \frac{L_S \times N_A}{N_B + N_C} \tag{1-25}$$

式中: L_0 ——解舒丝长,m;

L_j ——茧丝长,m;

K_t ——粒茧添绪次数,次;

K_C ——粒茧落绪次数,次;

L_{S}——生丝总长,m;

N_{A}——定粒,粒。

3. 解舒率 指解舒丝长占茧丝长的百分比。一般桑蚕茧解舒率为$50\% \sim 75\%$,柞蚕解舒率为$45\% \sim 55\%$。它也反映一批原料茧平均落绪次数的多少。其计算公式如下:

$$\eta_0 = \frac{L_0}{L_{\mathrm{j}}} \times 100\% = \frac{1}{K_{\mathrm{t}}} \times 100\%$$

$$\eta_0 = \frac{1}{1 + K_{\mathrm{C}}} \times 100\% \qquad (1-26)$$

或

$$\eta_0 = \frac{N_{\mathrm{B}}}{N_{\mathrm{B}} + N_{\mathrm{C}}} \times 100\% \qquad (1-27)$$

式中:η_0——解舒率。

(二)影响茧解舒的主要因素

解舒的好坏可以用落绪次数来衡量,因此,讨论影响解舒的因素就要分析产生落绪的原因,缫丝时要使茧丝从茧层上顺利离解出来,必须使作用于茧丝的张力大于茧丝间的胶着力。但当茧丝所受的张力大于它的切断张力时即产生落绪。因此,从原料茧的角度分析,影响解舒的因素主要有下列几点。

1. 茧丝中有脆弱点 据测定落绪部分茧丝形态,有$70\% \sim 85\%$的落绪发生在茧丝异常形态部分,即所谓脆弱点。这部分茧丝因结构或丝素大分子取向度等存在异常情况,使得强力、伸度均比正常部分要小,因而容易产生落绪。原料茧的脆弱点是由先天因素造成的。

2. 茧层丝缕的重叠形式与胶着状态

(1)茧层丝缕重叠形式。丝缕重叠呈8字形的,重叠胶着多,胶着力强,丝条离解困难,容易产生切断,解舒差;丝缕排成S形的,重叠胶着点少、胶着面小,离解的抵抗力小,丝缕容易离解,切断少,解舒好。

(2)茧层丝缕的胶着状态。丝缕相互间的胶着力强的解舒差,胶着面小,胶着程度轻;胶着力弱的解舒良好。

一粒茧的外、中、内层茧丝断面形态不同,外层近椭圆,内层较扁平。因此,不同层次茧层中茧丝间的胶着面积也不同,致使内外层之间的胶着力不一致,因而解舒抵抗力也不同。

一般来说,不同层次茧层的解舒抵抗力大小关系是外层＜中层＜内层。

3. 丝胶的含量及溶解性 对茧层胶着程度影响最大的因素是丝胶的含量及其溶解性。茧层中丝胶含量随品种而异,同一品种原料茧因茧层层次的不同,丝胶含量也不同。一般是外层＞中层＞内层。

丝胶按照在水中溶解的难易,可分为易溶性与难溶性两种。在其他条件相同时,丝胶溶解性能好、易溶性丝胶含量多的,解舒好;丝胶溶解性能差、难溶性丝胶含量多的,则解舒差。

就一粒茧来说,茧的外层比内层易溶性丝胶多,难溶性丝胶少,故溶解性大,因而丝条离解容易,解舒较好;内层丝胶含量少,因而茧丝容易被分裂而致切断,解舒较差。

此外,丝胶对外界环境相当敏感。易溶性丝胶因受干热或湿热的作用,都会转变为难溶性丝胶,降低丝胶的溶解性能,影响解舒。

4. 茧丝的粗细 茧丝纤度粗的丝条,胶着面虽大,但是由于茧层组织粗疏,与空气接触的面积大,丝胶容易干燥,因此,胶着抵抗力随之减小。

5. 蔟中环境及收烘茧处理 蔟中温湿度不适当及收烘茧处理不当,是使蚕茧解舒不良的主要外因。蔟中的通风条件对解舒也有明显的影响。在高温高湿条件下,只要有气流存在,则解舒率明显提高。在一定的范围内,解舒率随气流增大而提高。另外,蚕茧的收烘处理,对解舒也有较大的影响。

五、茧丝颣节

茧丝的颣节是丝纤维上的疵病,大多是由原料茧本身产生的,有小糠颣、环颣、微粒颣、毛羽颣、茸毛颣(又称微茸或染斑)等(图1-9),其中以环颣为最多。

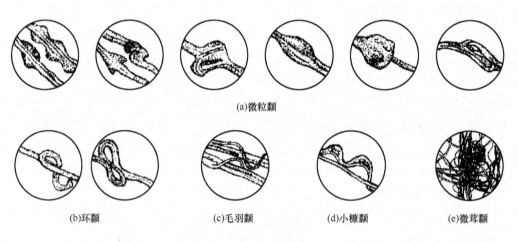

(a)微粒颣

(b)环颣　　　　(c)毛羽颣　　　　(d)小糠颣　　　　(e)微茸颣

图1-9　茧丝的颣节

1. 小糠颣 又称小粒颣或微尘颣,其丝条表面有形状如细糠的微粒,是由于纤维分裂或丝胶微粒凝集在丝条表面而形成的。也有在显微镜下观察到构成茧丝的两根单丝中的一根呈现松弛而分离成圈状。这是由于纤维相互间的胶着力小而产生的。

2. 环颣 又称小圈,其形状呈环形或8字形,是由于茧丝的8字形胶着部分没有充分离解而成。如上蔟期中高温高湿,茧的解舒变差,则易产生环颣。一般茧的内层及束腰形茧的束腰部分,环颣比较多。环颣是原料茧中最常见的一种颣节,经过适当的煮茧和改善缫丝方法,可以显著减少。

3. 微粒颣 又称雪糕,是丝条的特别膨大部分,外形呈瘤状。这是由于蚕儿吐丝时,受温度的变化或蔟具振动的影响,吐丝动作突然停止,绢丝液滞积突起而形成的。

4. 毛羽颣 又称细毛颣或称"发毛"。它是茧丝的一部分与干丝分裂,其粗细达到纤维的三分之一左右,浮出如毛羽状的颣节。这是由于蚕儿的绢丝腺发育不一致,其中一条吐出较细,因蚕儿吐丝牵引时断裂而形成的。

5. 微茸颣(茸毛颣) 是丝胶中混有极微细的丝素纤维,粗细并不一定,其形态极小,约为

0.3μm,被丝胶黏合在干丝上,一般肉眼不能看到,在精练染色后才能暴露出来,因此又称染斑。茧层厚的,这种额节较多。就一粒茧而言,中层最多,内层最少。茸毛额产生的原因,据研究认为,后部丝腺分泌的液状丝素经过中部丝腺的转弯处,或丝腺内的分泌压过大,都容易使中部丝腺内丝素与丝胶的界面产生混乱现象,使部分丝素颗粒进入丝胶中。经吐丝牵引后,这些丝素颗粒成为分离的细纤维,即茸毛额。

茧丝的额节与生丝品质关系很大。若茧丝额节多,则生丝洁净程度差,影响质量。浙江省历年的春茧干茧质量情况见表1-7,现行代表性品种的茧质情况见表1-8。

表1-7 浙江省历年春茧干茧质量情况

年份	茧丝长 (m)	解舒丝长(m)	解舒率 (%)	茧丝纤度 [旦(dtex)]	洁净 (分)	干茧出丝率 (%)
1949	645.6	380.5	58.94	2.410(2.677)	—	20.20
1959	818.9	589.6	72.00	2.457(2.730)	96.00	33.36
1969	1024.8	698.4	68.15	2.712(3.013)	95.98	36.40
1979	1140.8	805.9	70.64	2.906(3.228)	95.43	41.07
1989	1142.2	581.5	50.91	2.616(2.906)	93.16	31.47
1999	1116.4	689.0	61.85	2.658(2.953)	92.74	31.43
2009	1026.1	732.2	71.36	2.629(2.921)	93.94	33.44

注 摘自《丝绸》2010年第10期。

表1-8 现行代表性品种的茧质情况

品种	年份	全茧量 (g)	茧层量 (g)	茧层率 (%)	茧丝长 (m)	解舒丝长 (%)	解舒率 (%)	纤度 [旦(dtex)]	洁净 (分)	出丝率 (%)
青松皓月	2001~2008	2.047	0.496	24.50	1293	989	76.60	2.875(3.194)	95.16	18.95
秋丰白玉	2001~2009	1.78	0.374	21.08	1.072	884	82.68	2.600(2.889)	65.46	15.64

注 青松皓月为春品种,秋丰白玉为秋品种,摘自《丝绸》2010年第10期。

第四节 柞蚕茧的特点

一、柞蚕的基本知识

柞蚕(Antheraea pernyi)是以柞树叶为食料的吐丝结茧昆虫,是由古代栖息在山坡柞树上的一种野蚕,经过长期驯化饲养而来。因此,又称野蚕或山蚕。柞蚕属于温带型经济昆虫,其生活适温范围为8~30℃,生长发育的适温范围为11~25℃,最适宜温度范围为22~24℃,主要分布于中国,在朝鲜、苏联、印度和日本等国也有少量分布。柞蚕茧是轻纺工业的优质原料;柞蚕丝绸是一种中高档商品,可以制成华丽的衣饰。另外,柞蚕丝还可以应用在军工、化工等领域;柞蚕蛹、蛾可以作为化工、医药、食品工业的原料;柞蚕卵又是农作物害虫进行生物防治的良好中间寄主,如繁殖赤眼蜂防治玉米螟等。

柞蚕与家蚕一样属于完全变态昆虫,一生中要经过卵、幼虫、蛹、成虫4个形态和生理功能完全不同的发育阶段。其中卵是柞蚕的胚胎发育形成幼虫的阶段;幼虫是柞蚕唯一摄取食物,积累营养物质,并完成丝的合成及吐丝结茧的生长阶段;蛹是幼虫向成虫变态的过渡阶段,通过蛹的滞育渡过寒冷的冬季;成虫是进行交配、产卵、繁衍后代的生殖阶段。

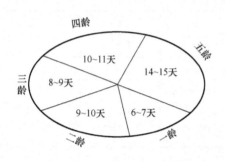

图1-10 一化性柞蚕的生长历程

柞蚕受光照等因素的影响,有一化和二化的区别,即一年内完成一个世代或两个世代。完成一个世代的一般为春柞蚕,完成两个世代一般为春柞蚕和秋柞蚕。1头蚕从孵化到结茧,春蚕期50～54天,食叶30～35g;秋蚕期46～50天,食叶50～55g。蚕期的长短与地区有关,辽宁省的蚕期明显长于山东省的。柞蚕幼虫需经4次眠和蜕皮,每蜕皮1次,递增1龄,至五龄老熟吐丝结茧。柞蚕一化性品种的生长历程如图1-10所示。

二、柞蚕茧的形状与茧层组成

1粒柞蚕茧,春蚕茧纵幅为42mm左右,横幅为22mm左右;秋蚕茧稍大,纵幅为47mm左右,横幅这24mm左右。一般雌性茧大,雄性茧偏小。茧的有效丝长,一般为800m左右,最高的可达1500m。由于柞蚕茧一般在柞树上结茧,因此,在蚕茧的一端带有茧柄,如图1-11所示。

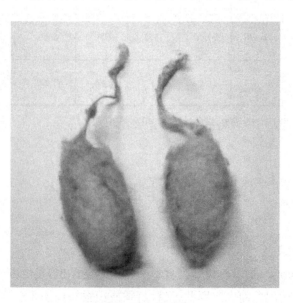

图1-11 柞蚕茧

柞蚕茧的蛹体占全茧的 88% ~90%,柞蚕茧的茧层量是指一粒茧的茧层和茧柄的总重量,一般平均在 0.75g。茧层量大的在 1g 以上,小的在 0.4g 以下。茧层量在 0.45g 以下的为薄茧。柞蚕茧茧层的组成物质主要是丝素和丝胶,丝素占 84% ~85%,丝胶约占 12%。茧层中其他非蛋白物质的含量,占茧层重量的 3% ~5%。这些非蛋白物质中有无机盐、油脂、蜡质以及少量的单宁、色素和酪类物质。

柞蚕茧相对于桑蚕茧而言,产量少,在国内的分布地域窄。有关柞蚕茧的其他内容,本书以后的章节中,将不再叙述。

思考题

1.茧丝在茧层中是如何排列的? 茧丝排列形式对茧质有什么影响?

2.茧的外观性状有哪些?

3.茧大小的指标有哪些? 茧大小对生丝质量有什么影响?

4.茧的工艺性能有哪些?

5.什么是茧丝纤度? 影响茧丝纤度的因素有哪些?

6.什么是缫折?

7.什么是茧的解舒? 影响解舒的主要因素有哪些?

8.茧的颣节有哪些类型? 对生丝质量有什么影响?

第二章 蚕茧的收烘与茧质检验

本章知识点

1. 鲜茧的分类与评级方法。
2. 蚕茧的干燥目的和要求。
3. 蚕茧干燥的方式。
4. 蚕茧干燥的原理和规律。
5. 蚕茧干燥程度的检验方法。
6. 蚕茧的贮藏方法。
7. 干茧的检定方法。

鲜茧采集后，一般出售给当地的茧站。茧站收购鲜茧，按茧质评定等级，并按等级计价。由于鲜茧不能进行长期储存，因此，茧站一般将收购的鲜茧及时进行干燥处理，然后运往茧库储藏，供缫丝企业或其他丝类生产企业使用；也有部分地区采用鲜茧冷冻的方式进行储存。

第一节 鲜茧的分类与分级

一、鲜茧的分类

蚕茧因蚕品种、生产季节、品质、形状以及色泽等的不同，可进行不同的分类。根据缫丝生产中的使用价值，可分为上车茧和下茧两大类。

（一）上车茧

能缫制正品生丝的蚕茧称为上车茧，分为上茧和次茧两类。

1. 上茧 茧形、茧色、茧层厚薄及缩皱正常，无疵点的茧，是缫丝生产的上等原料。

2. 次茧 有疵点但程度较轻，能用于缫制正品生丝但等级相对较低的蚕茧。如轻黄斑、轻柴印、轻绵茧、轻畸形茧等。

（二）下茧

下茧又称下脚茧，指有严重疵点，不能缫丝或很难缫制正品生丝的蚕茧，分为普通下茧和双宫茧两大类。

1. 普通下茧 主要分为黄、柴、穿茧类（包括黄斑茧、柴印茧、穿头茧、绵茧、畸形茧等）；印、烂、薄茧类（包括内印茧、烂茧、薄皮茧等）和蛾、削、鼠口茧类（包括蛾口茧、削口茧和鼠口茧）三类。

2.双宫茧 蚕茧内有两粒或两粒以上蚕蛹的茧。一般茧形比同类正常茧大,缩皱比同类正常茧粗,适合缫制双宫丝或制作丝绵。

蚕农售茧前,应将茧子加以选别,分为上车茧和下茧后进行交售。茧站也应将各类茧子分别堆放、干燥,以免各类茧子相混,造成坏茧影响好茧和干燥程度不均匀。

二、鲜茧的分级

为了鼓励蚕农提高茧质,促进缫丝生产,体现"优茧优价,劣茧低价,按质评级,分等论价"的茧价政策,在收购鲜茧时,需要对鲜茧进行分级。

1.现行分级标准 目前,国内的桑蚕鲜茧分级标准,大体分为两类:一类是国家的推荐标准,GB/T 19113—2003《桑蚕鲜茧分级》,以干壳量为主要条件,结合上车率、色泽、匀净度、茧层含水率、好蛹率等项进行补正,四川、江苏、浙江、广东等省一般参照该标准。另一类是地方推荐标准,如陕西省的 DB61/T 454—2008《桑蚕鲜茧分级及检验方法》、甘肃省的 DB62/T 639—1999《桑蚕茧(鲜茧)分类及分级标准》,以茧层率为主要条件,结合上车率、色泽、匀净度、茧层含水率、毛脚茧、僵蚕(蛹)、死笼、内印茧率等项补正。上车茧分级是以干壳量或茧层率定基本等级,再以上车率、色泽、匀净度、茧层含水率和好蛹率(或毛脚茧、僵蚕、死笼、内印茧率)等项目补正。本章主要介绍国家标准 GB/T 19113—2003 对上车茧的分级方法。

①干壳量。50g 鲜上车茧中,茧壳无水时的质量。

②上车茧率。上车茧质量占受检样茧的百分比。

③色泽。鲜茧颜色与光泽。

④匀净度。上茧质量占上车茧质量的百分比。

⑤含水率。所含水量占原量的百分比。如茧层含水率,即为茧层所含水量占茧层原量的百分比。

⑥回潮率。所含水分占干量的百分比。如茧层回潮率,即为茧层所含水量占茧层干量的百分比。

⑦好蛹。蛹体正常,完全蜕皮,表皮呈黄褐色并且无破损的活蛹。

⑧好蛹率。好蛹茧粒数占受检上车茧粒数的百分比。

⑨非好蛹茧。僵蚕(蛹)茧、毛脚茧、死笼茧、内印茧、出血蛹茧等的统称。

⑩僵蚕(蛹)茧。蚕因感染真菌而死,致使死体失水硬化的蚕茧(蛹)。

⑪内印茧。蚕结茧后,蚕或蛹病死或伤死后的体液渗出污染茧层的蚕茧。

⑫毛脚茧。蚕体正常未化蛹或尚在吐丝的蚕茧。

⑬死笼茧。蚕结茧后或蛹死亡而体液污染茧层的蚕茧。

⑭茧层率。茧层占全茧的质量百分比。

⑮过潮茧。茧层含水率大于 17% 的鲜茧。

2.分级规定

(1)基本等级。根据干壳量检验结果确定鲜茧的基本等级,具体见表 2-1。

表 2 - 1　基本等级分级表

干壳量 m(g)	基本等级	干壳量 m(g)	基本等级	干壳量 m(g)	基本等级
$m \geqslant 11.6$	特3	$10.2 > m \geqslant 10.0$	6	$8.6 > m \geqslant 8.4$	14
$11.6 > m \geqslant 11.4$	特2	$10.0 > m \geqslant 9.8$	7	$8.4 > m \geqslant 8.2$	15
$11.4 > m \geqslant 11.2$	特1	$9.8 > m \geqslant 9.6$	8	$8.2 > m \geqslant 8.0$	16
$11.2 > m \geqslant 11.0$	1	$9.6 > m \geqslant 9.4$	9	$8.0 > m \geqslant 7.8$	17
$11.0 > m \geqslant 10.8$	2	$9.4 > m \geqslant 9.2$	10	$7.8 > m \geqslant 7.6$	18
$10.8 > m \geqslant 10.6$	3	$9.2 > m \geqslant 9.0$	11	$7.6 > m \geqslant 7.4$	19
$10.6 > m \geqslant 10.4$	4	$9.0 > m \geqslant 8.8$	12	$7.4 > m \geqslant 7.2$	20
$10.4 > m \geqslant 10.2$	5	$8.8 > m \geqslant 8.6$	13	$7.2 > m$	级外品

（2）补正定级。补正定级包括色泽补正、匀净度补正、上车茧率补正、茧层含水率补正和好蛹率补正项，具体见表 2 - 2 ～表 2 - 6。

表 2 - 2　色泽补正规定

主要特征	评定	补正规定
茧层外表洁白、光泽正常、茧衣蓬松	好	升一级
茧层外表、光泽及蓬松度均一般	一般	不升不降
茧层的外表灰白或米黄	差	降一级

表 2 - 3　匀净度补正规定

匀净度 r(%)	补正规定	匀净度 r(%)	补正规定	匀净度 r(%)	补正规定
$r \geqslant 85.0$	升一级	$62.5 \leqslant r < 65.0$	降三级	$52.5 \leqslant r < 55.0$	降七级
$70.0 \leqslant r < 85.0$	不升不降	$60.0 \leqslant r < 62.5$	降四级	$50.0 \leqslant r < 52.5$	降八级
$67.5 \leqslant r < 70.0$	降一级	$57.5 \leqslant r < 60.0$	降五级	$r < 50$	作次茧处理
$65.0 \leqslant r < 67.5$	降二级	$55.0 \leqslant r < 57.5$	降六级	—	—

表 2 - 4　上车茧率补正规定

上车茧率 S(%)	补正规定	上车茧率 S(%)	补正规定	上车茧率 S(%)	补正规定
$S = 100$	升一级	$85.0 \leqslant S < 90.0$	降二级	$70.0 \leqslant S < 75.0$	降五级
$95.0 \leqslant S < 100$	不升不降	$80.0 \leqslant S < 85.0$	降三级	$S < 70.0$	作次茧处理
$90.0 \leqslant S < 95.0$	降一级	$75.0 \leqslant S < 80.0$	降四级	—	—

表 2 - 5　茧层含水率补正规定

茧层含水率 h(%)	补正规定	茧层含水率 h(%)	补正规定	茧层含水率 h(%)	补正规定
$h \leqslant 13.0$	升一级	$20.0 \leqslant S < 23.0$	降二级	$23.0 \leqslant S < 26.0$	降三级
$13.0 < h < 17.0$	不升不降	$17.0 \leqslant S < 20.0$	降一级	$h \geqslant 26.0$	作次茧处理

表 2 - 6　好蛹率补正规定

好蛹率 Y(%)	补正规定	好蛹率 Y(%)	补正规定	好蛹率 Y(%)	补正规定
$Y \geqslant 95.0$	升一级	$80.0 \leqslant Y < 90.0$	降一级	$60.0 \leqslant S < 70.0$	降三级
$90.0 \leqslant Y < 95.0$	不升不降	$70.0 \leqslant Y < 80.0$	降二级	$Y < 60.0$	作次茧处理

（3）定级。基本等级确定后，根据补正规定，确定最后等级。

某蚕农出售鲜茧 50kg，经检验茧色洁白，光泽正常，250g 样茧中，选出次茧 10g，下茧 12.0g。50g 上车茧为 28 粒，非好蛹 4 粒，鲜壳量为 12.8g，干壳量为 10.5g。

根据表 2 - 1 可知，茧干壳量为 10.5g，基本等级为 4 级；根据表 2 - 2 色泽补正规定升一级；根据表 2 - 3 匀净度补正规定升一级；根据表 2 - 4 上车茧率补正规定不升不降；根据表 2 - 5 茧层含水率补正规定降一级；根据表 2 - 6 好蛹率补正指标规定降一级。最后定级该批蚕茧为 4 级。

（4）次茧和下茧分级。次茧和下茧的分级标准，各省均不统一。

第二节　蚕茧的干燥

为了防止鲜茧出蛾、霉变和出蛆等现象的产生，茧站收购的蚕茧一般需要及时进行杀蛹及干燥，将鲜茧干燥成适干茧，以便缫丝厂或其他丝类企业常年使用。蚕茧的干燥，也常被称为烘茧。

一、蚕茧干燥的目的和要求

蚕茧干燥的目的是烘杀蚕蛹和寄生的蝇蛆，同时去除适量的水分，防止出蛆、出蛾和霉烂变质，便于贮藏。在烘茧过程中，既要尽可能保护茧层的良好解舒，又要使丝胶适当变性，合理地增加茧层煮茧抵抗力，符合缫丝要求。

蚕茧干燥要求及时杀蛹干燥，防止出蛆、出蛾、蒸热霉变；采用合理的干燥工艺，在蚕茧干燥过程中，既干燥蛹体又保护茧层，兼顾缫丝及贮藏的要求，使干燥程度适干均匀，防止偏老、偏嫩；降低消耗，减少排放，提高设备利用率和劳动生产率。

二、蚕茧干燥的原理和过程

（一）热的传递和载体

热的传递有三种方式，包括对流传热、传导传热和辐射传热。

1. 对流传热　依靠液体或气体的流动来传播热能的方式。其产生的原因一方面是因为冷热流体的密度不同，产生自由移动；另一方面是流体受外力作用的压力差强制运动。前者如加热，后者如扇风。对流传热的载体主要包括油类、水、水蒸气、空气和烟道气等。

2. 传导传热　热能由物体的一部分传递给另一部分，或从一个物体传导给另一个物体，而同时并没有物质的迁移。在这个过程中,大量分子原子互相碰撞,使物体热能由高温部分传递至低温部分。传导传热是固体中传递热能的唯一方式。

3. 辐射传热　借助于不同波长的各种电磁波来传递热能的方式。辐射是物体发射的能量以光的速度沿直线向周围传播的过程。依靠辐射,可以通过真空把一个物体的能量传给另一个物体。

目前,蚕茧干燥过程中的传热方式主要为对流传热。

(二)蚕茧干燥原理

1. 基本概念

(1)平衡水分。在一定的湿度等环境条件下,湿(干)物料散发(吸收)一定的水分后,物料的重量将不再随时间的延长而变化,即当物料表面的水蒸气压与空气中的水气分压相等时,物料所含的水分为平衡水分,其值的大小除了与物料本身有关外,还与物料所处的环境温湿度有关。

(2)自由水分。物料实际所含水分减去平衡水分后的水分。

(3)烘率。干燥后的茧量占鲜茧量的百分比。

鲜茧含有大量水分,一般含水率高达60%左右。其中茧层占鲜茧全茧量的17%~24%,含水率为11%~17%;蛹体占鲜茧全茧量为76%~83%,含水率为74%~78%。蚕茧干燥到适干时,适干茧的回潮率为10%~12%。因此,蚕茧干燥主要是干燥蚕茧中的蛹体。

鲜茧中含有的水分,包括自由水分和平衡水分两种。蚕茧干燥所要去除的是自由水分。

2. 蚕茧干燥原理　蚕茧干燥原理是通过加热使蚕茧表面水分汽化逸出,从而在蚕茧表面和内部出现湿含量的差别,蛹体内部的水分向表面扩散并汽化,使蛹体的含水率不断降低,得到规定回潮率的干茧。

(1)表面蒸发。热介质首先作用于蚕茧表面,使茧层温度升高,茧层内部的水分向外扩散,由表面汽化而蒸发。

(2)内部扩散。热能通过茧层传入茧腔,使茧腔温度升高,茧腔内的蛹体受热升温,发生内部扩散,水分到达蛹体表面汽化蒸发,使茧腔呈高湿状态。茧腔内的水蒸气又借助于茧腔内外的温湿差不断外逸,从而使鲜茧的水分通过不断地内部扩散和表面蒸发除去。

(三)蚕茧干燥规律

将鲜茧放到恒定的干燥条件下进行干燥,并测定烘率与时间的关系,可得如图2-1所示的曲线,称为蚕茧干燥曲线。

鲜茧在整个干燥过程中,根据水分蒸发快慢,可分为预热、等速干燥和减速干燥三个阶段。

1. 预热阶段　烘死鲜蛹,破坏蛹体表面蜡质层。这一阶段称为预热阶段,如图2-1中A—B段所示。

2. 等速干燥阶段　鲜蛹烘死后,蛹体内的水分扩散,蒸发开始进入旺盛期,此时热量全部用于水分的蒸发。茧层温度略低于热介质(一般为热空气或烟道气)的温度,蛹体温度略高于热介质的湿球温度。这一阶段茧层与蛹体温度开差较大,水分蒸发率保持一定,称为等速干燥阶段,如图2-1中B—C段所示。

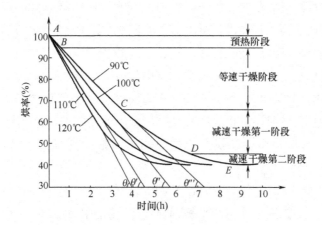

图 2-1　蚕茧干燥曲线

3. 减速干燥阶段　随着蚕茧含水率的降低,蒸发作用由蛹体表面深入到蛹体内部,蛹体内部的水分渐向表面扩散,在茧腔内汽化,并通过茧层向外扩散。此时水分蒸发量和用于蒸发的热量都逐渐减少,水分蒸发由内部扩散控制,茧层和蛹体的温度开始逐渐上升,直到与灶内空气的干球温度相平衡。此时蚕茧水分蒸发作用停止。这一阶段的水分蒸发率随着干燥时间的增加而逐渐减小,称为减速干燥阶段,如图 2-1 中 CE 段所示。此阶段又分为前后两段,CD 段为减速干燥第一阶段,在此阶段内,蚕茧的蛹体表面不能全部保持湿润,而呈现部分干燥、部分湿润的混合状态,并随着表面湿润部分的减少,干燥速度也将变慢,DE 段为减速干燥第二阶段。

在实际蚕茧干燥过程中,通常分为头冲和二冲两个阶段。头冲阶段就是干燥过程中的预热与等速干燥阶段,包括鲜茧进灶预热到蒸发旺盛结束烘成半干茧。二冲阶段就是减速干燥阶段,即半干茧进灶至达到适干标准为止,这种干燥方式称为二次干法。我国目前春秋茧一般采用二次干法,其优点是提高设备利用率,半干茧可以适当还性,有利于干燥均匀。另一种是从鲜茧进干燥室烘至适干茧出干燥室,一次完成干燥过程,称为直干法。此法有减少茧质损伤,减轻劳动强度的优点,目前夏茧、早秋茧等茧层较薄的蚕茧采用直干法。

三、影响蚕茧干燥的工艺因素

影响蚕茧干燥的主要工艺因素有温度、湿度、风速和铺茧量等。

(一)温度

烘茧温度对蚕茧的干燥速度有着很大的影响。当空气中含湿量不变时,在等速干燥阶段中,蚕茧表面水分的蒸发量与传给蚕茧的热量成正比,在其他条件(如风速、湿度等)相同的情况下,烘茧温度越高,干燥速度越快。且温度的影响在头冲,即等速干燥阶段影响比较显著,进入减速干燥阶段后,随着蚕茧含水率的减少,影响逐渐减小。

在温度配置时,烘茧温度要根据各阶段的蛹体含水量多少来决定。一般鲜茧进灶后 30min 左右的时间为预热阶段,温度逐渐升高。那时鲜蛹未死,水分散发量少,鲜蛹杀死后约 2h 内,水分散发速度快,需供应大量热量,此时使用高温可提高干燥效率,缩短干燥时间,且丝胶适当变性,可降低丝胶的溶解性,提高茧层在煮茧时的抗煮能力,减少缫丝时的丝条故障,也有利于提高出丝率。但另一方面,因茧层丝胶对热作用反应非常灵敏,一经受热,丝胶就会产生变性,如果温度过高,且时间较长,则丝胶变性程度严重,蚕茧的解舒也将明显下降。

蚕茧干燥的温度包括干燥室温度和感温。其中的感温是指蚕茧实际温度,包括茧层感温和蛹体感温。目前,在热风烘茧中,春茧的头冲干燥室温度最高可控制在120～125℃。即使同为春茧,因品种地域的差异,茧层厚薄也有差异,因此,最高温度的控制也有差异。另外,热风式烘茧机与汽热式烘茧机比较,因汽热式烘茧机中热辐射的影响较强,故汽热式的温度要控制得低些。

二冲时,即减速干燥阶段,蛹体含水量已经减少,干燥空气温度与蛹体温度之差减小,茧层水分由于表面蒸发与内部扩散不能保持平衡,此时若继续使用高温,则不仅茧层丝胶变性严重,且会除去部分茧层中的单分子层吸附水,造成"茧层失水"而影响干茧的解舒。因此,二冲的温度一般应控制在80～95℃为宜,以降低茧层表面蒸发速度,保护茧质。

(二)湿度

在干燥过程中,除烘茧温度外,湿度也是影响干燥速度的主要因素。干燥介质中的湿度大,也就是空气中的水汽分子多,干燥速度减慢。欲提高干燥速度,则应注意及时排气排湿,以降低蚕茧周围介质(空气)中水汽分压力,在空气湿度过高时,则不仅不能干燥,而且还会吸湿。

湿度的高低不仅影响干燥速度,而且影响茧质。高温高湿,特别是在等速干燥阶段,容易使丝胶分子大量吸水,在干燥过程中会反复多次吸湿、放湿,引起大分子空间结构改变,加剧丝胶变性,使茧丝间胶着力增大,解舒变差。一般要求在等速干燥阶段,相对湿度保持在8%～12%。进入减速干燥阶段后,蚕茧中水分已大为减少,蛹体水分转为内部蒸发,蒸发速度大大减缓,此时若周围空气湿度过低,则使蛹体水分扩散速度落后于茧层水分蒸发速度,造成"茧层失水"现象,并会加重丝胶变性凝固程度,影响解舒。一般要求在减速干燥阶段的相对湿度保持在15%～25%。

在干燥过程中可根据蚕茧干燥规律,在头冲阶段,蒸发量很大,换气量也多,应开大排气口和加快风扇速度,充分排湿,并换入较多的干燥空气,以降低相对湿度。二冲时,由于茧的含湿量减少,尤其是茧层含湿量少,所以应关小排气口和减慢风扇速度,减小换气量,少排湿,使相对湿度提高,以缓和茧层表面水汽蒸发速度,减小热力对茧质的影响。

烘茧湿度与缫丝成绩之间的关系见表2－7。

表2－7　烘茧湿度与缫丝成绩

项目	解舒丝长(m)	解舒率(%)	鲜茧出丝率(%)	长吐率(%)	蛹衬率(%)
普通区	951	78.5	18.3	7.6	4.2
高湿区	903	75.4	18.1	8.0	4.4
低湿区	924	76.5	18.1	8.0	4.2

注　1.试验各区温度为55～96℃;气流速度为0.1m/s;相对湿度为普通区4%～10%、高湿区6%～14%、低湿区3%～7%。

2.摘自松本　介.《蚕茧干燥的理论与实践》[M].周本立,译.北京:纺织工业出版社,1987。

（三）风速

蚕茧的干燥速度不仅与所接触的空气的温湿度有关,而且还受室内干燥空气速度和方向(风速和风向)的影响。

提高风速虽能提高干燥速度,但风速过大,热量未经充分利用即被排出,损失热能,降低热能的利用率。在减速干燥阶段,若风速过大,易使茧层过度受高温的影响,丝胶变性,"茧层失水",丝素脆化,故此时需有相对湿度较高的热空气来减缓茧层表面水分蒸发速度,等待蛹体蒸发供应水分,因而风速不宜太大。

除了风速的大小外,气流的方向即风向也很重要。根据气流相对于铺茧面的方向,可分为平行气流与垂直气流。一般而言,在干燥过程中,垂直气流比平行气流的干燥效果更均匀些,作用更强些。还有,流过铺茧面的气流方向应当一致,局部的气流方向不一致,会造成茧的干燥不均匀,这一点应当避免。

（四）铺茧量

铺茧量就是蚕茧铺在茧格或茧网上的厚薄程度,一般以蚕茧横卧堆积的粒数或单位面积容茧量的多少来表示。铺茧量的多少,对于干燥程度的均匀性和烘茧能力都有影响。若铺茧过厚,蚕茧因受热与散湿的差异,使茧格茧网的四周和上、下层的蚕茧散发水分快,中间的蚕茧散发水分慢,以致干燥不匀;同时,铺茧过厚,茧量超过标准,即需要较高的热量,散发水分也多,换气不足,造成灶内低温高湿,致使茧质不良。若铺茧量过少,虽然干燥容易,但各茧格烘率开差大,容易造成干燥不匀,降低烘茧能力,浪费燃料。因此,铺茧量的多少,应该根据茧型大小和茧层厚薄,茧格大小,结合茧灶性能等情况来确定。一般茧型大、茧层率高且茧层厚的,在等重的情况下,蛹体大、耗热量少,或在等重等粒情况下,蛹体小、耗热量少,铺茧量可以多些;反之,铺茧量可以少些。头冲应该铺得薄些,二冲可以铺得厚些。

蚕茧的干燥工艺参考表见表2-8。

表2-8　蚕茧干燥工艺参考表

干燥方式	干燥室温度(℃)	相对湿度(%)	风速(m/s)	铺茧量(mm)
头冲	110~125	8~12	0.8~1.0	40~50
二冲	80~95	15~25	0.5~0.8	60~80
一次干	125~60	10~25	0.5~1.0	60~80

四、蚕茧干燥程度检验

蚕茧干燥程度是指鲜茧干燥成半干茧或适干茧的干湿程度。检验方法一般有重量检验法和蛹体检验法两种。

（一）重量检验法

重量检验法常以烘率、烘折和几成干来表示。

1. 烘率　是指蚕茧通过干燥(头冲、二冲或一次干燥)后的茧量占干燥前鲜茧量的百分比,即:

$$烘率 = \frac{干燥后茧量}{鲜茧量} \times 100\% \qquad (2-1)$$

2. 烘折 是指鲜茧量占干燥后蚕茧量的百分比,用% 表示,习惯上是指烘得 100kg 干茧所需要的鲜茧 kg 数,即:

$$烘折 = \frac{鲜茧量}{干燥后茧量} \times 100\% \qquad (2-2)$$

3. 几成干 是指鲜茧经过干燥后,减少的水分量为适干时应减少水分量的几成,即:

$$几成干 = \frac{鲜茧量(g) - 干燥后茧量(g)}{鲜茧量(g) - 适干时的茧量(g)} \times 10 \qquad (2-3)$$

蚕茧的干燥程度,应既有利于保护茧的解舒,又有利于茧的安全贮藏。根据实践经验,当鲜茧茧层率为 20% 时,确定适干茧的烘率为 40% 左右,能够符合保护解舒和安全贮藏两方面的要求,这时蚕茧的回潮率为 10% ~ 12% 。凡是烘率大于此标准的,干燥程度为"嫩",小于此标准的为"老"。

(二)蛹体检验法

蛹体检验法是依靠人的感官凭经验鉴定的方法,是目前烘茧中检验干燥程度常用的方法。

1. 半干茧检验 出灶前,抽取一定数量有代表性的样茧,切剖茧层取出蛹体,然后检查蛹体的形状,凭经验判断茧的干燥程度。如蛹体腹部刚起凹形,翅梢已瘪的,约为四成干;如蛹体尾部缩进三节,腹部凹陷呈匙形的,约为六成干;如蛹体尾部稍有软性,揿捏稍有浓浆的,约为八成干。

2. 适干茧检验 适干茧检验包括干燥完成时的检验(出灶、出机检验)和干燥完成后 48h 至 20 天内的检验。

(1)干燥完成时的检验(出灶、出机检验)。

①嗅觉:适干的茧子,蛹体内的水分很少,回潮率一般在 10% ~ 12% ,蛹油开始挥发并具有香味;浓香表示蛹油挥发多,属于"偏老"或"过老",微香表示"适干",尚有馊味的为"偏嫩"。

②触觉:手触茧子,感觉量轻而有微湿感觉的为"适干";若量轻而干爽的则已近"偏老";有较重水湿汽的为"偏嫩"。

③听觉:适干茧子的蛹体相当硬化,摇动时有清脆声音;声音轻爽尖脆的为"偏老";声音重浊而带闷声的为"偏嫩"。

④蛹体检验:用手捻蛹体,轻松易碎,略带重油而不腻,部分成小片状,搓捻即成线香条者为"适干";油腻手的为"偏嫩"。

(2)干燥完成后 48h 至 20 天内的检验。

①适干:蛹体留油,稍微用力揿捏,碎成小片或酥粒状,捻之卷成线香条,指上留油,有香味者为"适干"。如蛹体稍微用力揿捏,手感松脆,不成粉状,捻碎后成小片或酥粒,色泽黄亮者;或者虽然指上无油,但蛹体多油而不腻手,揿捏成小片或酥粒者,也属于"适干"。

②偏嫩:蛹体重油,揿捏成薄片或成软块,带有腻性。

③过嫩:蛹体软,未断浆,揿捏成饼状或破皮即见浓浆。

④偏老:揿捏蛹体成粉状,手指上不见油(放在纸上见油),捻之不能成线香条。

⑤过老:蛹体硬,断油,不易揿碎,用力重捏成硬块或硬粒。

五、蚕茧干燥设备

用于蚕茧干燥的设备种类繁多,大致可以分为以下几类。

(一) 煤灶

四川省较常用的煤灶,如图 2 - 2 所示。它的主要优点是单位造价低,修建技术简单,适应性广,特别在新区和分散产区十分适宜。

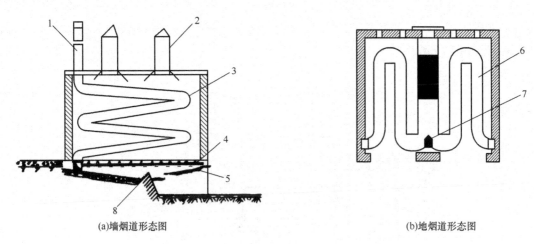

(a)墙烟道形态图　　　　　　　　　　　(b)地烟道形态图

图 2 - 2　煤灶

1—烟囱　2—排气口　3—墙烟道　4—炉胆　5—炉桥　6—地烟道　7—分火石　8—翻火石道

煤灶烘茧工艺条件见表 2 - 9。

表 2 - 9　煤灶烘茧工艺条件

项目			单位	头冲	二冲
铺茧量	每箔(格)茧量	1m²	kg	4 ~ 4.5	3.2 ~ 3.5
		0.93m²		3.8 ~ 4	3 ~ 3.2
	茧量		kg	4 ~ 4.5	3.2 ~ 3.5
烘茧温度	进灶前温度		℃	104 ~ 120	100 ~ 105
	前阶段			100 ~ 120	90 ~ 95
	后阶段			90 ~ 100	90 ~ 70
换气	给气排气		—	进灶后 30min 左右全开,翻调后全开,翻调时全关	进灶后 30min 全开,翻调后开 1/2,翻调时全关
调箔和翻茧			—	烘茧中途(约一半时间)进行	烘茧时间约一半时间进行
烘茧时间			h	3.5 ~ 4	4 ~ 5

烘茧方法采用五定烘茧法。所谓"五定",即:一是定铺茧量,二是定干燥程度(包括半干茧成数和适干茧出灶标准),三是定烘茧温度,四是定加煤量,五是定烘茧时间。

实际应用"五定"烘茧法时,应先将铺茧量、干燥程度按工艺标准,结合当时客观条件确定好,然后再定温度、加煤量和时间。温度是烘茧过程中影响茧质、烘茧能力、煤耗、安全的主要因素,要运用蚕茧干燥曲线的理论规律控制好各个阶段的合理温度。加煤量应根据温度的要求而定,定温必须定好加煤量,煤量定不准,温度无保证。定好以上四要素后,最后确定时间。

(二)车子风扇灶

车子风扇灶是江浙两省主要使用的一种灶型。其优点是:烘茧能力较大,每副灶头冲日干燥能力可达 3.6~4t;装有风扇,能拌匀热能,使茧子干燥速度加快,干燥均匀;采用茧车,减轻劳动强度;易于升温和降温,既能充分排湿,又能合理保湿,便于合理配置干燥温度;由于有导热管装置,吊火强,煤耗省,热量能得到充分利用;结构简单,用材省,造价低,适应性强。车子风扇灶的结构如图 2-3 所示。

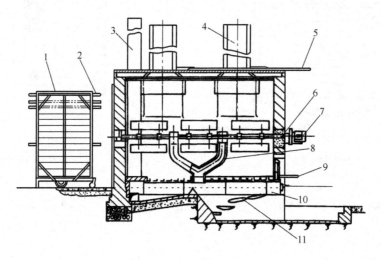

图 2-3　车子风扇灶

1—茧车　2—茧格　3—烟囱　4—排气筒　5—排气筒调节闸门及拉杆　6—风扇轴　7—电动机
8—钳形导热管　9—放热门调节闸门及拉杆　10—铸铁鳍片炉　11—炉栅

车子风扇灶烘茧工艺条件见表 2-10。

表 2-10　车子风扇灶烘茧工艺条件

项目			单位	头冲	二冲
铺茧量	每格茧量	0.76m²	kg	4.0~4.5	2.5~3.0
		1.0m²		5.5~6.0	3.0~3.2
		1.1m²		5.5~6.0	3.5~4.0
烘茧温度	前阶段		℃	100~120	93~99
	后阶段			105~110	99~85
换气	给气		—	进灶后 0.5h 全开,出灶前全关	前阶段进灶后 0.5h 全开,后阶段开 1/2,出灶前 30min 全关。
	排气	前阶段	—	进灶后 20~30min(壁温 82℃)全开	进灶后 20~30min(壁温 82℃)全开,出灶前 20min 全关。
		后阶段	—	全开,到出灶时全关	开 1/2,到出灶前 0.5h 全关

续表

项目		单位	头冲	二冲
转车		—	进灶后1.5h左右	进灶后1.5h左右
加煤时间	第一次	—	进灶前10～20min	加煤时间和方法基本与头冲相同
	第二次		出灶后1.5h左右	
加煤量	第一次	kg	25～27.5	每灶加煤量可比头冲酌量减少2.5～5.0kg
	第二次		7.5～10	
烘茧时间		h	2.75～3.25	3.0～3.5

(三)热风循环式烘茧机

该设备的主要特点是在干燥室外设有加热器,用风机通过导风管将热风送入干燥室内,利用对流热进行干燥。由于其避免了辐射热的影响,故干燥质量好,烘茧效率高,是目前比较理想的烘茧设备。

热风循环式烘茧机如图2-4所示,一般为六段型或八段型,干燥室内用隔板分成高温、中温和低温三区。八段型的第一到第二层为高温区,第三到第五层为中温区,第六到第八层为低温区。

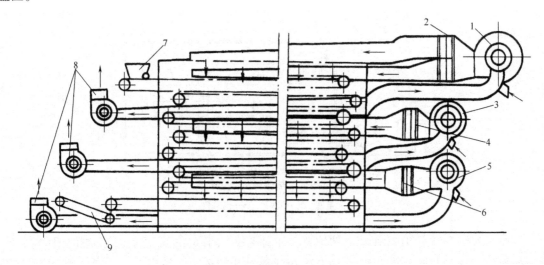

图2-4　热风循环式烘茧机

1—上层送风机　2—上层加热器　3—中层送风机　4—中层加热器　5—下层送风机

6—下层加热器　7—自动铺茧装置　8—排风机　9—自动装袋装置

在高温区的第一层,由室外的送风机以588.2m³/min的风量和3～5m/s的风速,将加热器加热的热风送入该区。这种强制气流干燥能力强,干燥作用均匀。在第三层设排风机,将湿空气排出室外。中温区和低温区同样设有加热器、送风机、排风机等装置。干燥室风速为0.15～0.2m/s。

在各区还设温度自动调节装置,可按照工艺条件调节各区的温湿度、风量和风速等。热风循环式烘茧机工艺条件见表2-11。

表2-11　循环热风式烘茧机工艺条件

项目		单位	八段		六段	
			头冲	二冲	头冲	二冲
单位面积(1m²)铺茧量		kg	5.25~5.75	3.25~3.5	5~5.5	3.25~3.5
烘茧温度	第一、二段	℃	120~110	100~90	103~93	98~88
	第三、四段		110~95	90~80	93~83	88~80
	其余各段		95~80	80~70	83~73	80~70
	出口段		80~70	65	68	65
茧网使用长度		m	160		115.2	
网速		m/min	0.98	0.95	0.8	0.75
换气	给气	—	全开	全开	全开	全开
	排气		全开	开3/4	全开	开3/4
烘茧时间		min	150~165	160~170	140~150	150~160

(四)汽热循环式烘茧机

汽热循环式烘茧机如图2-5所示。

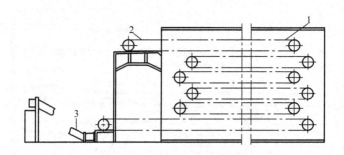

图2-5　汽热循环式烘茧机
1—茧网　2—进茧处　3—出茧口

　　干燥室为长方形室,用砖砌成。两侧壁的中部装有风扇8台或16台,用以调和排除湿气。出口处茧网的下方也装设风扇4台,用来冷却即将出灶的蚕茧。室内装有两层隔板,使室内温度划分为高温、中温、低温三区,以便调节温度(也有不设隔板而装对流防止板的)。每层茧网中间铺设蒸汽管,利用蒸汽管的辐射热进行干燥,由室外蒸汽阀调节室内温度。干燥室的前后两端有运转茧网的大滚筒。蚕茧铺在茧网上,随着茧网的运转而移动,到每层末端时,蚕茧从移层板顺次落入下层茧网上,最后从最下层茧网移至室外,完成干燥作业。每灶烘茧能力为1.05~1.4吨。汽热循环式烘茧机的工艺条件,见表2-12。

　　此外还有微波干燥设备、过热蒸汽干燥设备等,但因技术或设备费用等原因,尚未推广使用。

表2-12 汽热循环式烘茧机工艺条件

项目		单位	头冲	二冲
每平方米铺茧量		kg	4.75~5.5	3.25~3.75
烘茧温度	第一、二段	℃	100~120	90~95
	第三、四段		100~95	85~80
	其余各段		95~75	80~70
	出口段		70~75	60~65
网速	春茧	m/min	0.8~0.9	0.65~0.7
	秋茧		0.7~0.75	0.60~0.69
换气	给气	—	全开~开3/4	开3/4~开1/2
	排气		全开~开3/4	开3/4~开1/2
烘茧时间		h	2~2.5	2.5~3

注 1.摘自无锡县农副产品公司红旗茧站资料。

2.该机为汽热式,茧网使用总长度约为126m(六段型)。

六、茧的处理

茧的处理,包括鲜茧、半干茧、干茧的堆放、输送、成包等过程的保护和处理,是蚕茧干燥过程中的一个重要环节。对于保全茧质,调剂烘力,提高设备利用率,提高干燥效益都有直接的影响。茧处理要求有如下几条。

第一,堆放场所要通风、干燥、清洁、凉爽、避免日晒雨淋,防止虫鼠危害,同时要有充分的堆茧面积和足够的茧箔、茧篮等容茧器具。收茧前,必须对当季的堆放场所作出合理的规划。

第二,必须做到"三轻"(运茧轻、铺茧轻、倒茧轻)、"五拣"(拣血茧、双宫茧、黄斑茧、落地茧和死笼茧),避免损坏和污染好茧。

第三,半干茧、干茧出灶后,必须码成品字形,利于散热。有预备茧车的地方,可以在烘茧车上散热。有条件的茧站,要使用风扇送风冷却,散热后再空箔。

(一)鲜茧处理

鲜的活蛹具有旺盛的呼吸作用,排出水分和热量很多。据调查,百头活蛹一昼夜散发水分达1g以上。发热量在上蔟后的7~9日最旺盛,10日以后开始逐渐减少。运输时,在气温22.5℃情况下,经15h以后,茧温会增高5℃。因此,如果运输中装茧工具选择不当,不透气,则鲜蛹排出的水分和热量不能及时散发,造成高湿闷热环境,易使丝胶变性,导致缫丝时内层落绪增加,解舒下降,出丝率下降。

其次是鲜茧堆放问题。如果堆放场所的空气不流通,或装篮不当,都会使茧发生蒸热,带坏茧质。

在鲜茧篮中应加放透气筒,或中央挖空凹入,以利于从中部散热,使蚕茧不受或少受蒸热,此外还需防止出蛆出蛾。

最后,在操作中应注意防止压瘪鲜茧,避免造成内印茧、血茧,防止装运工具擦伤茧层,防止蚕茧受到冲击。因为茧受压后,轻则茧丝受伤影响解舒,重则成为下茧;擦伤茧层会增加绪丝量,增加落绪;装篮、倒茧时冲击过大,会造成蛹体破损,尤其是未成熟的嫩蛹茧,由于蛹体壁在变态中茧层质薄,易受损伤,致使烘茧时伤口溢油造成油茧。

为了保护鲜茧质,鲜茧应随收随烘。若遇到茧量过多时,要把茧篮堆放在空气流通、风凉干燥的地方。其要求如下。

(1)装篮八成满左右,中间挖成凹形。茧篮按品字形堆放,堆放高度7~8层,第六行左右留一通道,四周离墙0.5m,以利于通风和检查。

(2)堆放时间不宜太长,要求春茧不超过36h,夏秋茧不超过16h。烘茧时,应先进先烘,若化蛹老、茧层过潮、内印茧多的,要尽量提前烘。只收不烘的收购点,应当天收购当天送往茧站,如有特殊困难,最迟也得在次日早晨运出,要防止蒸热、压瘪和日晒雨淋。

(3)装篮时随手拣出印烂茧,并根据茧质分别堆放,分别进灶。

(4)操作中防止压瘪、冲击鲜茧,防止擦伤茧层。

(5)应有足够的堆放场所。一般50kg鲜茧占地面积为0.73~1.1m²。按此计算堆放面积,每副煤灶应为92m²,推进式烘茧机每机应为1400m²,循环式烘茧机每机应为1800m²。

(二)半干茧处理

鲜茧经过头冲后,茧层虽经干燥,蛹体已死,但仍含有相当多的水分,如果处理不当,现场仍会发生蒸热。半干茧处理是将出灶后的半干茧适当堆放,通过蒸发、扩散,使各茧格、各部分的茧粒间及每粒茧的内外水分走匀,这种水分自然走匀的过程称为还性。具体要求如下。

(1)半干茧适当还性,有利于烘茧适干均匀,有利于解舒,并能调剂烘力,提高设备利用率。但是还性时间过长,则不但不能保护解舒,而且会严重影响解舒。因此,还性时间要恰当,一般为3天左右。春茧最多为5~6天,秋茧以4~5天为宜。

(2)半干茧出灶后应立即装篮,以装九成满为宜,篮堆高度在八层左右。装篮时随手拣出印烂茧。堆放时应留有通道,以利于通风和检查。

(3)半干茧应根据出灶的先后分类堆放,并标明出灶日期、时间和烘率,以便检查和安排二冲。

(4)半干茧装篮堆放后要经常检查。半干茧还性程度的检查,应以篮堆中的茧子为依据,发现"茧层柔软、手触阴凉、弹性弱"现象,为已达到蒸热的边缘,应立即进行二冲干燥。如因烘力紧张不能及时复烘时,需进行换篮翻庄。换篮翻庄周期约为3天。

(三)干茧处理

刚出灶的干茧,热气未散,温度较高,必须经短期堆放,等待散热冷却后方可装包。否则,茧腔内的余热较长时间不能散发,随着温度下降形成饱和湿空气,造成湿热状态,致使丝胶变性,影响解舒。据调查,干茧打热包比打冷包的解舒差,见表2-13。

表2-13 干茧打热包对解舒的影响

茧别	项目	茧丝长(m)	解舒丝长(m)	解舒率(%)
春茧	热包	935.6	548.5	58.60
	冷包	965.2	657.8	67.58

续表

茧别	项目	茧丝长(m)	解舒丝长(m)	解舒率(%)
秋茧	热包	847.8	590.8	69.75
	冷包	839.0	599.8	71.49

注　摘自浙江省收茧办事处资料。

在干茧处理中也要防止压瘪茧,特别是刚出灶时,茧更容易被压瘪。因为这时茧层弹性小,茧丝脆,伸度也差,难以承受外界压力。压瘪后的茧子在缫丝时容易切断,增加落绪,影响解舒。据调查,出灶时被压瘪的茧子,其解舒率会比正常茧降低 50% 左右。调查资料见表 2-14。

表 2-14　干茧压瘪对解舒的影响

区别	茧丝长(m)	解舒丝长(m)	解舒率(%)	上茧率(%)	解舒光折(%)
对照区	1117.39	940.62	84.18	97.91	248.93
压瘪区	732.01	250.64	34.24	97.63	384.54

因此,在干茧处理中要求做到以下几点。

(1)刚出灶的干茧,不能打热包,应散堆在干燥场所散热,待冷却后打包。堆放高度以0.7m左右为宜,四周离墙不超过1.7m,同时留出一定距离的通道,以便散热和通行。

(2)干茧堆放时间,最多不超过 24h,一般冷却后就应打包。

(3)如有少量偏嫩不匀的干茧,应用标签注明,分别堆放、打包,并在进仓时,详细说明。如有过嫩的干茧,则须进行低温复烘。

(4)装包前,应作最后一次剔净印烂茧,以防损伤好茧。

(5)上茧、次茧、双宫茧及各类下茧,也要分别堆放,分别打包,避免混杂。茧包标签应注明茧别、季别。

(6)干茧在待运期间,应每天检查,防止受潮发霉或鼠咬损伤。

目前,部分地区采用鲜茧冷冻或冷藏后直接缫丝,即不经过蚕茧干燥和煮茧工序。

第三节　干茧的运输与储藏

由茧站烘成的干茧,一般需要运至茧丝绸公司或缫丝厂的茧库储藏,以供较长时期内缫丝用茧。保护茧质不受损伤,是干茧运输和储藏中应注意的主要问题。

一、干茧的运输

干茧容易吸湿,不但影响重量而且容易霉变。由于干茧重量轻,装载体积大,运输时间紧,又正值夏秋多雨季节,稍有疏忽,就容易使干茧变质。因此,在装运中必须注意保护茧质,勿使其吸湿或损伤。

干茧运输前,要做好准备工作。收茧开始后,要根据收茧计划编报运输计划。出运前,应检查茧包有无破损,标签是否齐全,运茧车船有无污染,船舱是否渗漏,防雨设备是否齐全等,并及时掌握气象信息,尽量避免雨天装运。

干茧装上车船时,上茧、次茧、下茧应分别装载,先装上茧,再装次茧和下茧,并做好标记,防止混杂入库。在运输过程中,严禁重踩茧包,以免损伤茧质。

茧包运抵仓库后,应立即进仓。如有少数受潮、老嫩不匀的茧包,应事前做好标记,告诉仓库人员,以便另行堆放,及时处理。

二、干茧的储藏

1. 储茧的目的要求 储茧的目的是保管蚕茧,维护茧质,以供应常年缫丝生产的需要。由于干茧极易吸湿,而导致霉变,并易遭虫鼠危害。因此,储茧要求是:防止霉变、消灭虫鼠害,达到保管科学化。

2. 茧库的条件 茧库要求防潮密封。防潮密闭的重点是四周门窗和底层地坪。

通风条件差的仓库,可根据具体条件增开门窗。根据仓库四周的排水情况,在外壁墙脚加涂沥青和开排水沟,并疏通四周下水道,以防积水。仓库中的设备,要及时翻晒以增加吸湿能力。

3. 储茧前的准备 对茧库的房屋、门窗、墙壁、楼板地、电路等要进行检修,发现有损坏,要及时修复。大门和窗户应设棉幔,便于控制茧库温湿度。底层要有置茧搁板或凳,以便底层干燥通风。

干茧入库前要对茧库进行一次全面彻底的清洁工作,并疏通茧库周围渠道,防止积水,还要进行消毒,防止虫、鼠害。

4. 储茧方法

(1)袋装堆垛法。这是我国目前干茧储藏普遍采用的方法,即将干茧装入布袋中,一袋袋堆垛。

为了保证干茧安全和提高仓位利用率,茧包应离墙 0.5 ~ 0.6m,加上过道,离墙距离一般以 1.4m 左右为宜。堆垛高度应根据仓库高低决定,楼上不超过房梁,一般布包堆至 10 层为限。堆垛时间较长的,要注意将标签的一面(袋口或唛头)一律朝上或朝下,可作为茧包翻庄时的标记,使蚕蛹与茧层相互调换接触面。

堆垛的形式目前有井字通风垛和紧密大垛两种。

堆垛形式要按茧质情况来选择,两种形式的主要优缺点和适用范围见表 2 – 15。

表 2 – 15 堆垛形式比较

堆垛形式	井字通风垛	紧密大垛
主要优缺点	①有利通风散湿和防止蒸热变质 ②便于检查 ③占用仓位较大	①容量大,仓位利用率高 ②减少茧包与空气的接触面,防止大气变化对茧质的刺激 ③对偏嫩或受潮茧包,容易热霉变
适用范围	①偏嫩或受潮庄口 ②需要进行通风排湿的茧包	①适干安全茧包 ②茧子已转入正常的安全茧包

（2）库装储藏法。这是比较妥当的储茧方法。在一座大楼的茧库中，分隔成许多小的储茧室，室的上下和四周均铺有白铁皮密闭，可以防止虫鼠害及受潮。每室容量为 1~1.5 吨，也可根据一定时期的缫丝用茧量设计一个储茧室的大小。

5. 进仓验收　干茧进仓验收是为了掌握干茧的适干程度，决定能否入库储藏和运输途中有无受潮、淋雨及变质等情况，以便采取相应措施及时处理，减少损失，达到安全储藏的目的。入库时应进行以下工作。

（1）蛹体检验。干茧进仓时，每隔 5~6 包中抽取 1 包，发现有潮湿情况，要每包抽样，要求内、外、四周均匀抽取，进行拌和。削取正常蛹体 100 粒（如庄口茧量在 200 包及以下的可削 50 粒），以手捻之，观察蛹体形态，鉴别其干燥程度。对照庄口适干均匀程度标准进行评定。

（2）检查不安全庄口。将已混好的样茧抽取 1000g，拣出印烂茧，称准分量（以 g 为计算单位），算出比例，通常以千分之几表示。如印烂茧有发霉的，应记明数量和程度。不安全庄口的特征见表 2-16。

表 2-16　不安全庄口的特征

庄口名称	主要特征
重嫩庄口	检验蛹体，不断浆的重嫩蛹占 30%，嗅之有馊味，或已发生蒸热
重老嫩不匀庄口	偏嫩蛹 12.1% 以上，同时偏老蛹在 11.1% 以上
发霉庄口	茧包发热，茧已霉变
受潮庄口	手触茧层潮软，轻的仅及茧包表层，重的已深入茧包内层
偏嫩庄口	蛹体含水分较多，偏嫩蛹在 8.1%~12%，重嫩蛹占 1%

6. 储茧管理

（1）不同季节的温湿度管理。干茧储藏在库内，最好是保持恒温恒湿，但往往不易做到。目前，我国一般茧库内的温湿度与外界大气有较大差异，而且经常变化，所以，干茧必须靠人力妥善保管。干茧保管的相对湿度以 60%~70% 为宜；干茧的标准回潮率为 10.5%~11.5%；蛹体的含水率控制在 15% 以内，超过 15% 以上，就易发霉变质。因此，要根据不同季节的气候特点采取不同的管理方法。

①黄梅期（雨多湿重），可采取两种措施进行调湿管理。

a. 开窗通风排湿。一般在以下两种情况下开启门窗：一是库内外湿度相同，库内相对湿度高于库外相对湿度；二是库内外相对湿度相同，库内温度高于库外温度。

b. 强制排湿。库外温度高于库内时，采用排风扇排湿。

②炎夏高温期（高温干燥）。白天密闭保管，夜间开窗降温换气。

③秋梅期（桂花蒸，多潮高湿），主要采取以下两种管理。

a. 针对早晚库外温度较高的特点，采取迟开早关，迎风开，向阳不开，不向阳开，并可采取隔窗开、轮换开、交叉开等方法，严格控制开窗。

b. 加强防潮密闭，适当扩大东北面墙距。

④寒冬干燥期（低温干燥），按以下两种方法管理。

a. 采取集中仓间紧密大垛,并用布袋等覆盖。

b. 隔数日开窗一次,开窗时间以 0.5 ～ 1h 为宜。一般开东窗或南窗,不开西窗、北窗。

(2)翻庄检查。凡是堆在仓库底层的茧包,特别容易受潮和发霉,故必须加强检查。如有受潮或发霉,必须及时处理。还要做到适时翻庄,即将茧包里、外、上、下调换位置。

7. 虫鼠害防除

(1)茧库主要害虫的种类及习性。茧库主要害虫有黑皮蠹、大谷盗和棉花红铃虫等,见表 2 - 17。

表 2 - 17　茧库主要害虫的习性

虫名及形态	每年代数	各蜕变期	越冬		习性
			虫态	部位	
黑皮蠹	1 ～ 2	卵期 5 ～ 24 日,幼虫期 55 ～ 130 日(一年二代)、222 ～ 472 日(一年一代),蛹期 5 ～ 18 日,每代需 6 个月至 3 年,一般为 10 年	幼虫	仓内壁隅、地板、砖石缝隙或尘灰杂物内	能飞翔
大谷盗	1	卵期 7 日,幼虫期 48 日,蛹期 10 日,适温下每代约 65 日,温湿度、食料不适宜,可长达三年半	幼虫成虫	多数在木板内,少数在蛀屑中和包装用品缝隙中	善爬行、凶猛、常自相残杀或捕食其他虫类,破坏包装用品
棉花红铃虫	2 ～ 4	卵期 3 ～ 12 日,幼虫期 6 ～ 21 日,蛹期 8 ～ 23 日,一个世代 20 ～ 66 日	幼虫	仓库的梁柱、墙壁、运输工具、包装用品等缝隙中	

注　1. 除上表所列外尚有花斑皮蠹等害虫。

　　2. 根据部分茧库管理经验,为预防虫害,在春茧入库前(即害虫交尾产卵前),先用硫黄烟熏,再用海椒、皂角混合进行薰杀。

以上这些害虫都喜啮食茧层及蛹体,老鼠也爱吃茧层及蛹体,对茧子损伤很大。

(2)虫鼠害的防治方法。

①要贯彻"防重于治"的原则。茧子进仓前要彻底清仓消毒,堵塞缝洞。仓库要达到"仓内面面光,仓外三不留"(库外 3m 以内不留污水、杂草和垃圾),使仓库经常保持整洁。消毒的药剂主要有敌敌畏、硫黄、海椒、皂角、六六粉等。消毒方法有喷雾法、熏杀法和挂条法。

②下茧袋应洗净、晒干、消毒。

③严禁将上茧和各类下茧同库储藏,以免害虫诱入。

④可将窗户装上窗纱,预防害虫侵入。

⑤库内一经发现虫害,立即消灭,可用药剂烟熏杀灭。

⑥仓库建筑应坚实无洞,发现鼠迹,立即捕杀,堵塞鼠洞。

第四节　干茧的检验

制丝企业在生产中原料茧(本节所讲的原料茧为桑蚕干茧)的成本占生丝成本的75%左右,因此,制丝企业要提高产品质量,提高劳动生产率,做小缫折、降低成本,就必须掌握原料茧的性能,制订合理的制丝工艺方案,才能充分发挥原料茧的性能,获得最佳的经济效益。

缫丝企业在购买原料茧时非常重视该批原料茧的质量情况,因此,原料茧在交易之前,出售方需提供由茧质检验机构出具的茧质检验报告。原料茧进厂后,缫丝厂一般还要重新对该批原料茧进行茧质检验,以充分掌握该批原料茧的性能,保证制丝工艺设计的准确性和可靠性。

茧质检验的基本任务是:检验原料茧的外观性状如茧幅、茧色、光泽、茧层的厚薄松紧等;检验茧的工艺性能如茧丝长、解舒丝长、茧丝纤度、万米吊糙、清洁、洁净、出丝率等。

缫丝企业准确、全面的茧质检验,可以为制订生产计划、设计生产工艺及制订生产技术措施提供可靠的根据。同时,能够使生产组织者、管理者和工人做到胸中有数,便于更有效地执行生产工艺和管理,以保证生产的顺利完成。

一、检验设备

检验设备可分为两类,一类是茧质检验部门必须配备的检验设备,即为专用茧质检验设备;还有一类是可以利用生产工序中的生产设备和检验设备,即为辅助茧质检验设备。

(a) 自动茧质检验机　　　　　　　　　　　　　(b) 立缫机

图 2 - 6　茧质检验设备

1. 专用茧质检验设备

(1)试样机。我国现有两种试样机,即自动茧质检验机和立缫机,如图 2 - 6 所示。立缫机多用于缫丝企业作为原料茧茧质调查试样用,自动茧质检验机现多用于法定干茧检验机构,如通过中国纤维检验局认证的各地茧质检验所等。

(2)其他。水浴锅、检尺器(100 回自停)、扭力天平(最大量程 100mg,最小分度值 ≤ 0.01mg)、工业天平(最大量程 200mg,最小分度值≤0.01mg)、卡尺。

2. 辅助茧质检验设备　主要有剥茧机、煮茧设备、复摇机(需配有切断自停装置和计数装置)等,检验设备有抱平机、线性测长仪、电子天平、黑板机、黑板检验室、生丝纤度仪、烘箱及天平等。

二、样茧的抽取

由于蚕的品种、饲养条件、上蔟环境、烘茧工艺等的差异,致使原料茧品质不一致,因此,必须从一定的原料茧中,按规定进行抽样,以便为茧质检验、工艺试验等提供正确的、有代表性的、足够数量的样茧。

1. 抽样方法　以同一庄口为抽样单位。批次重量4000kg以下采取逐包方式抽取;4000kg及以上可采取隔一包方式抽取。抽取时必须顾及茧包的不同部位。

2. 抽样数量　每包抽取数量(200±20)g,3000kg以下抽取不少于15kg。

3. 抽样要求　抽样时发现被抽干茧受潮、霉变、过嫩等情况,在未经妥善处理前,不予抽样。抽样应在不日晒、不潮湿的环境中进行。

样茧抽取完毕,随即称准样茧总重量(即混茧前样茧总重量),然后在光洁平面上反复拌匀三次,称出混茧后的样茧总重量。从混茧后的样茧中称量两个5kg,一个作为检验样品,一个作为备用样品。

样茧余亏率不大于3%,若超过3%,重新抽取。

4. 样品保存　填写样品票签,票签要注明样品特征及抽样时间等。票签一式两份,一份放入茧袋内,另一份系在袋口上。将两份样品分别装入布质茧袋内,扎紧包口,贴上封记。样品在传递、保管过程中,防止错乱、霉变、日晒、雨淋、挤压和鼠咬、虫害等。

三、剥选茧调查

将一定数量的样茧剥去茧衣后,选除不能缫丝的下茧,得到上车茧;然后用目光评定上车茧的外观质量,即上车茧的茧色、茧形和缩皱;并数清上车茧的粒数,称出茧衣、下茧、上车茧的质量;最后算出样茧的粒茧质量、茧衣率、上车茧率、下茧率和余亏率等。

1. 样茧的茧色、茧形、缩皱

(1)茧色。分白色、乳黄、微绿。程度分为整齐、尚齐、不齐。

(2)茧形。分浅束腰形、椭圆形、纺锤形。

(3)缩皱。分粗、中、细。

2. 样茧类型调查

(1)上车茧(上茧和次茧)。

(2)下茧,包括:

①口茧:茧层有孔的茧,包括蛾口、鼠口、削口、蛆孔等。

②黄斑茧:茧层有严重黄色斑渍的茧。

③尿黄茧:蚕尿污染茧层造成发黄、发软浮松的茧(可分为:蚕尿深入茧层三分之一以上的茧、蚕尿污染处明显发软或浮松的茧和蚕尿污染总面积超过0.5cm²的茧三种类型)。

④夹黄茧:蚕尿污染茧层之中,但表面可见的茧。

⑤靠黄茧:污斑深入茧层三分之一以上或污斑总面积大于1cm²的茧。

⑥老黄茧:茧色深黄,缩皱异常,黄色面积占茧体面积三分之一以上的茧。

⑦硬块黄茧:茧层有黄色硬块或胶结的茧。

⑧柴印茧:茧层有严重印痕的茧(可分为:单条柴印茧即茧层有一条竖柴印,印痕深入茧层二分之一以上的茧或茧层有一条横柴印或一条斜柴印,印痕深入茧层三分之一以上的茧;多条柴印茧即茧层有两条及两条以上柴印,其中一条印痕深入茧层三分之一以上的茧或茧层有两条及两条以上柴印,印痕未超过三分之一,但茧体已经变形的茧;钉点柴印茧即钉点印痕深入茧层二分之一以上的茧或钉点印痕未超过茧层的二分之一,但有两点及两点以上印痕的茧;平板柴印茧即茧层表面局部呈平板状、无缩皱或缩皱不清,总面积大于0.5cm²的茧四种类型)。

⑨油茧:茧层表面油斑总面积大于0.2cm²的茧。

⑩薄头、薄腰茧:茧子的头部或腰部茧层薄,光线反射暗淡的茧。

⑪薄皮茧:茧层薄,茧层质量小于同批干茧平均茧层质量的二分之一的茧。

⑫异色茧:茧层有严重深米色、深绿色、红僵和红斑等的有色茧。

⑬瘪茧:瘪茧分两种类型,一是茧层两侧压瘪的茧;二是茧层一侧压瘪,但沾有污物或蛹油的茧。

⑭畸形茧:茧型严重变形的茧,包括多棱角茧、尖头茧、扁平茧等。

⑮绵茧:茧层浮松,缩皱不清,手触软绵的茧。

⑯特小茧:茧型特小,粒茧质量小于同批干茧平均粒茧质量的二分之一的茧。

⑰多疵点茧:茧层有不少于两种疵点的茧。

⑱霉茧:茧层表面霉变的茧(可分为茧层表面霉,总面积大于0.2cm²的茧或茧层表面有内部引起的茧层霉的茧两种类型)。

⑲内霉茧:茧层内层发霉或蛹体发霉的茧。

⑳其他下茧:如印头茧即蛹体腐烂,污物浸出茧层,表面可见的茧;烂茧即内印严重,污渍印出茧层,颜色较深,总面积大于0.5cm²的茧,或外沾严重,污渍深入茧层,总面积大于1cm²的茧。

(3)双宫茧。

3. 试验方法

(1)用剥茧机对全部样茧进行剥茧处理。一粒茧剥去一半茧衣以上的作光茧,一粒茧剥去不到一半茧衣的作毛茧。春茧剥光率不低于92%,夏秋茧剥光率不低于86%,否则一律重新进行剥茧处理。

(2)剥光率计算。从剥茧处理后的样茧中随机抽取200粒样茧,分清光茧和毛茧,按下式计算。

$$剥光率 = \frac{光茧粒数(粒)}{抽验茧粒数(粒)} \times 100\% \qquad (2-4)$$

(3)参照 GSBW 40001《桑蚕茧(干茧)下茧实物样照》,从经过剥茧处理的样品中选出全部下茧,得上车茧。

(4)以视觉和手触评定上车茧的茧色、缩皱、茧形,若一个样号茧存在两种茧色时,以基本色为主可评为白带乳黄,白带微绿,乳黄带微绿等。并作好记录。

(5)在上车茧中随机抽取 1000g,选出其中次茧,称其质量,计算次茧率。

$$次茧率 = \frac{抽样上车茧中选出的次茧质量(g)}{抽样上车茧质量(g)} \times 上车茧率(\%) \tag{2-5}$$

(6)以 400 粒一区,数完全部上车茧,最后一区不足 400 粒时,作样余茧。

(7)依次称出各区样茧、样余茧、下茧、茧衣的质量。分别计算上车茧总粒数、上车茧总质量、平均粒茧质量、选茧上车茧率、下茧率、茧衣率、样茧总余亏率。

$$上车茧总粒数(粒) = 各区 400 粒样茧粒数之和(粒) + 样余茧质量(粒) \tag{2-6}$$

$$上车茧总质量(g) = 上车茧质量(g) + 样余茧质量(g) \tag{2-7}$$

$$平均粒茧质量(g/粒) = \frac{上车茧质量(g)}{各区 400 粒样茧粒数之和(粒)} \tag{2-8}$$

$$剥选后样茧总质量(g) = 上车茧总质量(g) + 下茧质量(g) + 茧衣质量(g) \tag{2-9}$$

$$选茧上车茧率 = \frac{上车茧总质量(g)}{剥选后样茧总质量(g)} \times 100\% \tag{2-10}$$

$$下茧率 = \frac{各类下茧质量之和(g)}{剥选后样茧总质量(g)} \times 100\% \tag{2-11}$$

$$茧衣率 = \frac{茧衣质量(g)}{剥选后样茧总质量(g)} \times 100\% \tag{2-12}$$

$$样茧总余亏率 = \frac{剥选后样茧总质量(g) - 样茧规定质量(g)}{样茧规定质量(g)} \times 100\% \tag{2-13}$$

(8)依据平均粒茧质量以等粒等量法按表 2-18 制备样茧。

表 2-18 取样规则

检验项目	样茧数量	备注
解舒	每区 400 粒茧　茧量(g) = 400 × 平均粒重(g)	三区　等粒等量
茧幅、切剖、丝胶溶失率	100 粒茧　茧量(g) = 100 × 平均粒重(g)	
清洁、洁净	随机抽取 500g	
一粒缲	每区 200 粒茧　茧量(g) = 200 × 平均粒重(g)	二区　等粒等量

(9)要求上车茧中无双宫茧;上车茧中漏选入下茧的量春茧不大于 0.15%,夏秋茧不大于 0.25%;下茧中无上车茧。

四、茧幅、切剖、丝胶溶失率的检验

(一)茧幅检验

以等粒等量法随机抽取上车茧 100 粒,瘪茧、扁茧、畸形茧等应调换成正常茧。

用游标卡尺测定每粒茧的茧幅,并以相差 1mm 为一档,分别求出平均茧幅、茧幅标准偏差、茧幅极差。

$$\bar{x} = \frac{\sum_{i=1}^{n} x_i}{n} \tag{2-14}$$

$$茧幅标准差(mm) = \sqrt{\frac{\sum_{i=1}^{n}(x_i - \bar{x})^2}{n}} \quad (2-15)$$

式中：x_i——每粒茧的茧幅，mm；

$\bar{x}$——平均茧幅，mm；

n——测试茧粒数，粒。

$$茧幅极差(mm) = 最大茧幅(mm) - 最小茧幅(mm) \quad (2-16)$$

（二）茧的切剖检验

1. 方法

（1）将茧幅检验后的样茧逐粒剖开，取出蛹体和蜕皮，如发现有病蛹严重污染茧层的，应将污物除去，称准茧层的质量。

（2）检查内印茧、病蛹（或僵蚕）、内霉茧、毛脚茧、多层茧，数准粒数，分别计算其百分比。

$$内印茧率 = \frac{内印茧粒数（粒）}{受验茧总粒数（粒）} \times 100\% \quad (2-17)$$

$$病蛹率(\%) = \frac{病蛹茧粒数}{供试茧粒数} \times 100\% \quad (2-18)$$

内霉茧、毛脚茧、多层茧等的百分比计算参照病蛹率。

（3）将蛹体排列在纸上，逐粒用拇指揿捏，检验评定蛹体适干程度，分为适干、偏嫩、偏老、过嫩、过老五种。

$$适干率 = \frac{适干茧粒数}{供试茧粒数} \times 100\% \quad (2-19)$$

（4）将茧层等粒等量分成甲、乙、丙三区，每区 30 粒[茧层量(g) = 30 × 平均茧层量(g)]，甲区烘成干量，计算茧层回潮率和公量茧层率；乙、丙区作丝胶溶失率检验。

$$公量茧层率 = \frac{茧层干量(g) \times 1.11}{供试茧量(g)} \times 100\% \quad (2-20)$$

$$茧层回潮率 = \frac{茧层原量(g) - 茧层干量(g)}{茧层干量(g)} \times 100\% \quad (2-21)$$

2. 注意事项

（1）称准样茧原重。切剖前应再次清点核对茧粒数；切剖时应注意逐粒检查，茧层内的蛹体和蜕皮是否均已取出；切剖结束后分别对茧层、蛹体、蜕皮，进行清点核对，检查有无差错。

（2）切剖时应防止将茧切成两截。

（3）整个切剖检验工作应连贯地在较短的时间内完成（烘干量除外），防止拖延时间过长，茧层原量受自然温湿度影响而使检验数据发生误差。

（三）丝胶溶失率检验

1. 方法　把切剖检验的茧层用白线串连或放入网兜内，与解舒检验的样茧同时放入前后不空的茧笼里同煮。煮后不甩不挤，烘成干量，计算丝胶溶失率。

$$丝胶溶失率 = \frac{煮前干量(g) - 煮后干量(g)}{煮前干量(g)} \times 100\% \quad (2-22)$$

2.注意事项

(1)用白线串联茧层,在煮后烘干称公量时应将线抽掉。

(2)煮后应检查渗透情况,若发现有生茧或渗透不好的现象则应重做。

五、解舒检验

1.试验方法

(1)取解舒样品,每区分装4袋,每袋100粒,并准备备用茧20粒。

(2)煮茧试验条件

煮茧时间:春茧,(12 ± 2)min;夏秋茧,(11 ± 2)min。

水质要求:总硬度不大于1.5mmol/L;总碱度不大于1.5mmol/L。

(3)每区分两次煮茧,每次两袋,备用样品随同第一次解舒样品煮茧。

(4)缫丝试验条件

缫丝线速度:(104 ± 13)m/min;

缫丝汤温:(36 ± 2)℃;

索绪温度:(84 ± 2)℃;

绪数:5绪;

定纤:20/22旦$(22.2/24.4$dtex$)$。

(5)按试验样品茧型大小调节给茧口宽度、水位和给茧槽茧量。

(6)按春茧6~8粒,夏秋茧7~9粒确定初始纤度。

(7)试验开始后,每隔4min调查并记录每绪茧粒数一次,若正在添绪,应以添绪完成后为准。

(8)当一个给茧槽内茧粒数少于10粒且无法补充时,从左往右逐一并绪,直到最后一个给茧槽内茧粒数少于10粒,停止试验。

(9)解舒试验完成后,计算平均粒数、缫剩茧折算添绪次数、缫丝粒数、添绪次数、漏选下茧率、上车茧率、粒茧原量、茧丝长、解舒率、解舒丝长、万米吊糙。

$$平均粒数(粒/绪) = \frac{每次调查的绪下茧粒数总和(粒)}{绪下茧调查绪数(绪)} \qquad (2-23)$$

$$缫剩茧换算粒数(粒) = 0.83 \times 厚皮茧粒数 + 0.50 \times 中皮茧粒数(粒) +$$
$$0.17 \times 薄皮茧粒数(粒) \qquad (2-24)$$

$$缫丝粒数(粒) = 供试茧粒数(粒) - 缫剩茧换算粒数(粒) - 屑茧粒数(粒) \qquad (2-25)$$

$$添绪次数(粒) = 记录添绪次数(粒) + 缫丝粒数(粒) - 缫剩茧换算粒数(粒) \qquad (2-26)$$

$$漏选下茧率 = \frac{漏选下茧总粒数(粒)}{解舒试验总粒数(粒)} \times 100\% \qquad (2-27)$$

$$上车茧率(\%) = 选茧上车茧率 \times (1 - 漏选下茧率 - 内印茧率 \times 0.3) \qquad (2-28)$$

$$粒茧原量(g/粒) = \frac{平均粒茧质量(g/粒)}{1 + 样茧总余亏率} \qquad (2-29)$$

$$茧丝长(m) = \frac{生丝总长(m) \times 平均粒数(粒)}{缫丝粒数(粒)} \qquad (2-30)$$

$$解舒率 = \frac{缫丝粒数（粒）}{添绪次数（粒）}100\% \qquad (2-31)$$

$$解舒丝长（m） = \frac{茧丝长（m）×解舒率（\%）}{100} \qquad (2-32)$$

$$万米吊糙（次） = \frac{吊糙次数（次）}{生丝总长（m）}×10000 \qquad (2-33)$$

（10）将蛹衬全部剥除蛹体和蜕皮（绪丝全部理出）烘干，将蛹衣（绪丝）放入烘箱，依据表2-18试验规则将样品烘至无水分状态，称量样品的干重。计算蛹衣（绪丝）公量、蛹衣（绪丝）量、蛹衣（绪丝）率。

$$茧衣（绪丝）公量（mg） = 蛹衣（绪丝）干量（mg）×（1+公定回潮率） \qquad (2-34)$$

$$蛹衣（绪丝）量（mg/粒） = \frac{蛹衣（绪丝）公量（mg）}{供试茧粒数 - 屑茧粒数} \qquad (2-35)$$

$$蛹衣（绪丝）率 = \frac{蛹衣（绪丝）量（mg/粒）}{粒茧原量（g/粒）×1000}×100\% \qquad (2-36)$$

（11）将解舒试验后的小篯返成大篯丝片，每区返2片大篯丝片，解舒试验、返丝过程中产生的废丝并入各区中，加温前，称量解舒样丝的湿重。依据表2-19解舒样丝试验规则将各区丝片烘至无水恒重状态，即解舒丝干量。计算解舒丝公量、粒茧丝量、换算丝量、茧丝纤度、上车茧出丝率、毛茧出丝率、解舒光折。

表2-19　试验规则

样品名称	烘箱温度（℃）	干燥时间（h）	二次计量间隔时间（min）	二次计量允差（mg）
解舒样丝	140±2	2.0~2.5	10	60
茧层（含水率）	120±2	1.0~1.5	10	60
蛹衣（绪丝）	120±2	1.5~2.0	10	40
茧层（丝胶溶失率）	120±2	1.5~2.0	10	40

$$解舒丝公量（g） = 解舒丝干量（g）×（1+11\%） \qquad (2-37)$$

$$粒茧丝量（g/粒） = \frac{解舒丝公量（g）}{缫丝粒数（粒）} \qquad (2-38)$$

$$换算丝量（g） = 粒茧丝量（g/粒）×缫剩茧换算粒数（粒） \qquad (2-39)$$

$$茧丝纤度（旦） = \frac{9000×粒茧丝量（g/粒）}{茧丝长（m/粒）} \qquad (2-40)$$

$$上车茧出丝率 = \frac{解舒丝公量（g）+换算丝量（g）+废丝公量（g）}{粒茧原量（g/粒）×供试茧粒数（粒）}×100\% \qquad (2-41)$$

$$毛茧出丝率 = \frac{上车茧出丝率（\%）×上车茧率（\%）}{100} \qquad (2-42)$$

$$解舒光折（kg） = \frac{100}{上车茧出丝率（\%）}×100\% \qquad (2-43)$$

2. 试验要求

（1）煮茧时要求渗透适当，适熟均匀、无浮茧。

（2）索绪之前，核准供试茧粒数。

（3）索绪、理绪一律采用机索、机理，允许手工清理蓬糙茧、迁移有绪茧。

（4）试验过程中若发现空添和误吊，应及时扣除相应的空添和误吊，若发生多添，应及时去除多添茧。

（5）在400粒解舒样茧中发现漏选下茧，使用备用茧调换，并调整上车茧率。

（6）屑茧（被煮穿、索穿的没有被缫丝的茧）不扣供试茧质量，但应从缫丝粒数中扣除。

（7）分清缫剩茧中厚皮茧（茧层较厚，呈玉白色）、中层茧（茧层适中，呈灰白色）、薄皮茧（茧层较薄，呈暗红色）粒数。

六、清洁、洁净检验

1. 方法

（1）抽取上车茧500g，平均分装4袋。

（2）煮茧、缫丝工艺条件和试验方法同解舒试验。

（3）摇取黑板5块，由黑板检验员检验后，计算清洁、洁净成绩。

2. 注意事项

（1）煮熟程度适当。

（2）在缫丝过程中，要自然落蛹，不准主动掐蛹。

七、茧丝纤度标准差检验（一粒茧）

（一）方法

（1）工艺条件。

水浴温度：(75 ± 5)℃。

检尺器转速：(100 ± 10) r/min。

（2）工艺。随机抽取上车茧100粒，以等粒等量法分配成50粒两份，其中一份为检验样茧，另一份为预备样茧。

（3）将检验样茧分型（大、中、小）分次（每次5~6粒）煮茧。

（4）经煮茧，寻绪后的样茧，用检尺器逐粒（同型茧可2~3粒）匀速摇取茧丝，每百回茧丝为一小绞。除蛹衬程度与解舒检验同。

（5）50粒检验样茧全部摇好后，经烘干，适当平衡，用扭力天平逐粒逐绞依次称量，计算每一小绞的茧丝纤度（分特）。

（6）每粒茧的绪丝、蛹衣，经适当干燥后，分别称量。

（7）取舍标准。整粒舍去，用同型茧补试。一粒茧在检验时的切断次数达3次，则舍去。一粒茧的蛹衣量比同样号解舒检验蛹衣量重15mg，则舍去。零回舍去，不补试。一粒茧的蛹衣量比同样号解舒检验蛹衣量重的，不足50回的不计。一粒茧的蛹衣量比同样号解舒检验蛹衣量轻的，不足百回的不计。

（二）计算公式

（1）平均值和标准差。

$$\overline{x} = \frac{\sum\limits_{i=1}^{n} x_i}{n}$$

$$s = \sqrt{\frac{\sum\limits_{i=1}^{n} (x_i - \overline{x})^2}{n}}$$ （2-44）

式中：x_i——每百回茧丝纤度，旦；

$\overline{x}$——百回茧丝纤度的平均值，旦；

s——茧丝纤度标准差，旦；

n——受验茧的全部百回丝总绞数，绞。

（2）变异系数。

$$CV = \frac{s}{\overline{x}} \times 100\%$$ （2-45）

八、干茧质量的评定

干茧质量主要考察清洁、洁净、毛茧出丝率、解舒丝长、万米吊糙等指标。

清洁、洁净指标采用分级方法，根据清洁、洁净指标的等级条件分为8个等级，即6A、5A、4A、3A、2A、A、B、C级，具体等级条件见表2-20。

毛茧出丝率指标采用写实方法，根据毛茧出丝率指标的试验结果，按照规定，将试验结果修约至整数表示。

解舒丝长指标采用分型的方法，根据解舒丝长指标的分型条件分为三种型，即解舒丝长大于或等于1000m时表示为TC；小于300m时表示为TD；大于300m且小于1000m时表示为ZC，ZC具体表示方法为用解舒丝长指标的试验结果的百位数和十位数的数值写实表示。

万米吊糙指标采用分型方法，根据万米吊糙指标的分型指标的分型条件分为五种型，即Ⅰ~Ⅴ。

表2-20 干茧质量要求

指标		清洁（分）	洁净（分）	解舒丝长(m)			万米吊糙（次）				
				TC	ZC（30至99）	TD	Ⅰ	Ⅱ	Ⅲ	Ⅳ	Ⅴ
等级	6A	98.0	95.00	≥1000	≥300 且 <1000	<300	≤3	>3 且 ≤5	>5 且 ≤7	>7 且 ≤9	>9
	5A	97.5	94.00								
	4A	96.5	92.00								
	3A	95.0	90.00								
	2A	93.0	88.00								
	A	90.0	86.00								
	B	87.0	84.00								
	C	84.0	82.00								

质量标示的标示方法及代号：

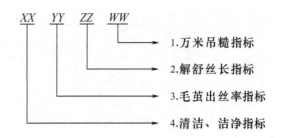

XX YY ZZ WW
1. 万米吊糙指标
2. 解舒丝长指标
3. 毛茧出丝率指标
4. 清洁、洁净指标

示例:某一庄口干茧经试验结果如下:清洁97.6分,洁净92.30分,毛茧出丝率为34.29%,解舒丝长703.2m,万米吊糙3.6次。则该庄口干茧的质量标示为:4A3470Ⅱ。

思考题

1. 简述蚕茧的干燥目的和要求。

2. 蚕茧干燥原理是什么?

3. 简述鲜茧干燥的三个阶段。

4. 简述影响蚕茧干燥的工艺因素。

5. 什么是烘率、烘折?

6. 干茧检验的意义是什么?

7. 干茧主要检验哪些指标?

第三章　混茧、剥茧、选茧

本章知识点

1. 混茧的目的和要求。

2. 剥茧目的和原理。

3. 茧的分类。

第一节　混　茧

一、混茧的目的和要求

蚕茧的庄口是指某一茧站同一季节的茧批。把两个或两个以上庄口的茧子按工艺要求的比例进行均匀混合的工艺叫混茧,俗称"打官堆"。混合后的茧子一般作为一个茧批进行缫丝。

同一庄口或不同庄口的蚕茧质量,往往是有差异的,这是因为各生产单位的桑叶质量和饲育条件不同,前批蚕茧与后批蚕茧不同,鲜茧、半干茧处理和烘茧程度不同,以及蚕的品种和体质不同等,都影响到茧的质量。如果不混合均匀,作为一个茧批进行缫丝,会造成生产波动、产品质量不稳定。据文献报道,适当的混茧,还有利于降低中途落绪次数的波动。因此,混茧的目的就是扩大茧批,平衡茧质,稳定生产,缫制品质统一的批量生丝。混茧要求均匀,不损伤茧层。

二、混茧方法和设备

(一)混茧方法

混茧方法有毛茧混茧和光茧混茧两种。毛茧混茧对茧层的损伤较小,但比较难混匀。光茧混茧容易混匀,但对茧层损伤较大。缫丝企业一般采用毛茧混茧。

混茧又分单庄混茧和多庄混茧。如庄口前后批干茧质量有差异,为了平衡茧质,稳定生产,就需要进行单庄混茧,单庄混茧要根据本庄口前后批的茧包数,计算出混茧的比例。多庄混茧则按工艺设计所确定的比例进行混茧。

选茧车间要根据混茧设备、场地条件等,确定每次混茧包数。

(二)混茧设备

1. 毛茧混茧机　WA212 型混茧机是两级伞形毛茧混茧机,如图 3-1 所示。该机在一根垂直的立轴上,装有两个称为混茧伞的伞形圆盘。电动机通过平皮带,使横轴转动。横轴再通过一对齿轮带动主轴 6,使其以一定的转速同向旋转。茧子通过落茧斗进入直径为 1m 的第一级混茧伞 4 后,随着混茧伞以 140r/min 的速度转动,在离心力作用下向四周散开;然后,茧子通过罩壳3被导入直径为1.5m的第二级混茧伞5面上,同样靠离心力的作用均匀地散落到混茧机的周围地面上。这样,就达到了混茧的目的。该机每台的生产能力为1500kg/h。

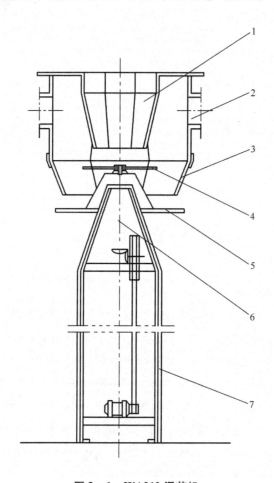

图 3-1　WA212 混茧机

1—落茧斗　2—吸尘风道　3—罩壳　4—第一级混茧伞
5—第二级混茧伞　6—传动主轴　7—机架

2. 光茧混茧机　SWD211 型混茧机如图 3-2 所示,系采用光茧混茧。该机有 3 只储茧箱,其中有两只可再隔开为两只小箱。将混茧庄口的茧子,根据计算茧量按一定比例储放在箱内。箱底与箱的前壁构成 55°倾斜角,使箱内的茧子能自由滚下。在箱底出口处,装有滚筒形茧量控制器(其直径为 370mm,用木质材料制成),滚筒上每隔 90°处装一片耙茧板,在茧量控制器和茧箱前壁之间,有一条约 45mm 宽的缝隙,即为茧子出口处。当茧量控制器以 3r/min 的速度缓慢转动时,耙茧板把茧连续地从出茧口带出箱外,使茧落在混茧传送带上。混茧传送带是一条宽 300mm 的循环回转的帆布带,绕着两个小滚筒移动。其中一个小滚筒上装有张力调节装置。混茧传送带装在落茧槽的底部,与茧量控制器圆滚筒轴平行。当茧子落下后,传送带把茧送到卸茧带上。卸茧带与混茧带成垂直,其宽度与混茧带相同。卸茧带运动方向与地面呈 60°,它将接到的茧子输送到集茧斗。斗下开两个口,由一个活门控制,"关"、"开",在每个口下可以挂

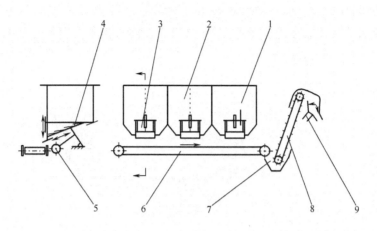

图 3 – 2 SWD211 型混茧机

1—储茧箱 2—可隔储茧箱 3—调节闸门 4—往复底板 5—偏心盘
6—混茧帆布带 7—集茧斗 8—上袋机 9—活络舌板

两只茧袋,承接活门开着的一边落下的茧子;装满一袋后,即关此开彼,可以不断地换袋接茧,连续混茧。混茧机由功率 1.5kW 的电动机带动,混茧传送带的速度为 48m/min,倾斜卸茧带的速度为 72m/min。该机每台的生产能力为 540~600kg/h。

三、混茧质量要求和检查

为保证生丝品质,对混茧质量有一定要求。一般春茧的每千克粒数与工艺规定粒数的差异不超过 2%,夏秋茧不超过 3%。检查方法:每次抽取 1kg 茧数其粒数。

第二节 剥 茧

一、剥茧的目的和要求

剥茧就是剥掉蚕茧外面一层松乱的茧衣。茧衣的丝胶含量达 30% 以上,茧丝脆弱、纤细,丝缕结构紊乱无规律,不能缫丝,只能用作绢纺原料。原料茧如不剥去茧衣,还会增加选茧、煮茧、缫丝的困难,因此必须在选茧前剥去茧衣,才能使各工序正常运行,也有利于提高生丝质量。

剥茧不可剥得太光,以免损伤茧层,增大缫折;但也不宜剥得太毛。一般春茧的茧衣量约占全茧量的 2%,秋茧约占 1.8%。

二、剥茧机及其工作过程

剥茧机主要由毛茧斗、竹帘、毛茧输送带、茧量调节装置、剥茧带等组成,如图 3 – 3 所示。毛茧自储茧箱 11 在抓茧辊 12 的作用下,自动进入毛茧输送带 6,其茧量由调节闸门 13 根据原料情况人工调节。当毛茧落入剥茧带 8 时,由于茧衣受剥茧带黏附力的作用,茧随剥茧带运动进入剥茧口,同时被弹性挡板 7 阻挡在剥茧口,接着茧衣被由上轴 2 与主动轴 3 组成的夹持口夹持,在毛茧转动过程中被剥取。剥光的茧,由于受到后续待剥茧的挤压,冲开弹簧挡板,沿落茧角方向进入落茧斗 9 及盛茧袋 10 中。被剥取的茧衣自动卷取在剥茧带 8 上,待卷取至一定数量,茧衣由人工或自动方式取走。

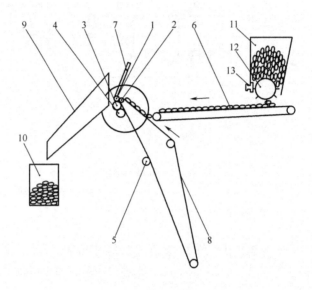

图 3 - 3 剥茧机结构示意图

1—毛茧 2—上轴 3—主动轴(浮动轴) 4—茧衣辊 5—导向轮 6—毛茧输送带
7—弹性挡板 8—剥茧带 9—落茧斗 10—盛茧袋 11—储茧箱 12—抓茧辊 13—调节闸门

弹性挡板用来控制茧输出量。可根据原料及剥茧质量,调节挡板位置,一般在不影响剥茧质量的前提下,尽量提高产量。

剥茧工作过程如图 3 - 4 所示。图中 $\overset{\frown}{ab} = \dfrac{\angle A}{360°} \times \pi d_{A}$。当带有茧衣的毛茧 1 在剥茧带 8 导引下进入剥茧口 $\overset{\frown}{ab}$ 时,由于 $\overset{\frown}{ab}$ < 茧衣平均长(10 ~ 15mm),茧衣很快被 b 点(实际为上轴和主轴的切线)握持,并在转动过程中被连续剥取,直至剥光并被其他待剥茧挤出夹持口为止。

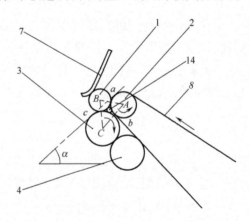

图 3 - 4 剥茧工作原理

1—毛茧 2—上轴 3—主动轴 4—茧衣辊 7—弹性挡板 8—剥茧带 14—防瘪棒

当$\overset{\frown}{ab}$长度大于茧毛丝长度时,由于茧衣不易被夹持口夹持,因而剥光率低下。当主动轴直径一定时,改变上轴直径,$\overset{\frown}{ab}$长度也即改变,二者关系见表3-1。

表3-1　剥茧机上轴直径与茧衣夹持长度关系

上轴直径d_A(mm)	$\angle A$(°)	$\overset{\frown}{ab}$(mm)
20	70.5	12.2
24	64.5	13.5
30	57.5	14.9

由表3-1可知,d_A以20~24mm为佳,一般$d_A=20$mm。d_A过小,剥光率虽提高,但上轴易变形。

剥茧优劣除了与上轴直径有关外,还与茧形大小有密切关系。茧形愈大,$\overset{\frown}{ab}$愈长,$\overset{\frown}{ac}$亦增大,如茧衣长度变化不大,剥光率将下降,但瘪茧率也随之下降。反之,当茧形变小时,虽剥光率增大,但由于$\angle B$的增大,有可能因自锁作用,剥茧时茧无法在夹持口滑移,导致茧被挤瘪。为防止小形茧或薄皮茧被挤瘪,安装防瘪棒14(固定于机架),可防止原来因$\angle B$过大茧被挤瘪的现象。

另一影响剥茧优劣的因素为落茧角α。α小,产量低,茧在剥茧口停留时间长,瘪茧多,但剥光率高。α大,剥茧机产量虽高,但剥光率低,瘪茧少(表3-2)。α以31°为宜。

表3-2　落茧角对剥茧机产质量的影响

落茧角α(°)	瘪茧率(%)	台时产量(kg)	剥光率(%)
25	0.0140	516.0	96.61
31	0.0100	595.5	95.36
37	0.0086	625.5	93.09
45	0.0050	708.0	90.09

注　剥茧机上轴$d_A=20$mm,主动轴$d=32$mm,线速度$v=3.64$m/s。

弹力挡板7用于控制茧的剥出量,应根据茧质和剥茧质量调节好挡板的高低位置,做到剥出量大,剥光率高。

剥茧带8的运转速度过快过慢都会影响剥茧产质量,尤其会降低剥光率,增加瘪茧率。一般控制在春茧36m/s左右,夏秋茧4m/s左右。

三、剥茧质量要求与检查方法

(一)质量要求

1.剥光率　是指光茧量占总茧量的百分比,一般要求春茧为93%~95%,夏秋茧为88%~92%。

2.瘪茧率　是指瘪茧量占总茧量的百分比,一般要求春茧不超过0.1%,夏秋茧不超过0.3%。

（二）检查方法

1. 剥光率检查 每次抽查 500 粒茧，检查全毛茧和半毛茧（两粒半毛茧折合毛茧一粒）的粒数，计算出剥光率。

2. 瘪茧率检查 将每天拣出的瘪茧称重量，计算出瘪茧率。

第三节 选 茧

一、选茧的目的和要求

由于蚕儿本身体质和结茧时的环境不同，即使是同一庄口，也有茧形大小、茧层厚薄、色泽等差异；加上收茧、烘茧、运输等因素对蚕茧质量造成不同程度的影响，因此必须按不同工艺要求进行选茧分类。同时，在原料茧中混有不能缫丝的下茧，必须予以选除。若需精选的，还要在上车茧中进一步按茧形大小、茧层厚薄和茧的色泽进行选茧。因此，选茧的目的就是在整个庄口的蚕茧中，剔除不能缫制设计生丝等级要求的蚕茧。

选茧要求正确，误选率越小越好。

二、选茧的分类标准

选茧的分类标准，应根据"按质定类，按需分档"的原则，按照客户需要，以工艺设计为基础。一般采用粗选和精选两种方法。在光茧中仅剔除下茧为粗选；在经过粗选的上车茧中再剔除次茧为精选。一般在缫制 3A 级及以下的生丝时，贯彻"以多带少"的原则，采用粗选。在缫制高等级生丝时采用精选，即在除了剔除下茧外，还需要剔除次茧。在不影响丝色和等级的前提下，应尽量节约原料，提高上车率。现将茧的分类标准分述如下。

（一）上车茧

1. 上茧 上茧有下列两种。

（1）头号茧。头号茧茧形整齐正常，茧层厚薄均匀，茧色基本一致，表面无疵点。

（2）二号茧。二号茧茧形、茧层厚薄和茧色等次于头号茧，有轻微疵点。

2. 次茧 有明显疵点但可缫丝的称为次茧。如轻黄斑（轻尿黄、轻靠黄、轻油黄、有色茧）、轻柴印（轻线柴、轻钉柴、轻板柴）、轻畸形、硬薄皮、硬绵茧、薄头茧、轻内印（白油茧）以及米黄、湖绿、浅红斑等有色茧。总之，凡影响正品率的茧子，应予选出，列为次茧；其余茧可按工艺设计的等级要求决定是否掺入上茧。

工厂通常把上茧（头号茧和二号茧）和次茧合并后称统号茧。统号茧缫丝体现了以好带次的原则，缫制一般等级生丝（4A 以下）均可采用。缫制高等级生丝时，一定要把次茧，特别是内印茧、黄斑茧、霉茧等次茧选除，以免影响生丝质量。

（二）下茧

下茧又称下脚茧，凡是不能用来缫丝的蚕茧，统称为下茧。是由于蚕儿发育不良和结茧过程中处理不当所致（如温度、湿度、簇具、运输条件等），可分为双宫茧、穿头茧、黄斑茧、柴印茧、薄头茧、薄皮茧、异色茧、畸形茧、绵茧、多疵点茧、印头茧、烂茧(详细分类说明见第二章第四节)。

三、选茧设备和选茧方法

选茧设备有板选和传送带机选两种。板选效率低,生产上一般采用传送带机选。

传送带选茧机主要由储茧箱、调节闸门、选茧传送带、传动装置、单机停车装置、上袋机等组成,如图3-5所示。有的还装有灯光选茧装置,以便必要时选除内印茧。经过剥茧后的光茧,从储茧箱中落到选茧传送带上,随着传送带向前移动,被送至选茧工作面进行选茧。目前,在生产过程中,一般采用单面传送带选茧,每台配备4~5人,互相分工负责。

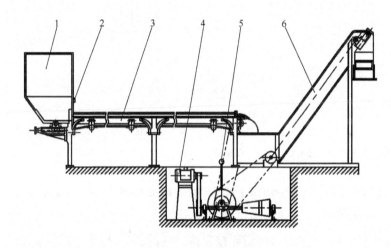

图3-5 传送带选茧机

1—储茧箱 2—调节闸门 3—选茧传送带 4—电动机 5—单机停车装置 6—上袋机

(1)头档铺茧操作要机动灵活,铺得均匀,要熟悉原料茧情况,视选茧工的多少,正确掌握铺茧量,以便使下档来得及拣清下茧,同时自己要拣出较明显的下茧。

(2)中间一档要求拣去第一档没有拣清的下茧,把茧翻匀,使穿头茧容易看清,铺平茧子。

(3)末档主要负责清查和选清下茧。

(4)如果某档原料下茧特别多,或者还要选出次茧,那就在中间增加人员,重点选次茧或下茧。

(5)在缫制高等级生丝时,如内印茧特别多,最后可增加一档灯光选茧。

在选茧中,要提高产量,更要重视质量,同时要稳定上车率,把选茧工作做好。如果上车茧中混有下茧,不但增加缫丝操作的忙乱,而且使干下脚变成湿下脚,在经济上也是很大的浪费。同时要做好下茧的复选工作,以免浪费上车茧。

四、茧输送自动化与连续化

在混茧、剥茧、选茧过程中经常需要将干茧从一端送到另一端,或从一个车间送至另一个车间。目前大多用带式输送装置和风力式自动输送装置输送干茧,使混、剥、选茧形成一条生产流水线(图3-6)。

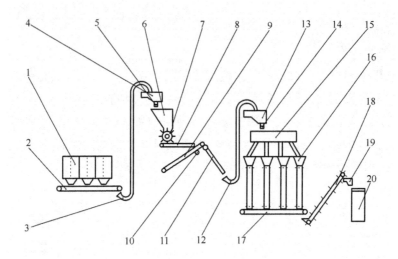

图3-6　混剥选茧生产流水线工艺流程

1—混茧机　2—毛茧输送带　3—毛茧进料器　4—毛茧沉降室　5—毛茧卸料斗　6—毛茧箱　7—抓茧辊
8—铺茧带　9—剥茧带　10—刮刀　11—接茧板　12—光茧进料器　13—光茧沉降室　14—光茧卸料器
15—光茧箱　16—选茧台　17—集茧输送带　18—上袋机　19—自动计量器　20—茧袋

　　毛茧从混茧机1下部的毛茧输送带2输出,被毛茧进料器3吸至毛茧沉降室4,经毛茧卸料斗5进入毛茧箱6。毛茧箱6下部的抓茧辊7将毛茧抓入铺茧带8,喂入剥茧带9进行剥茧。此时光茧越过刮刀10,落入接茧板11,随即被光茧进料器12吸至光茧沉降室13,经光茧卸料器14进入光茧箱15,再由光茧箱15分送至各选茧台16,经选茧台16选出次茧、下茧后,上茧由集茧输送带17送到上袋机18,通过自动计量器19,装入茧袋20;或在自动计量器19的出口处安装风力输送机,将上茧送至煮茧机进行煮茧。

　　传送带式选茧机就是带式输送装置,在图3-2中混茧机的帆布带也属输送装置,它可以水平或倾斜地将干茧从一端移送至另一端,但该方法在送茧效率和输送距离及方向上受到一定限制。风力送茧装置如图3-7所示,它克服了上述缺点,可以垂直方向,从低处往高处输送,也可从一个车间送至另一车间,输送距离大大增加。

　　风力送茧原理:当干茧在管道中受到一定速度的流动气流的作用,且重力小于浮力时,茧被气流托起、提升(在水平方向管道中为平移)。送茧口结构采用诱导式三通管,干茧从旁管上方按一定进料速进入输送管(一般直径为150mm塑料管)。输送干茧的必要气流流速为6.7~7.2m/s。气流速度过大时,茧易与器壁撞击而被擦伤;气流速度过小,则无法输送。风机风压以2.95~3.93kPa[300~400mm(水头压)]为佳,茧在管中移动速度约为12m/s。

　　风力送茧装置由进料器、风机、输送管、重力沉降室和卸料器等组成。当风机7启动后,由于抽吸作用,茧吸入输送管2,进入重力沉降室3再落入卸料斗8内,卸料斗8中利用茧的自身重力,分配至各目的地(如选茧台、茧袋、煮茧机自动加茧口等)。海绵挡茧板4用来防止茧进入吸风口并起缓冲作用。灰尘等沿吸风管5通过排尘管6排出。

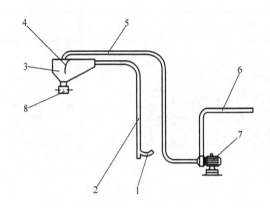

图 3 - 7 风力送茧装置

1—诱导式三通进料器 2—输送管 3—重力沉降室
4—海绵挡茧板 5—吸风管 6—排尘管 7—风机 8—卸料斗

五、选茧分型

(一)分型目的

由于蚕茧的品种、产地、饲育和上蔟环境不同,茧型和茧丝纤度也随之而异,通过选茧分型,使茧型统一整齐,以降低生丝的纤度偏差。

(二)分型方法

选茧分型有人工分型和机械分型两种。人工分型是根据工艺设计,按蚕茧分型标准与选茧结合进行分型。机械分型是用筛茧机进行分型的。

不同茧型的茧丝纤度比值,是几年来在同一品种同一试验条件下,从春茧原料中摸索出来的规律。其比值的经验系数见表 3 - 3。

表 3 - 3 不同茧型茧丝纤度的比值

茧别		一	二	三	四	五
茧丝纤度比值		1.05	1.02	1.00	0.98	0.95
举例	dtex	3.36	3.27	3.21	3.14	3.04
	旦	3.03	2.95	2.89	2.83	2.74

茧型大小与茧丝纤度有较好的正相关关系(相关系数为 0.76)。通过筛茧,可以除去部分小茧,使剩余茧的茧丝纤度增粗。相反,若筛去部分大型茧,剩余茧的茧丝纤度变细。

(三)分型设备

目前一般采用筛茧机进行选茧分型,它有滚筒式和平面式两种。

1. 滚筒式筛茧机 滚筒式筛茧机如图 3 - 8 所示,筛笼分为三节:第一节较长为 1200mm,第二节为 948mm,第三节为 914mm。筛笼四周装有木棍或铁棍。筛笼各节的隔距范围可以调节,根据茧型大小可分为 16mm、18mm、20mm 等几种。筛笼倾斜度为 1.5°,转速为 12r/min。当筛笼旋转时,即能分别筛出小型茧、中型茧和大型茧,生产能力为每台 150～200kg/h。

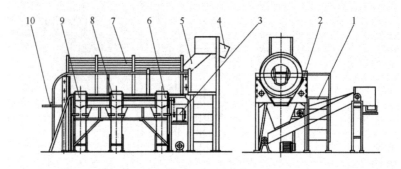

图3-8 滚筒式筛茧机

1—走台 2—橡胶刮板 3—传动装置 4—喂茧传送带 5—进茧斗 6—小型茧上袋机
7—筛笼 8—中型茧上袋机 9—大型茧上袋机 10—超大型茧上袋机

2. 平面式筛茧机 平面式筛茧机如图3-9所示,属于往复运动的筛茧机。茧筛有竹制与铜制的两种。间距因茧幅的大小而有不同,一般间距在15.5~19.5mm的范围,筛框略带倾斜,一般采用仅装一种规格的筛框。在筛框上面的为大型茧,其下面的为中、小型茧。如大型与中、小型两档的百分比变化时,就需调节筛框规格。当筛框间距不能调节时,则可调节储茧斗下方出口处的闸门大小。

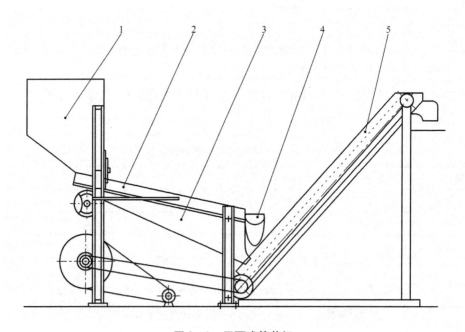

图3-9 平面式筛茧机

1—储茧箱 2—筛框 3—小型茧集茧槽 4—大型茧集茧槽 5—上袋机

(四)选茧的质量要求与检查方法

1. 质量要求

(1)上茧中的次茧误选率。春茧不超过0.5%,夏秋茧不超过0.8%。

(2)上茧中的下茧误选率。春茧不超过0.2%,夏秋茧不超过0.5%。

(3)次茧中的上茧误选率。春茧不超过0.5%,夏秋茧不超过0.6%。

(4)次茧中的下茧误选率。春茧不超过1%,夏秋茧不超过1.5%。

(5)下茧中的上茧误选率。下茧中不允许有上茧。

2.检查方法 在上茧、次茧、下茧中分别抽取一定数量样茧进行检查,作好记录,算出百分比。

思考题

1.什么是庄口?

2.什么是混茧?

3.蚕茧为什么要进行混茧?

4.剥茧的目的是什么?

5.选茧的目的是什么?

6.次茧包括哪些?

7.下茧如何分类?

第四章 煮 茧

本章知识点

1. 煮茧的目的和要求。

2. 煮茧的基本原理,重点掌握四个基本过程:渗透、煮熟、调整、保护。

3. 煮茧前处理的方法及效果。

4. 常用煮茧设备及结构特点。

5. 煮茧对缫丝指标的影响,不同缫丝工艺、不同原料的煮茧工艺。

6. 煮熟茧弊病的成因及防止方法。

第一节 煮茧的目的和要求

一、煮茧的目的

构成茧层的茧丝之所以能紧密不乱,是由于茧丝外围的丝胶将其顺次胶着的缘故。对于一粒茧而言,其胶着点多达 100 多万个,胶着力最大约 1.67cN(1.78gf),最小值还不到 0.098cN(0.1gf)。虽然干茧的胶着力平均值小于茧丝强力的平均值,但胶着力极不均匀和缫丝的动态作用易引起茧丝断头;加上丝胶又以干胶形式存在,既不利于索取绪头,也不利于茧丝的相互抱合,所以干茧不能用来直接缫丝。要使茧丝顺序离解,必须使茧层丝胶适当膨润软化,减弱并均匀茧层丝缕间胶着力。

煮茧的目的是利用水、热和助剂的作用,使茧丝外围丝胶适当膨润溶解,减弱茧丝间的胶着力,改善胶着不匀,便于索取绪头,使缫丝时茧丝顺利地顺序离解。

二、煮茧的要求

由于蚕的品种、饲育条件、上蔟环境、烘茧程度和储藏时间的不同,原料茧不仅形状有大小、茧层有厚薄、缩皱有松紧、丝胶含量有差异等,而且茧丝的颣节、茧丝间的相互胶着力等也有差异。这种性状不同、品质各异的茧子,在煮茧过程中会造成煮熟不匀,从而影响缫丝的产量、质量和缫折。因此,必须针对原料茧特性,设计煮茧工艺进行煮茧,使之达到以下要求。

(1)提高茧的解舒率,有利于茧丝在缫丝中的顺序离解,减少落绪茧。

(2)煮熟程度要求适当且均匀,以减少颣节,提高生丝洁净,增强抱合,同时能使生丝色泽保持统一,手感良好。

(3)茧层丝胶溶解度、煮熟程度和茧腔吸水程度均须适应缫丝工艺要求。

第二节 煮茧基本原理

煮茧就是把茧子煮成熟茧供缫丝使用。煮茧的方法很多,按煮茧的设备来分,有锅煮和机煮;按煮茧的沉浮来分,有浮煮、沉煮和半沉煮;按煮茧的介质来分,有水煮和蒸煮,还有药品辅助煮茧和利用电磁波辅助煮茧等;按使用的压力来分,有常压煮茧、加压煮茧和减压煮茧。不同形式的煮茧一般都要经历以下四个过程。

渗透:给茧层以必要的水分。

煮熟:给茧层丝胶膨化软和所必需的能量。

调整:对茧的煮熟程度和浮沉程度进行调整。

保护:稳定茧层丝胶的膨化软和程度。

上述四个过程相互间既有各自独立的职能,又有相辅相成和相互制约的作用。渗透是基础,煮熟是关键,调整是为了提高,保护是为了完善。渗透贯穿于煮茧的全过程;膨化软和丝胶的作用不仅产生于煮熟过程,同样存在于调整过程甚至也存在于渗透过程。

一、渗透

(一)渗透的目的和要求

渗透是利用茧腔内外的压力差,迫使茧腔吸水而达到茧层渗润的目的。渗透是煮茧中最重要的一环,直接影响到煮茧的质量。

由于茧腔内有空气,且茧层间隙小,并有蜡质物,水的表面张力大,因此茧丝具有较强的拒水性,水分子难以进入茧层间隙,不易使茧层润湿。如果茧子直接投入到煮茧汤中,水对茧的外层所起作用较强,而中内层的作用较弱,同时由于茧层内外丝胶的性质不同,就容易造成外熟内生。因此,必须给予茧腔内外一定的压力差,才能使水分子进入茧层达到渗透的目的,为丝胶膨润创造良好条件。

渗透作用的良好与否,直接影响到煮茧质量的好坏。渗透完全、吸水充分,可以使蚕茧的内、中、外层煮熟均一;减少落绪,提高解舒;减少颣节,特别是减少环颣;有助于增进煮茧能力,改善色泽和抱合。渗透的要求如下。

(1)茧层、茧腔内要有适当的吸水量以符合缫丝工艺的要求,且渗透时不能使丝胶过早膨化。

(2)茧层的粒内、粒间渗透吸水要求均匀。

(二)渗透方法

由于茧层存在抗润性,茧层吸水只能通过某种方法使茧腔内外产生一定压力差,然后在水中将压差消除,达到茧腔吸水、茧层渗润的目的。产生茧层内外压差常用方法有温差渗透法和真空渗透法。

1.温差渗透法 温差渗透是利用温度高低的变化,在茧腔内外产生不同的压力,使水渗入茧腔,达到渗透的目的。其方法有热汤渗透法、蒸汽渗透法和干热渗透法三种。

（1）热汤渗透法。把茧子放在茧笼内,浸于高温汤中,茧腔内的空气受到热的作用而极度膨胀,体积增大,把大部分的空气排出茧外,同时吸入水蒸气,这个过程称为置换;然后将茧子很快移入低温汤中,由于温度骤降,使茧腔内水蒸气和残留空气的体积缩小,压力降低,此时借茧腔内外所产生的压力差,使低温汤通过茧层进入茧腔而达到渗润茧层的目的,这个过程称为渗透吸水。但这种方法不如蒸汽渗透好,目前只用于小规模的没有煮茧机的缫丝厂和实验室试验研究。

（2）蒸汽渗透法。先让茧子接触高温水蒸气,茧腔内的空气受到热的作用而极度膨胀,体积增大,把大部分的空气排出茧外,同时吸入水蒸气,然后迅速地移入低温汤中,由于温度的降低,茧腔内外产生压力差,使低温汤通过茧层进入茧腔而达到渗润茧层的目的。蒸汽渗透法相对热汤渗透法而言,排气迅速充分,同一温差条件下茧腔吸水量多,丝胶溶解少,渗透效果较好,在实际生产中广为应用。

（3）干热渗透法。用红外线或盲管等辐射热形式来提高茧腔内的空气温度,然后再移入低温汤中使茧腔吸水的方法。有减少落绪,提高解舒的效果,但干热处理的吸水效果远比蒸汽处理的差。因为,蒸汽凝结成水时,其体积缩小为原体积的 1/1600,即缩小 1599/1600;而空气绝对温度降低 1K 时,仅缩小为原体积的 272/273,即仅缩小 1/273。所以,这种方法在生产中一般不采用。

从茧腔的吸水量来看,以蒸汽渗透法的吸水量为最多。

在温差渗透中,茧腔内的吸水作用主要是由于温度高低不同所引起的茧腔内外压力差的结果。当茧子在高温汤或高温蒸汽中时,茧腔内的空气因受热膨胀将其余部分的空气排出茧外,而同时吸入周围的水蒸气。此时,茧腔内残存空气与水蒸气压力之和为一个大气压。

当茧子由高温蒸汽部移入低温汤时,其茧腔吸水率在理论上可通过气体的压力、体积和热力学温度所表示的气体状态方程计算出来,即:

$$\frac{P_1 V_1}{T_1} = \frac{P_2 V_2}{T_2} \tag{4-1}$$

式中:P_1——高温时茧腔内残存空气的压力,kPa;

P_2——低温时茧腔吸水后残存空气的压力,kPa;

V_1——茧腔体积,mL;

V_2——低温时茧腔内气泡的体积,mL;

T_1——高温时茧腔的绝对温度,K;

T_2——低温时茧腔的绝对温度,K。

式(4-1)指出,压强和体积的乘积同温度的比值,在气体状态变化过程中是一个不变的量。

当茧从高温蒸汽部移入低温吸水部后,茧腔内的空气体积为:

$$V_2 = \frac{P_1 T_2}{P_2 T_1} V_1 \tag{4-2}$$

因此，茧腔理论吸水率 η 为：

$$\eta = \frac{V_1 - V_2}{V_1} \times 100\% = \left(1 - \frac{V_2}{V_1}\right) \times 100\% = \left(1 - \frac{P_1 T_2}{P_2 T_1}\right) \times 100\% \qquad (4-3)$$

茧腔内残存空气压 P_1、P_2 的数值，取决于高温蒸汽部和低温吸水部的使用温度。使用温度高，茧腔内蒸汽分压高，残存空气压就下降。茧腔内残存空气与水蒸气压力之和为一个大气压（等于 101.325kPa）。1 大气压时各温度下水的饱和蒸汽压见表 4 - 1。根据式（4 - 3）计算所得的一个大气压下因温度变化的茧腔理论吸水率见表 4 - 2。

通过茧腔理论吸水率的计算公式，可得出下列结论。

①吸水率随高温蒸汽部与低温吸水部的温差增大而增加。

②在温差相同的情况下，高温部温度高的吸水率比温度低的大。

③高温温度变动对理论吸水率的影响要比低温温度变动得大，如低温温度 55℃ 不变，高温温度由 95℃ 提高到 96℃ 时，吸水率增加 3.3%；但若高温温度 95℃ 不变，低温温度由 55℃ 降到 45℃ 时，吸水率只增加 1.7%。

表 4 - 1   1 个大气压时各温度下水的饱和蒸汽压   （单位：kPa）

温度（℃）	0	1	2	3	4	5	6	7	8	9
0	0.61	0.66	0.71	0.76	0.81	0.87	0.93	1.00	1.07	1.15
10	1.23	1.31	1.40	1.50	1.60	1.71	1.82	1.94	2.06	2.20
20	2.34	2.49	2.64	2.81	2.98	3.17	3.36	3.52	3.78	4.01
30	4.24	4.49	4.75	5.03	5.19	5.62	5.94	6.28	6.62	6.99
40	7.38	7.78	8.2	8.64	9.09	9.58	10.09	10.61	11.16	11.73
50	12.33	12.96	13.61	14.29	15.00	15.73	16.61	17.31	18.15	19.03
60	19.92	20.86	21.84	22.85	23.90	25.00	26.14	27.33	28.56	29.82
70	44.49	32.52	33.94	35.16	36.96	38.54	40.18	41.88	43.64	45.46
80	47.34	49.29	51.32	53.41	55.57	57.81	60.00	62.49	64.94	67.47
90	70.10	72.81	75.59	78.47	81.44	84.51	87.67	90.94	94.30	97.75
100	101.33	104.97	108.82	112.67	116.63	120.78	125.04	129.39	133.95	138.51
110	143.27	148.14	153.20	158.27	163.64	169.01	174.58	180.36	186.24	192.31
120	198.50	204.88	211.47	218.15	225.04	233.15	239.33	246.73	254.33	262.13
130	270.13	278.34	286.75	295.26	304.08	312.38	321.81	331.74	341.36	351.29
140	361.43	371.76	382.30	393.14	404.19	415.53	427.08	438.94	451.00	463.46

表 4 - 2   1 个大气压下温度变化的茧腔理论吸水率

低温部		高温部的温度与气压不同时的茧腔理论吸水率（%）					
温度（℃）	气压（kPa）	95℃ 16.81kPa	96℃ 13.65kPa	97℃ 10.39kPa	98℃ 7.03kPa	99℃ 3.57kPa	100℃ 0kPa
99	3.57	—	—	—	—	—	100

续表

低温部		高温部的温度与气压不同时的茧腔理论吸水率(%)					
温度(℃)	气压(kPa)	95℃ 16.81kPa	96℃ 13.65kPa	97℃ 10.39kPa	98℃ 7.03kPa	99℃ 3.57kPa	100℃ 0kPa
98	7.03	—	—	—	—	49.3	100
97	10.39	—	—	—	32.5	65.2	100
96	13.65	—	—	24.1	48.8	74.0	100
95	16.81	—	19.2	38.6	58.8	79.0	100
90	31.21	46.9	57.0	67.4	78.0	88.8	100
85	43.52	62.4	69.6	76.9	84.4	92.0	100
80	53.98	70.2	75.8	81.6	87.6	93.7	100
75	62.66	74.6	79.5	84.4	89.5	94.7	100
70	70.17	77.7	81.9	86.1	90.7	95.3	100
65	76.33	79.8	83.6	87.6	91.6	95.8	100
60	81.41	81.3	84.9	88.5	92.3	96.1	100
55	85.59	82.5	85.8	89.2	92.7	96.3	100
50	88.99	83.4	86.6	89.8	93.1	96.5	100
45	91.74	84.2	87.2	90.3	93.4	96.7	100
40	93.95	84.9	87.7	90.7	93.7	96.8	100
35	95.70	85.3	88.1	91.0	93.9	96.9	100
30	96.15	85.7	88.4	91.2	94.1	97.0	100
25	98.18	86.1	88.7	91.5	94.3	97.0	100
20	98.98	86.5	89.0	91.7	94.4	97.1	100
15	99.62	86.8	89.3	91.9	94.5	97.2	100
10	100.10	87.2	89.5	92.1	94.6	97.2	100
5	100.45	87.4	89.8	92.3	94.6	97.3	100
0	100.71	87.5	90.0	92.4	94.6	97.3	100

但是,式(4-1)气体状态方程只考虑了大气压和水蒸气压同吸水率的关系,还不够全面,还需考虑静压强、附加压强和通水抵抗等因素。

产生附加压强的原因是毛细现象引起的表面张力。通常把内径小于1mm的管子叫作毛细管,茧层的空隙和茧丝的微小空隙,在液体中都会产生毛细现象。如图4-1所示,H为水柱静压强;P_i为附加压强,它是由毛细管现象引起的表面张力所产生的。根据式(4-3)计算可得:

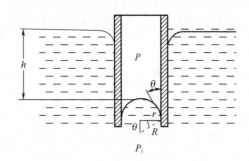

图 4 – 1 茧层毛细现象

$$\eta = \left(1 - \frac{P_1 T_2}{P_2 T_1}\right) \times 100\% = \left(1 - \frac{P - P_1'}{H + P - P_2' - P_i}\right) \times 100\% \tag{4-4}$$

式中:P——大气压,kPa;

P_1'——高温渗透部茧腔内蒸汽分压,kPa;

P_2'——低温渗透部茧腔内蒸汽分压,kPa;

H——水柱静压强,$H = hqg$,其中 h 是茧容器入水深度,q 是水的密度,g 是重力加速度;

P_i——附加压强($P_i = 2S\cos\theta/r$),其中 S 是水的表面张力系数,θ 是液固界面接触角,r 是毛细管半径。

茧腔的实际吸水率应该与理论吸水率一致,但实际上往往并不完全一致。生产中高温常用 99 ~ 100℃,低温一般是 50 ~ 60℃,理论吸水率应在 96% 以上,但实际吸水率多在 96% 以下。由于茧层的构造、通气、通水抵抗以及渗透方法的不同,茧腔的实际吸水率较理论吸水率少。所以,理论吸水率是最大的吸水率。

2. 真空渗透法 又称减压渗透法。是把茧子放在密闭的容器中,用真空泵抽出茧腔和茧层中的空气,同时注水,当容器内停止抽真空而放入空气时,水在大气压作用下压入茧腔,从而达到渗润茧层的目的。

真空渗透时,茧腔理论吸水率 η 的计算同样服从气体状态方程。根据式(4 – 3)计算可得:

$$\eta = \left(1 - \frac{P_1 T_2}{P_2 T_1}\right) \times 100\% = \left[1 - \frac{(P - P_z - P_b) T_2}{(P - P_b) T_1}\right] \times 100\% \tag{4-5}$$

式中:P_1——放气前茧腔内空气压力,kPa;

P_2——放气后茧腔内空气压力,kPa;

P——大气压,kPa;

T_1——P_1 相应的空气绝对温度,K;

T_2——P_2 相应的空气绝对温度,K;

P_z——真空泵的真空度,kPa;

P_b——吸入水的温度为 T 时的饱和蒸汽压力,kPa。

由于真空渗透茧腔吸水过程完全可以在较低温度下进行,可以避免高温蒸汽和热水对茧层通气性和通水性的影响,所以排气充分、吸水也充分;而且茧层在低于 50℃的水中抗压强度大,不易出现瘪茧。所以真空渗透的茧腔实际吸水率比较接近理论吸水率。可以根据式(4-5)计算所需茧腔吸水率和吸水温度下的真空度。一般茧腔吸水率要求达到97%时,真空泵允许真空度应大于98.6kPa。

(三)影响温差茧腔理论吸水量的因素

1. 高温处理的温度及温差的影响 从理论计算(表4-2)和生产实践来看,渗透时高温渗透部温度及温差与茧的吸水量有很大的关系。凡高温渗透部的温度高,低温吸水部温度低的,即温差大的,茧的吸水量多。但在实际煮茧时,如温度过高,温差过大,渗透易产生瘪茧,反而影响茧腔的吸水和茧层的渗润,而且温度过高还会损伤茧丝。所以,高温渗透部的温度一般以不超过当地的沸腾温度为宜。

低温吸水部温度主要影响茧层丝胶膨润度。温度高,茧层丝胶膨润率大;同时,水的表面张力小,利于茧层的渗润;温度高也利于茧层的逆渗透。但温度过高会造成实际吸水量的急减,使茧层丝胶膨润率随之下降。因此,低温部温度要根据茧的解舒和渗透要求来确定。解舒差的温度高,反之则低。一般低温部温度以50~75℃为宜。

由此可知,渗透区的温差取决于原料茧的性质和渗透的要求。对茧层厚、解舒好的原料一般采用"大差",即高温部温度高,低温部温度低;茧层厚、解舒差的采用"上差";茧层薄、解舒好的采用"下差";茧层薄、解舒差的采用"近差"。

2. 高温处理时间的影响 茧渗透时以茧层渗润充分、均匀,茧层无煮熟状态为理想的渗透。若茧的高温处理时间短,虽茧层变化小(无煮熟),但因气体置换不充分,蒸汽在茧腔内还没有达到目标温度下的最大压力,当落入低温汤时,造成渗透不充分,甚至产生白斑。反之,时间过长,茧层受热作用强,将因丝胶膨化而使茧层间隙缩小,同样影响茧的渗透,而且由于茧层变得柔软,还易产生瘪茧。高温处理时间与茧的吸水量的关系如图4-2、图4-3所示,与瘪茧数关系的实验测试结果见表4-3。

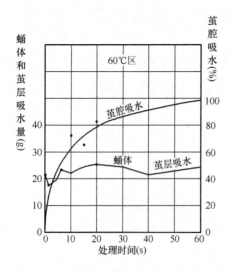

图4-2 60℃区蒸汽处理时间与茧及蛹的
吸水量关系

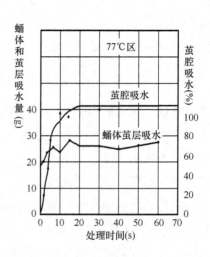

图4-3 77℃区蒸汽处理时间与茧及蛹的
吸水量关系

表4-3 蒸汽处理时间与瘪茧数

处理时间(s)	低温汤温度(℃)		处理时间(s)	低温汤温度(℃)	
	60	70		60	77
1	0	0	15	1	7
2	0	0	20	6	8
4	0	0	30	10	9
6	0	0	40	9	10
10	1	3	60	10	10

注 试验粒数每次10粒,茧形要求正常完好,处理后如有变形,亦作瘪茧计算。

3.低温处理时间的影响 接触高温蒸汽或高温汤的茧子,至低温汤中时,茧腔内的蒸汽遇冷凝缩吸水,其吸水量与茧层接触低温汤浸渍时间成正相关关系,见表4-4,即浸渍时间长的吸水量多,茧层浸润程度好,煮熟容易均匀。但浸渍时间过长,有蛹体浸出液渗出的可能。低温处理时间一般控制在60~90s为宜。

表4-4 茧的低温处理时间与茧腔吸水率的关系

低温处理时间(s)	1	2	4	10	20	40	90	300	600
茧腔吸水率(%)	85	86	87	88	88	88	89	89	89

注 高温触蒸温度98℃,处理时间30s,低温吸水温度60℃。

4.茧层结构的影响 茧的通气性、通水性、缩皱、松紧和茧层厚薄是决定渗透吸水难易的重要条件。通气性好的茧子,一般通水性也好。凡通水性好的茧子,一般茧层薄,茧丝纤度粗,缩皱疏松,茧层间隙大,茧丝间的胶着面小,茧的解舒好。茧层的通水性和通气性还与茧层的干湿情况有关。一般干燥茧层的通气性好,通水性差,所以高温渗透的时间不宜过长,以免茧层渗透过度、丝胶膨润而使茧层间隙缩小,水蒸气与空气的交换作用减弱,从而影响茧腔吸水和茧层渗润。湿润的茧层通气性差,通水性好。在渗透过程中茧的吸水过多,虽有利于茧层的渗润,但在蒸煮中会使茧层的通气性不良,阻碍茧腔的空气排出,容易产生浮茧。

缩皱粗松的,茧层间隙大,通水阻力小,易于吸水;缩皱细紧的,茧层间隙小,通水阻力大,难以吸水。

茧层紧的,丝缕间的间隙小,吸水难;茧层松的,丝缕间的间隙大,吸水容易。

(四)影响真空渗透茧腔吸水量的因素

真空(减压)渗透处理条件,如真空度、渗透次数、吸水温度和浸渍时间等,都不同程度地影响茧的吸水率,其中以真空度和渗透次数对茧的吸水率影响较大。

1.真空度的影响 真空度与茧的吸水率关系的试验数据见表4-5。茧的吸水率随着真空度的增加而增大。当真空度达到93kPa时,茧层吸水率和全茧吸水率分别为原量的4.5倍和9.0倍。

表4-5　真空度与茧腔吸水率关系试验数据

抽气后真空度[kPa(mmHg)]	茧层吸水率(%)	全茧吸水率(%)
67(500)	379	722
80(600)	425	855
93(700)	447	900

2. 渗透次数的影响　真空渗透时,茧腔的吸水率受到渗透次数(抽气次数)的影响。在一定的渗透次数范围内,茧的吸水率随渗透次数的增加而增大,且茧层吸水率增量大于茧腔吸水率的增量,见表4-6。当吸水率达到一定值后,再增加渗透次数,茧的吸水率不但不会增加,反而会使蛹酸浸出,对煮茧不利。

表4-6　渗透次数与吸水率关系试验数据

渗透次数	茧层吸水率(%)	蛹体吸水率(%)	全茧吸水率(%)
1	490	172	880
2	570	201	910

注　抽气真空度为93kPa,进水后真空度为84~93kPa。

3. 吸水温度　适当提高吸水温度,可以增加茧的吸水量,主要是由于水的表面张力随温度升高而减小,水分子的动能增大之故。但水温不宜太高,否则会造成蛹体吸水量的增加;液面汽化使蒸汽分压增加,影响真空度的提高;如采用滑阀式真空泵,易使真空泵中的油混入水汽而乳化,影响泵的正常使用。一般进水温度不超过40℃。

4. 压网高度的影响　真空渗透容器内进水量的多少直接影响到茧的渗透程度和均匀性,由于茧在水中的浮力作用,必须使茧在压网下方,而且水位必须超过压网一定高度,保证茧渗透完后,水位要超出压茧网高度,一般高出5cm。

除了对水位高度有一定要求外,抽气口高度应高于压网20cm以上,否则水倒流至真空泵,会导致真空度急剧下降。

5. 进水速度的影响　进水速度快,真空度降低小,可减小对茧渗透的影响。这是因为水中含有一定的空气,进水慢了,带入的空气多,使真空度降低较大,对渗透不利。所以进水管径大一些,速度快些好,一般以50~60s为适宜。真空度高,则进水速度快,渗透效果好。茧层厚薄不匀时,茧进水速度慢。

6. 浸渍时间的影响　蚕茧进行真空渗透后,给予渗透茧以适当的浸渍时间,由于茧毛细孔的自然渗透作用,有利于提高茧的吸水量和渗透的均匀程度。实验表明,一般浸渍时间为30~60s,吸水就已充分。

7. 抽气速率的影响　抽气速率高,渗透时间短,生产能力高。因此要注意在真空泵与真空渗透桶之间选择粗短的管道连接,以利于提高有效抽气速率。

影响茧的渗透除上述因素外,茧层的空隙度也与渗透程度密切相关。茧层空隙度大,其通气性和通水性好,吸水率大;反之茧层吸水困难易使茧解舒差。若原料茧粒内及粒间茧层厚薄差异大时,则渗透时由于压力差较大,低温汤很易从茧层薄的地方进入,这样不仅造成渗透不均匀,而且很易出现瘪茧。茧层的通气性、通水性直接关系到温差渗透和真空渗透中排出茧内空气的难易程度和吸水速度,从而影响茧的吸水率和解舒(表4-7)。

表4-7 茧层性状与茧的解舒

解舒率(%)	茧层毛细孔径(mm)	茧层空隙率(%)	茧层硬度(kg·cm²)	全茧膨润率(%)
84	0.081	72.6	53	64
65	0.067	70.8	58	77
50	0.062	69.3	60	82

(五)温差渗透与真空渗透应用效果对比

从实际生产的使用效果看,温差渗透具有吸入水温高,茧层吸水较充分,煮茧中丝胶易膨润的特点;能充分降低和均衡各胶着点力,利于茧解舒、净度和抱合成绩的提高;与上槽浸渍配合,可显著降低丝胶溶失,提高粒内及粒间的煮熟均匀度,但煮茧中蛹酸浸出相对较多,茧层受高温蒸汽作用抗压能力相对较弱。适用于抗煮力较强、净度较低的原料。

真空渗透具有茧吸入水温低、吸水量大的特点。煮茧中蛹酸浸出少,易于做薄蛹衬;丝胶溶失和吊糙少,易于做小缫折,较适宜自动缫生产;但吸入水温低,煮熟茧的逆渗透弱,热处理不足,丝胶膨润程度小,胶着点力的不匀度较大。因此不利提高解舒和净度成绩,生丝的手感和抱合成绩也受一定的影响。比较适宜抗煮力弱,净度较好的原料。因吸水充分,主要用于自动缫生产。

二、煮熟

(一)煮熟的目的和要求

渗透吸水后的茧子,茧层间隙内已含有一定的水分,但水分主要是在丝胶表面,还没有渗入到丝胶分子内部,茧丝间的胶着状态基本上没有改变,丝胶未膨润或很少膨润,仍然不能缫丝。煮熟的目的是使茧层丝胶充分膨化,也就是对渗透后的茧子给予一定的热处理,以提高茧层中水分子的活动能力,使其进一步深入到丝胶分子内部,使丝胶体积膨胀,分子间结合力减弱甚至拆散,达到丝胶充分膨润软和。

煮熟的要求:吐水充分均匀,丝胶膨润适当,茧层含水充分,减少蛹酸浸出,提高内层解舒。

(二)煮熟的方法

煮熟的方法有水煮、汽煮及其他如红外、微波等,但不管什么方法,为达到煮熟的目的,都要经过吐水和煮熟两个过程。

1. 吐水过程 茧子经渗透吸水后,茧腔内充满大量的低温水,如不尽快地、均匀地吐出,会由于内外层接触温度不同而影响均匀煮熟,并延缓煮熟作用,同时导致蛹酸浸出,增加内层落绪。吐水的方法目前有蒸汽吐水法和热汤吐水法两种。

蒸汽吐水是通过喷射管或有孔管的蒸汽作用,促使茧腔水温快速升高,具有吐水速度快且完全的特点。有利于减少蛹酸浸出,防止外层过熟,并且蒸汽压力容易调节,可灵活控制吐水量和吐水时间,以掌握茧的煮熟程度。目前蒸汽吐水广泛应用于自动缫生产。

热汤吐水是将低温吸水后的茧直接通过沸腾的热汤使茧腔内的空气膨胀达到吐水的目的，具有茧腔水升温慢、吐水慢，茧子在水中受浮力作用吐水较均匀的特点。丝胶膨润程度大，有利于增加新茧绪丝率和茧层含水率，但易使外层丝胶溶失过大，且蛹酸浸出多，吐水速度较难调节。立缫煮茧普遍采用此法。

2. 煮熟过程 由于吐水后茧层丝胶只得到初步的膨化，茧丝间胶着点的胶着力仍较大，因此需要再经一定的热处理，使水分子作用于丝胶内部，达到丝胶充分膨润和膨润均匀的目的。

煮熟的方法有水煮和蒸煮两种。水煮时蚕茧始终在高温汤中，易造成茧外熟内生，丝胶溶失过大，蛹酸浸出量多的弊端，对提高茧的解舒、减少颣吊、降低缫折极为不利，因此水煮法基本不被采用。蒸煮时蚕茧接触的是高温蒸汽，由于蒸汽分子动能大，分布均匀，故茧内外层受热均匀，使丝胶能得到均匀膨润；同时具有丝胶溶失少、蛹酸浸出少，茧的沉浮易控制的优点，故蒸煮法目前得到广泛应用。

触蒸和汤蒸是蒸煮的两种形式。触蒸是采用孔管喷射，直接发生蒸汽进行煮茧，称为直接蒸汽；汤蒸则用孔管加热水所产生的间接蒸汽来煮茧，又称为再生蒸汽。从蒸煮室的结构来看，触蒸室是一个无水的腔体；汤蒸室后段留有一定水位的汤槽。两者比较，汤蒸的特点是蒸发面积大，蒸发量比较稳定，总蒸汽压力在短时间内的变化对蒸煮室温度的影响和波动程度小，蒸汽的作用比较缓和均匀，蒸汽的干度和含热量不及蒸汽直接触蒸式高。这是因为汤蒸法的蒸汽是在常压下产生的，而触蒸法的锅炉供汽压力一般总是大于煮茧机的使用压力。此外触蒸法的温度配置易调节，而汤蒸法一般难以上升到100℃以上的高温，也难以保持较低的温度。目前一般多采用触蒸法蒸煮。

（三）影响煮熟作用的主要因素

1. 煮茧的温度和时间 煮茧温度的高低，与茧层丝胶的膨化度和溶解量有着密切关系，一般来讲，茧层丝胶的膨润溶解是随温度的升高而增大，到100℃左右时，其溶解量更多。而温度低，煮茧时间虽长，茧层丝胶的溶解量仍小；温度在100℃以上，煮茧时间虽短，丝胶溶解量却大。据此，煮茧温度与时间，应根据缫丝方法、原料茧性能来确定。对于茧层薄、解舒好、洁净成绩好的原料茧，煮茧温度应偏低、时间偏短为好，否则会增加缫折；对于茧层厚、解舒差、洁净成绩差的原料茧，温度应偏高、时间偏长为好，否则丝胶难以充分膨润软和。

2. 煮茧的蒸汽压力 煮茧中使用的蒸汽性质及压力大小，直接影响茧的煮熟效率。在同压力下，过热蒸汽的温度远高于饱和蒸汽的温度。在同温度下，使用蒸汽压力大，煮熟作用就强。煮茧时提高蒸汽总压力，适当降低分压力，对提高煮茧质量和稳定煮熟程度有利。煮茧压力的大小随原料茧情况而定。丝胶膨润困难、解舒差的茧，煮茧压力可偏高些。同时使用的蒸汽压力应保持稳定，如忽高忽低，就会影响煮熟程度。

三、调整

（一）调整的目的和要求

1. 调整的目的

（1）补充煮熟，使煮熟程度均匀。茧经蒸煮后，其煮熟程度只达到60%左右，再是由于茧型大小、茧层厚薄,以及茧在茧笼中位置的不同,茧粒内和茧粒间的煮熟程度有很大差异,因此必须要经过一定的热处理来促使茧层丝胶的进一步膨润和适当溶解,补充煮熟,使达到均匀煮熟。

(2)除去过敏性丝胶。因蒸煮后的茧子在茧层表面产生既易溶解又易凝固的丝胶(俗称过敏性丝胶),如不除去,则在缫丝中就容易产生颣节及丝条故障。

(3)调整茧的吸水量使之适应缫丝浮沉要求。调整过程中,采用逐渐降低煮茧汤温的方法,使茧腔、茧层缓慢地吸水并逐渐收敛外层丝胶,以符合缫丝对茧子浮沉的要求。

2.调整的要求 适当保护外层,煮熟中内层,保证煮熟程度和均匀性。

(二)调整的方法

调整的方法是将茧浸入热汤中,主要依靠煮汤温度的变化达到调整的目的。煮汤温度控制基本上呈前高后低状态。一般调整部的入口处温度比较高,主要目的是补充煮熟,特别是内层,并促使吸水和防止瘪茧的产生;之后温度逐渐下降,主要目的是调整煮熟不匀,有利于煮熟中内层、保护外层,并使茧层、茧腔继续吸水;茧子经调整部后段的低温处理后,可以使丝胶胶凝,均衡茧层各胶着点的胶着力,有利于茧丝的顺序离解。

(三)影响调整作用的主要因素

1.调整部温度和丝胶溶失的关系 煮茧过程中,丝胶溶失主要发生在调整部,特别是调整部入口高温区域。丝胶溶失多少,不仅关系到缫折,还和解舒、缫丝故障、清洁、净度、索绪效率等有关。调整部温度与丝胶溶解率(也称丝胶溶失率)的关系见表4-8。

表4-8 调整部温度与茧层丝胶溶解率(溶失率)关系的试验结果

温度(℃)	10	20	30	40	50
溶解率(%)	1.51	1.64	1.78	1.93	2.09
温度(℃)	60	70	80	90	100
溶解率(%)	2.27	2.46	2.67	4.67	8.17

由表4-8可知,温度自30℃升至80℃时,茧层丝胶溶解率由1.78%升至2.67%,增加约1.5倍,但温度自80℃升至90℃、100℃时,茧层丝胶溶解率分别比80℃增加1.75倍和3.06倍。

将表4-8所列数值制成如图4-4所示的曲线,简称T—M曲线。

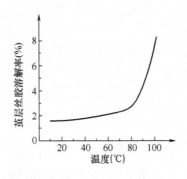

图4-4 T—M曲线图

T—M 曲线的特性是茧层丝胶溶解率随水温的上升而增加,当水温达到 80℃ 以上时,溶解率急剧增加。

T—M 曲线方程如下:

$$y = a \cdot b^x \tag{4-6}$$

式中:y——茧层丝胶溶解率;

  x——水温,℃。

不同水温范围内的 a、b 实验值见表 4-9。

表 4-9　不同水温范围内的 a、b 实验值

温度范围(℃)	a	b
10~80	1.3963	1.0081
80~100	0.03018	1.0576

T—M 曲线可用水温来计算茧层丝胶溶解率。

由于不同原料的茧层丝胶膨润溶解度不同,同一原料不同茧层部位丝胶的溶解程度也不同,因此煮汤温度应根据茧的解舒不同灵活掌握。解舒差的温度高,反之则低。在同一煮汤温度下,外层丝胶易溶解,而内层的溶解度小,因此调整部煮汤的温度要调整好中内层的煮熟度而又不使外层丝胶过量溶失,这样就应保持前高后低的配温原则。通常,解舒差的原料,前段温度可高些,反之则小;抗煮力强的原料茧,温差大一些,反之则小,但要保证不产生瘪茧。前后温差约 10℃;煮自动缫用茧时,前段温度在 85~96℃,温差约 12℃,甚至可再大些。

2. 汤浓度与丝胶溶失关系　调整部虽然有原水不断补给,但由于茧层和蛹体在热水作用下其浸出物不断溶出而使煮茧汤浓度、酸度发生变化。浸出物是指丝胶、蛹体蛋白质、脂肪和脂肪酸(蛹酸),以及无机盐、灰分等。过浓的煮茧汤,不仅使煮茧质量下降,还影响丝色,引起缫丝故障。

煮茧汤温度对蛹酸浸出的影响如图 4-5 所示。当煮汤温度超过 55℃ 后,蛹酸浸出速度增大,这是由于原来保护蛹体的蜡质开始熔化,水分子热运动加剧,当温度达到 95℃ 以上时,蛹酸大量浸出。所以无论是保护出口部温度还是桶汤温度,都应避免使用 55℃ 以上的高温。

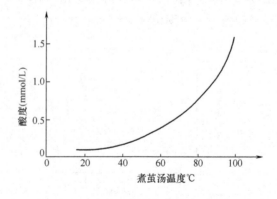

图 4-5　煮茧汤温度对蛹酸浸出的影响

3. 调整部 pH 值对丝胶溶失及缫丝张力的影响 煮茧汤 pH 值和丝胶溶解率关系如图4-6所示。另外,茧丝对煮汤中的某些成分具有吸附作用。当煮汤 pH 值在6附近时,对铜的吸附性强;当 pH 值在3.5~4时,对铁的吸附性强;对色素吸附随 pH 值减少而增大。关于煮茧汤 pH 值及酸度对煮熟茧缫丝张力影响参见表4-10、图4-7及表4-11。

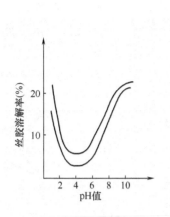

图4-6 煮汤 pH 值与丝胶溶解率的关系

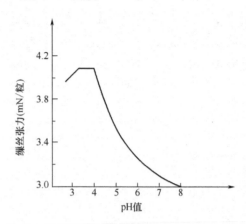

图4-7 煮汤 pH 值与煮熟茧缫丝张力的关系

表4-10 煮汤 pH 值与煮熟茧缫丝张力关系的试验数据

pH 值	缫丝张力（mN/粒）	pH 值	缫丝张力（mN/粒）
3.5	3.91	6.5	3.25
4.0	4.00	7.0	3.22
4.5	4.07	7.5	2.99
5.0	3.62	8.0	2.96
5.5	3.44	8.5	2.95
6.0	3.39	—	—

注 1. 煮汤用蒸馏水,加入盐酸或氢氧化钠以调节 pH 值。

2. 煮汤温度80℃。

3. 煮茧时间6min。

表4-11 酸度及 pH 值对缫丝张力的影响

酸度（mmol/L）	pH 值	缫丝张力（mN/粒）
0.4	6.9	3.43
0.5	6.8	3.47
3.5	6.7	3.55
9.5	6.6	3.63
10.0	6.5	3.63
10.5	6.4	3.83
12.2	6.3	3.88

注 以茧蛹体浸液调节酸度值,煮茧6min,煮茧汤温80℃。

4. 煮汤的碱度和硬度 根据实验,随着煮汤电导率和总碱度的增大,丝胶溶解度显著增加,如图4-8、图4-9所示,碱度每增加一度,煮茧丝胶溶失增加约0.6%。所以若煮汤碱度过高,易使煮熟过度,茧丝颣节和吊糙增多。由于总碱度对丝胶的膨润溶解能力还受总硬度的影响,因此当原水总碱度较高时,需要有一定的硬度离子来减弱碱度的作用,同时适当降低煮汤温度,否则易引起丝胶流失过大。但煮汤硬度过高,由于丝胶的吸附作用会影响茧的均一煮熟和生丝外观。一般煮汤硬度和碱度以2~8°dH为宜。煮汤硬度对茧煮熟后状态的影响见表4-12。

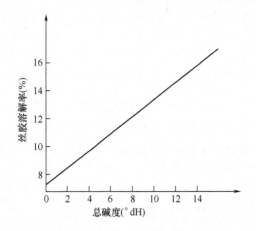

图4-8 水的总碱度与煮茧丝胶溶解率的关系　　图4-9 水的电导率与煮茧丝胶溶解率的关系

表4-12 用水硬度和煮熟状态

用水硬度(°dH)	煮熟茧状态	煮熟茧放置3min后状态
0	稍过熟,表面溶解,茧软	无收敛现象
2.2	良好,表面略粗,茧软	略有收敛
4.5	普通,表面粗,茧硬	茧有硬化倾向
7.5	不良,表面粗糙,茧硬	茧硬化

5. 煮汤的动摇 为了提高新茧有绪率,促进茧层的渗润和均匀煮熟,通常对茧层厚、解舒差、烘茧偏老等茧使用小动摇,使汤面波动,以增加茧与茧之间、茧与茧笼之间的摩擦。但过度的动摇会增加茧层丝胶溶失和新茧绪丝量,因此必须掌握好煮汤的动摇状态。

四、保护

(一)保护的目的

蚕茧至调整部为止,已完成煮熟过程。但此时茧外层的解舒抵抗过小,如果不及时处理,茧层茧丝易无序离解,使绪丝和颣节增加,因此,必须在出口部给予低温汤处理,使外层丝胶得到适当的收敛、凝固和保护,使清淡的热汤渗入茧腔,降低茧腔中水和蛹酸的浸出,保持内层丝胶的膨润和软化度,提高内层茧的解舒。

(二)影响煮熟茧保护的主要因素

1. 煮熟茧放置时间 煮熟茧放置时间长,蛹酸会大量浸出,桶汤酸度增大易使 pH 值降低,茧层茧丝的离解抵抗增大,解舒变差,内层薄皮落绪增多,有绪率减少,茧丝长变短,见表 4 - 13。对于煮熟茧的处理,要保证热茧热缫。

表 4 - 13 煮熟茧放置时间与解舒的关系

放置时间 (min)	缫丝温度 (℃)	桶汤酸度 (mg/L)	供试茧粒数	有绪率 (%)	茧丝长 (m)	解舒丝长 (m)	解舒率 (%)	各层落绪率(%)		
								外层	中层	内层
10	43	3.0	100	62	1018	672	66	29.44	37.25	33.34
60	43	8.5	100	50	1002	611	61	20.31	23.44	56.25

2. 桶汤温度 桶汤温度较低,蛹酸浸出较少,有绪率较低,但净度一般较高。桶汤的温度控制应根据原料茧性能和缫丝机型来掌握,自动缫温度低些,一般为常温水或冷渍。管道送茧一般用常温水。

五、煮茧前处理

由于原料茧质的差异,许多蚕茧只经过渗透、煮熟、调整、保护四个过程难以达到缫丝的要求。为了充分挖掘原料潜力,近年来煮茧前处理技术得到了广泛应用。煮茧前处理即是对渗透前的原料茧进行适当的预处理,以改善和调整茧质差异,有利于茧渗透和煮熟均匀。

煮茧前处理方法有如下几种:浸渍处理、喷雾给湿处理、干热处理、湿热(触蒸)处理、加压处理、减压处理、药物处理等。目前常用的是干茧浸渍和触蒸前处理。

(一)浸渍处理

1. 浸渍的目的和要求 将干茧放入温水中进行浸渍处理,主要目的是调整茧层各部位丝胶的膨润性能,缩小茧层各部位的通气通水性差异,利于茧层丝胶膨润趋于一致。同时,保护茧外层丝胶,提高茧的抗煮能力,降低缫折,减少颣吊。

2. 浸渍原理与方法 目前在循环式煮茧机上采用的上槽浸渍属浸汤法,一般把干茧浸在 50~70℃ 的温汤中浸渍 2~4min。上槽浸渍主要使茧层渗润,并使茧层外层结有水膜,对外层的丝胶膨润起到一定的抑制作用。

对于一些抗煮能力弱的差原料,通过上槽浸渍,可以缩小茧层抗煮能力的差异,提高抗煮能力,降低缫折。

3. 浸渍处理效果

(1)利于茧层丝胶膨润一致。上槽浸渍后,调整了茧的通气通水性差异,使茧层松的地方通气通水性减弱,茧层紧的地方通气通水性增强,层内、层间通水趋于一致,有利于均匀煮熟。

(2)利于减少丝胶溶失。上槽浸渍后,由于茧层表面附上了一层水膜,避免茧层直接接触高温蒸汽,保护了外层丝胶。

(3)利于减少颣吊。上槽浸渍后,蒸汽喷射造成茧层因表煮而紊乱现象明显减少,内外层丝胶膨润软和状况趋于均一,减少颣吊。

（4）利于降低缫折。上槽浸渍对粒内茧层厚薄不匀的茧子最为有效，能消灭煮穿、索穿茧，也可使茧质混杂庄口的煮熟茧均匀性提高，降低缫折。

（二）触蒸处理

触蒸前处理是我国20世纪80年代中期开始自主研发的一项煮茧前处理技术，是利用饱和水蒸气对煮茧前的干茧进行湿热处理，主要用于改善茧层胶着点的均匀度，提高生丝洁净、清洁，减少茧的吊糙。

1.触蒸处理方法 目前生产上使用的触蒸前处理方法主要有两种，一是低温长时间触蒸处理，二是高温短时间触蒸处理。

（1）低温长时间触蒸处理。企业往往采用自行研制的大容量触蒸室（有的采用金属材料制成的触蒸器，有的采用类似茧灶改进的触蒸室）。将干茧散装或包装放进室内的茧架上，茧室设有热源监控（温度计和压力表等）和排汽、排水设施，内部有热源管道（孔、盲管），一次处理茧量可为20～60包。触蒸温度一般为60～80℃，触蒸时间为1～2h。

工艺过程为：进茧→进汽→保温→自然冷却→装袋还性。

（2）高温触蒸处理。高温触蒸前处理是采用触蒸温度100℃左右、触蒸时间10min左右的工艺条件对干茧进行处理。为实施这一触蒸工艺，采用专门生产的触蒸前处理机。一般触蒸机由两只筒体组成，每筒可容纳干茧一包（春茧20kg，夏秋茧17kg）。触蒸机由茧笼、筒体、机架等部件组成，筒体成倾斜安置，筒体两端有门，上方一端用作进茧，下方一端用作出茧。

①常规触蒸前处理技术。工艺过程为：加茧→合盖→进蒸汽至目标温度→保温→出茧→还性平衡24h。

这一高温触蒸前处理技术可称为第一代触蒸前处理技术，或称常规触蒸前处理技术。

常规触蒸机茧笼上方升温快，温度高，下方升温慢，温度低；茧包外围升温快，茧包中心升温慢，且差距很大，这使得触蒸调整茧质的均匀性大打折扣。

②真空触蒸前处理技术。为了克服常规触蒸前处理技术的弊端，开发了真空触蒸前处理技术。真空触蒸前处理机在常规触蒸机的基础上增加了真空系统；茧筒钢板作了加厚，以承受真空内压；筒体采用水平放置，以缩小上下端的温差；筒体只一端开门，为了进出茧操作方便，设计了抽屉式机构。

真空触蒸一般采用的工艺过程为：加茧→合盖→抽真空至目标真空度→进蒸汽至目标温度→保温→出茧→还性平衡24h。

由于进蒸汽前抽出了茧筒内的冷空气，这样蒸汽可以迅速扩散到茧包内和茧腔内，使得蚕茧触蒸感温均匀。真空触蒸可称为第二代触蒸前处理技术。图4-10为真空触蒸机控制示意图。

③真空动态触蒸前处理技术。静态触蒸机无法避免茧笼上下方的温度差异。若将茧笼设计为转动，上下方的茧子在触蒸时不断交换位置，可最大限度地保证蚕茧触蒸的均匀性。真空动态触蒸可称为第三代触蒸前处理技术，它的主要技术特征是在真空触蒸的基础上，用轴带动茧笼转动，因筒体同时要承受真空负压和蒸汽正压，转动轴必须解决动态密封难题，同时设计了摆动机构，方便操作。

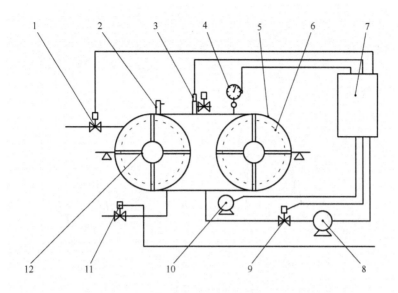

图 4 – 10 触蒸机控制示意图

1—进汽阀 2—安全阀 3—温度传感器 4—真空压力表 5—触蒸机外壳 6—触蒸机茧笼(左右各一)

7 电气控制柜 8—真空泵电动机 9—真空阀 10—回转电机 11—排气阀 12—触蒸机盖

真空动态触蒸的工艺过程为:开摆动电动机使筒体处于倾斜位置→开门盖→装茧包→关门盖→开摆动电动机使筒体处于水平位置→开茧笼电动机使茧笼转动→抽真空至目标真空度→停止抽真空→开蒸汽阀进蒸汽,待真空度复零后开排汽阀,继续进蒸汽至目标温度后关蒸汽阀和排汽阀→保温→关茧笼电动机→开门盖出茧包→还性平衡24h。

真空动态触蒸的一般工艺条件为:

触蒸室真空度	– 0.08MPa 以上
触蒸室压力	+ (0.02 ~ 0.03) MPa
触蒸室温度	97 ~ 105℃
茧笼回转速度	2r/min

2. 触蒸机理分析

(1)茧层丝胶在触蒸过程中,一方面发生变性,另一方面发生水解。变性使丝胶水溶性下降,水解使丝胶水溶性提高,最终丝胶水溶性变化结果是两者贡献的综合。就一般干茧高温触蒸而言,茧层丝胶水溶性提高。

(2)影响生丝洁净成绩的主要原因是环颣问题,约占各额节总量的80%以上。生丝的环颣主要是由茧丝环颣形成的。茧丝的环颣是由于蚕儿吐丝时茧丝间胶着程度的不匀性所引起的。茧层是一种多层次的层状结构,而茧丝丝胶的胶着可以分为同一层次内的胶着和上下层次间的胶着,被称为主胶着点和副胶着点,而茧丝相邻两个主胶着点之间包含着若干个副胶着点,当其胶着力出现 $F_{主胶着点} > \sum F_{副胶着点}$ 时,茧丝的环颣就初步形成。如果某些环颣在茧丝离解并合成生丝时未被拉开拉直,在生丝上就形成了环颣。而经触蒸处理后,茧子经过一段时间的湿热作用,茧层吸收了一定的水分,并且丝胶和丝素均产生了一定程度的有限膨润。由于茧丝间的互相挤压,有可能使本来胶着面积小、层次浅的胶着点的胶着面积增大,使本来茧丝间只重叠而没有胶着的地方重新产生了胶着点。由静态张力仪测得,经过触蒸处理后的煮熟茧,其最大胶着力明显减小,而且胶着力趋于均匀,有利于茧丝在离解中打开,使生丝的洁净成绩明显提高。图4-11反映了触蒸处理前后茧丝胶着力的变化情况。

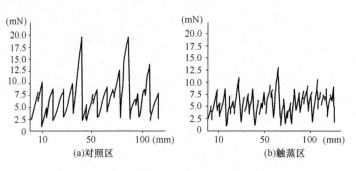

图4-11 同一粒茧触蒸前后胶着力变化曲线

(3)经触蒸后的煮熟茧,由于丝胶溶解性变好,丝胶的膨润比较充分,因此离解后的茧丝在集束抱合成生丝中,黏合作用比较充分完善。又因触蒸后的茧丝环额减少,构成的生丝又比较光滑,从而有可能提高生丝的抱合成绩。但触蒸后的煮熟茧因茧丝的含胶率有所下降,也有可能使生丝的抱合变差。

(4)从提高洁净的角度考虑,高温短时间触蒸工艺与低温长时间触蒸工艺可达到异曲同工之效。但在工厂实际应用中考虑到各种具体因素,可能高温短时间触蒸工艺更容易被推广应用。提高洁净、清洁和减少万米吊糙是触蒸的主要成效,但在制订触蒸工艺时,还应考虑到触蒸对其他各项指标的影响。如对于解舒好、丝胶易溶的原料茧,应防止丝胶大量溶失,增大缫折,因此可采用温度较低、时间较短的触蒸工艺,以期做小缫折;反之,对于解舒差、丝胶难溶的原料茧,可适当提高触蒸温度、延长触蒸时间。根据触蒸使丝胶易溶化的特点,在后续煮茧工艺中,应予以适当的调整。总的来说,应当降低煮茧温度、蒸汽压力和煮茧时间,以及调整煮茧用水等。

3. 触蒸效果 生产实践证明,触蒸处理的效果主要有以下几方面。

(1)减少茧丝额节,提高清洁、洁净及生丝等级。其中净度可提高1~5分,提高的幅度取决于原料茧基础净度、触蒸工艺和配合触蒸工艺的煮茧工艺,净度越差的原料茧,提高的幅度越大。

(2)减少吊糙,提高台时产量。

(3)减少易煮穿、索穿茧,有利于做小缫折,提高出丝率。

第三节 煮茧设备

使用任何一种煮茧机煮茧时,都必须完成渗透、煮熟、调整和保护四个煮茧过程。按渗透方法不同,可分为温差渗透煮茧机和真空渗透煮茧机;按煮熟方法不同,可分为热汤吐水型循环煮茧机、单蒸式循环煮茧机、汤蒸式循环煮茧机、红外线煮茧机和微波煮茧机;按煮茧机形状不同,可分为V形煮茧机、圆机和长机等。

各种煮茧机都应满足煮茧工艺的要求,保证煮茧质量。其中包括茧的渗透充分、煮熟均匀、不损伤丝质;运行中不漏气、不漏水、不漏茧;适宜于煮不同性能的原料茧,工艺调整多样化;灵敏度高、稳定性好、渗透调节轻重自如;温度和给排水调节方便,茧子能沉能浮。目前生产中广泛应用的是机外真空渗透煮茧机和温差渗透煮茧机两种,且以机外真空渗透循环式煮茧机为主要形式,本节着重介绍这两种煮茧机。

一、温差渗透循环式煮茧机

(一)温差渗透循环式煮茧机的主要结构

温差渗透循环式煮茧机(简称为循环式煮茧机),如图4-12所示可分为七个区段,即加茧部、浸渍部、渗透高温部、渗透低温部、蒸煮部、调整部和出口部,其中前三部在上槽,后四部在下槽。

循环式煮茧机的茧笼数,可根据需要选用80笼、100笼、104笼、120笼等多种规格,一般温差渗透循环式煮茧机多数选用104笼。表4-14为XD系列循环式蒸汽不锈钢煮茧机的配置情况,表4-15为XD系列循环式蒸汽不锈钢煮茧机主要技术参数。

表4-14 XD系列循环式蒸汽不锈钢煮茧机的配置情况

	型号 项目	XD-120T	XD-120D	XD-104T	XD-104D	XD-80T	XD-80TK
	设计总笼数	120	120	104	104	80	80
链条	形式	单链	单链	单链	单链	单链	单链
	节距(mm)	63.5	63.5	63.5	63.5	63.5	63.5
茧笼	形式	单链双笼	单链双笼	单链双笼	单链双笼	单链双笼	单链双笼
	外形尺寸(mm)	622×264×63	622×264×63	622×264×63	622×264×63	622×264×63	622×264×63
	容积(升)	2.45×2	2.45×2	2.45×2	2.45×2	2.45×2	2.45×2
槽体尺寸	槽内侧宽度(mm)	640	640	640	640	640	640
	下槽内侧长度(mm)	14845	14815	12850	12820	9760	9760
	槽体材料	1Cr18Ni9Ti	1Cr18Ni9Ti	1Cr18Ni9Ti	1Cr18Ni9Ti	1Cr18Ni9Ti	1Cr18Ni9Ti
	隔板材料	1Cr18Ni9Ti	1Cr18Ni9Ti	1Cr18Ni9Ti	1Cr18Ni9Ti	1Cr18Ni9Ti	1Cr18Ni9Ti
传动机构	电机型号	Y100L-6	YCT132-4B	Y100L-6	YCT132-4B	Y90L-6	Y90L-6
	电机功率(kW)	1.5	1.5	1.5	1.5	1.1	1.1
	电机转速(r/min)	960	125-1250	960	125-1250	960	960
	调速机构	锥形带轮	电磁调速	锥形带轮	电磁调速	锥形带轮	电磁调速
	调速范围(min/回转)	15~24	15~24	14~22	14~22	8~12	8~12

续表

型号 项目		XD - 120T	XD - 120D	XD - 104T	XD - 104D	XD - 80T	XD - 80TK
全机外形尺寸	长度(mm)	15805	15775	13810	13780	10720	10720
	宽度(mm)	1300	1300	1300	1300	1300	1300
	高度(mm)	1750	1750	1750	1750	1750	1750
	机架高度(mm)	790	790	790	790	790	790
	占地面积(m²)	20.55	20.55	17.95	17.95	13.94	13.94
	全机总重量(吨)	4.5	4.5	4	4	3.5	3.5

注　T—热汤吐水型;D—单蒸浸渍型;K—真空渗透型。

表 4 - 15　XD 系列循环式蒸汽不锈钢煮茧机主要技术参数

型号 项目		XD - 120TK	XD - 120DT	XD - 104TK	XD - 104D	XD - 80T	XD - 80TK₂
一回转时间(min)		12 ~ 14	15 ~ 24	10 ~ 12	14 ~ 22	12 ~ 20	12 ~ 20
总压力(MPa)		0.08 ~ 0.15	0.08 ~ 0.15	0.08 ~ 0.15	0.08 ~ 0.15	0.08 ~ 0.15	0.08 ~ 0.15
每桶茧量	春茧(g)	70 ~ 90	70 ~ 90	70 ~ 90	70 ~ 90	70 ~ 90	70 ~ 90
	夏、秋茧(g)	60 ~ 80	60 ~ 80	60 ~ 80	60 ~ 80	60 ~ 80	60 ~ 80
生产能力	可供缫丝机(台)	120(自动缫)	156(立缫)	120(自动缫)	100(立缫)	100(立缫)	100(立缫)
	每小时煮茧量(kg)	34 ~ 93	34 ~ 93	34 ~ 80	34 ~ 80	28 ~ 70	28 ~ 70
各区段使用温度	浸渍段(℃)	—	50 ~ 70	—	50 ~ 70	—	—
	预热段(℃)	—	60 ~ 90	—	60 ~ 90	70 ~ 90	70 ~ 90
	高温渗透区(℃)	—	98 ~ 100	—	98 ~ 100	98 ~ 100	98 ~ 100
	低温渗透区(℃)	50 ~ 70	50 ~ 70	50 ~ 70	50 ~ 70	50 ~ 70	50 ~ 70
	热汤吐水区(℃)	—	—	—	—	99 ~ 101	—
	蒸汽煮茧室(℃)	98 ~ 100	98 ~ 100	98 ~ 101	98 ~ 101	99 ~ 100	99 ~ 100
	中水(吸水段)(℃)	70 ~ 80	88 ~ 96	70 ~ 80	88 ~ 96	—	—
	动摇段(℃)	60 ~ 65	94 ~ 98	60 ~ 65	94 ~ 98	92 ~ 98	70 ~ 80
	静煮段(℃)	55 ~ 60	86 ~ 96	55 ~ 60	86 ~ 95	88 ~ 95	55 ~ 60
	出口保护段(℃)	35 ~ 40	55 ~ 85	35 ~ 40	55 ~ 85	76 ~ 82	40 ~ 45
	桶汤(℃)	冷水	40 ~ 60	冷水	40 ~ 60	40 ~ 55	冷水

注　T—热汤吐水型;D—单蒸浸渍型;K—真空渗透型。

(二)循环式煮茧机各部分结构

1.浸渍部　浸渍部是设置在上槽的浸渍水槽,在茧笼至槽底间设置两根对称的 H 形直管,管孔向槽底方向,这样,既可使水加热用于浸渍,也可用于上槽触蒸,有的工厂设置两根盲管作干热处理用。

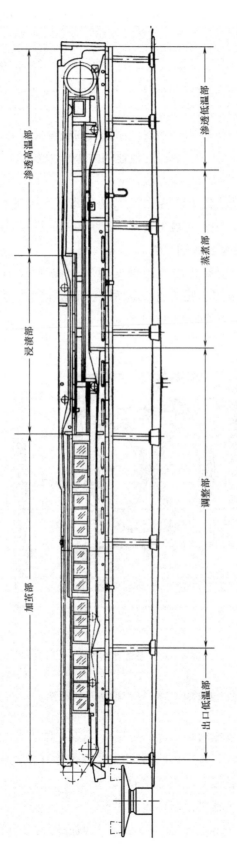

图 4 - 12　循环式煮茧机结构图

浸渍温度在 50~75℃范围内变化,用作触蒸时,温度可升至 80~90℃。为使进汽均匀可用双向进汽方式。

在浸渍部后端过桥处(距离渗透部墙板 2.5m)设第一排气筒,前端过桥处设第二排气筒。设置第一排气筒目的是排除在高温渗透部置换排出的茧腔空气和蒸汽,该排气筒位置如距渗透部过近,会影响高温渗透部的温度和排气效果。第二排气筒主要用来排除第一排气筒残余蒸汽和空气,并使加茧部加茧能正常进行;若上槽浸渍用作机内触蒸处理时,则主要用来排除蒸汽。

排气筒的调节应根据茧质情况、气压高低、风速的大小来考虑。

2. 渗透部 包括高温渗透段和低温吸水段。

(1)高温渗透段。高温渗透段位于预热段之后,是茧笼自上槽到下槽的转向部。此段不论其结构还是作用在煮茧机各区段中都是最重要的。其结构几何尺寸、相对位置及压力温度都要进行严格的控制,否则将不能保证良好的渗透。

高温渗透段主要是由滚筒、覆盖铜皮、反射铜皮、下垂铜皮、蒸汽喷射管等构成,如图 4-13所示。其主要作用:排除茧腔内空气,完成饱和蒸汽与空气的置换,为茧腔吸水及茧层渗透提供压力差;茧笼在此完成由上槽至下槽的转向。

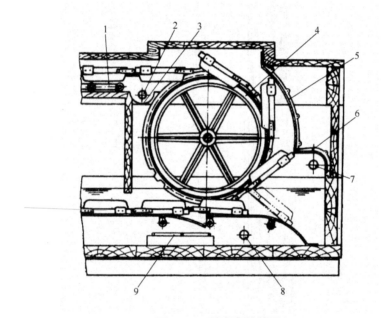

图 4-13 渗透部结构图

1—盲管 2、7—蒸汽喷管 3—反射铜皮 4—链轮 5—覆盖铜皮
6—反射铜皮 8—冷水管 9—二弯孔管

①滚筒是由 26 齿链轮、两边托轮和外包铜皮构成,它在中间主轴的作用下带动链条和茧笼运动。主轴的一端连接蜗轮,是动力输入与输出的主要部件。其直径为 428mm,宽 610mm。滚筒中心距底板 445~450mm,滚筒浸入低温汤水面 10mm 以上,以达到水封要求,防止蒸汽外逸,提高置换效果(滚筒入水深度,可通过低温渗透部的水位调节装置进行调节)。

②覆盖铜皮为半径约为 370mm 圆柱面的一部分,从截面看与滚筒基本为同心圆,两端固定

在煮茧机两侧的壳体上,上至上盖板,下至反射铜皮,扇面开角约50°,下端离底板410mm,这样可以减少蒸汽外逸并使茧笼平衡翻转,防止茧笼盖开口逃茧。覆盖铜皮的作用是与其他部件共同组成置换腔,密封高温蒸汽段,并在茧笼转向时起轨道作用。

③下垂铜皮宽30mm,厚3mm,上至反射铜皮的上沿,下端距底板390mm。其作用主要是与覆盖铜皮一起辅托茧笼翻转,并控制茧笼入水角度,保证茧笼同时入水且不出现逃茧。为此下垂铜皮的长度应适宜,若过长,虽然入水平稳,但不能保证茧笼同时入水且茧子受中间温度影响大,会造成渗透不匀和吸水不充足;若过短,则茧笼下跌时开口向下,振动增大易造成逃茧。一般长为20mm。

④反射铜皮。反射铜皮主体形状是半径约为50mm的圆柱的1/4,长约630mm,上接覆盖铜皮,下接煮茧机后端墙板,两侧与侧墙板相连。其作用是将喷射管喷出的蒸汽均匀地反射至置换腔内,使其在置换腔内呈雾状分布,保证茧子均匀受热。

⑤高温蒸汽喷射管。高温喷射管是采用外径32mm,壁厚2.1mm,长900mm左右的紫铜管做成,其管子在中段610mm区段内钻有喷射孔。管的中心距底板340~350mm,距反射铜皮50mm,喷射方向稍向上与水平呈15°左右夹角。喷射孔开在喷射管90°圆弧内,一般开5排或4排,孔径1.0~1.5mm,排列成梅花型或直线型。图4-14是喷射孔为梅花型排列的蒸汽喷射管。其主要作用是:为置换茧层和茧腔空气提供热源。其蒸汽压力和温度是影响渗透效果的重要参数。

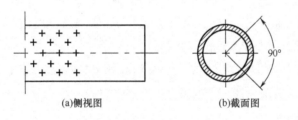

(a)侧视图　　　　　(b)截面图

图4-14　蒸汽喷射管剖面图

因此,应用高温蒸汽喷射管时应采取双向进汽,以保证蒸汽压力稳定。转向处采用三通结构,以便在喷孔堵塞时,可以打开进行清洁,避免蒸汽喷射不匀,影响渗透,渗透部管路布局如图4-15所示。

高温渗透部的蒸汽压力主要根据茧的通气性和渗透程度要求来控制,一般掌握在10~30kPa,且应保持稳定;温度控制在98~102℃。调节原则是立缫可低些,自动缫可高些;解舒差、茧层厚的可高些,解舒好、茧层薄的可低些。压力过高或处理时间过长,会出现瘪茧,因此在不影响茧层渗透的前提下,适当控制蒸汽压力,以保持茧的抗压能力。

(2)低温渗透段。低温渗透段是促使经高温处理的茧子,进行茧腔吸水和茧层渗润的关键区段。与蒸汽室连接处设有桥闸板;为补充水量,保持水温、水位和汤色的稳定,设有汤面撒水管和水底给水管各一根,表面溢水口和水底排水口各一个;水位深240~250mm,茧笼入水110~120mm,槽底设有蒸汽孔管和盲管各一根。

由于高温渗透段与低温段是相连的,两者又存在着温差,因此在低温汤汤面附近,由于低温

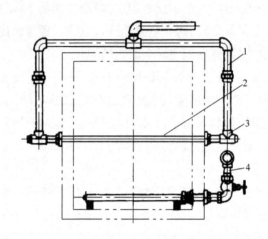

图4-15 渗透部管路图
1—两侧进汽管 2—蒸汽喷射管 3—三通 4—单向进汽管

汤要吸收液面上蒸汽的热量而使这一区域温度下降,即出现了"中间温度",致使茧子入水前温度降低,茧腔内的水蒸气压强随之下降而减少了吸水量。为此在渗透部结构一定的条件下,要控制好低温部的给排水量,保证水底与水面温差在 5~8℃。目前低温部的给排水方式均以水面为主。水面给水有利于缩小低温渗透部水面和水底的温差,便于茧子渗透均匀,同时便于观察渗透情况和及时调节水位;水底给水有利于蛹酸的排出,但不易控制,一般,落绪多的原料可以使用此法以尽快排出蛹酸,但要与水面给水配合使用。水面排水有利于蛹酸及浮浊物的排出,水底排水有利于粘状丝胶和其他沉淀物的排出。

3. 煮熟部 目前,煮茧机的煮熟部结构有热汤吐水蒸气煮茧和蒸气吐水蒸气煮茧两种。前者设有热汤槽和蒸汽室,必须用两个槽,热汤吐水段约 6.4 笼,蒸煮段约 9.4 笼。后者是一个槽,是充满蒸汽的蒸煮室。

常用蒸煮室结构如图4-16所示,吐水管 3 设在蒸煮室全长 1/3 处,为使水排出而阻止蒸汽外泄,吐水管 3 出口端可设计成"U"形,形成水封;吐水管也可以采用直管直接插入水桶中进行水封,防止蒸汽逸出。"U"形端高度或入水深度决定了蒸煮室的蒸汽压力。在管道配置上,为实现吐水迅速和完全,吐水段设三弯和五弯有孔蒸汽管各一根,蒸煮段设五弯有孔管一根,孔管孔眼朝下。有的煮茧机还在茧笼上方加一蒸汽管,孔管孔眼向上,蒸汽通过上方的反射板反射给茧笼,这对茧层厚、煮茧抵抗强、解舒差的原料茧效果较好。蒸汽室两端均采用水封,上方与上槽用盖板相隔,以保证密封良好。蒸室两侧均设有观察窗,用来观察茧的吐水情况。

图4-16为一煮茧机的蒸煮室结构。其特点主要包括以下几点。

(1)底部底板设成倾斜状,便于茧腔吐水能迅速排出机外并减少蒸煮室容积,有利于保证蒸室内蒸汽质量的稳定及温度和压力的提高,节省蒸汽。

(2)蒸煮室中间加一隔板,便于控制蒸煮室前后温度不同的煮茧工艺要求。

(3)蒸煮室蒸汽管配置前多后少,吐水部设三弯和五弯有孔管各一根,蒸煮部设五弯有孔

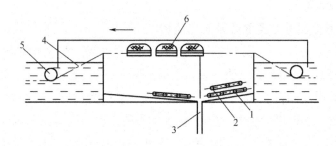

图 4-16 蒸煮室结构

1—五弯孔管 2—三弯孔管 3—吐水管 4—链条 5—链轮 6—茧笼

管一根,既保证快速吐水又避免外层受热过强。

(4)蒸煮室盖板下方装一根单支有孔蒸汽管,以适用茧层厚、解舒差的原料。

煮熟部是决定茧的生熟和沉浮的关键区段。通过观察吐水量、吐水时间、吐水颜色、pH 值和吐水温度,可判断煮熟工艺确定的合理性。一般吐水迅速完全,吐水 pH 值高,利于完全煮熟和减少内层落绪,延长吐水时间可提高茧的煮熟程度。

4. 调整部 调整部是煮茧机内最长的一个区段,长 5~6m,占 21~23 个笼位。为满足调整部前高后低的配温原则,槽内蒸汽管道的配置也是前多后少,盲管孔管并用。盲孔管的安装位置是孔管在上、盲管在下,有利于提高蒸汽干度,防止孔眼堵塞。盲管的主要作用是稳定汤温,膨润软和丝胶,以利于离解环颣。孔管的主要作用是加热汤温,促进煮熟,引出绪丝。煮茧中要根据不同需要来合理使用盲管、孔管。一般来讲,对解舒差、茧层厚的原料茧应以孔管带盲管,即以孔管为主;对茧层薄和茧层不匀的原料茧应以盲管带孔管;一般原料茧应以盲管为主,孔管盲管相结合。

为达到煮茧调整适当的要求,多数煮茧机调整部划分为调整前、中、后三个区段,中间以隔板隔开。为增大温差,满足沉缲和不同原料茧质的要求,有的煮茧机设置多块隔板,使调整部呈5~6 段分布,利于工艺调节灵活。立缲一般分为中水段、动摇段和静煮段,利于增强煮熟度和引出绪丝,温度呈低、高、低的山形配置。

调整部是丝胶溶失的主要区段,为保证丝胶溶失适当,必须使煮汤的温度、pH 值和浓度保持稳定,因此调整部的给排水非常重要。通常在调整区段均安装一根汤面洒水管,前中喷撒温水,其余喷撒冷水,根据茧质灵活选用。给水量应以煮汤浓度为依据,解舒差的茧给水浓度可小些,反之可大些。一般排水量不宜过大,汤色以淡茶色为宜。

5. 保护部 茧至调整部为止,已完成煮熟作用,但因茧外层的解舒抵抗过小,茧丝不仅不能很好地顺次离解,而且会增加绪丝和大颣,因此必须在出口保护部经过 60℃ 以下的低温汤处理1~2min,使外层丝胶稍微凝固,并使澄清的煮茧汤进入茧腔。至出口部时,撒布冷水,以降低出口部的水温和除去茧笼上的附着物。最后,置于盛有 50℃ 左右桶汤的茧桶中,水量应保持在茧体积的 1.5 倍左右。保护部的作用是适应缲丝要求,调整茧外层的解舒张力,因此,保护部及桶汤的温度不宜过高。

二、真空渗透煮茧机

(一)真空渗透煮茧机的主要结构及工艺流程

真空渗透煮茧机主要由真空渗透桶、真空泵、汽水分离桶、吸水池和煮茧机等组成,如图4-17所示。干茧由翻茧斗倒入真空渗透桶内,经渗透吸水后的茧子导入加茧箱,再由人工将吸水后的茧加入循环式煮茧机的茧笼内。由此可知,真空渗透煮茧机实际上就是将干茧先在机外完成渗透,然后在循环式煮茧机内进行煮熟,免去了一般温差渗透煮茧机的浸渍部、渗透高温段和低温段等区段,仅保留了蒸煮、调整、保护这三个部分。因此,煮茧机的结构大为简化,煮茧效率明显提高。其工艺流程为:真空渗透→煮熟部→调整部→保护部。

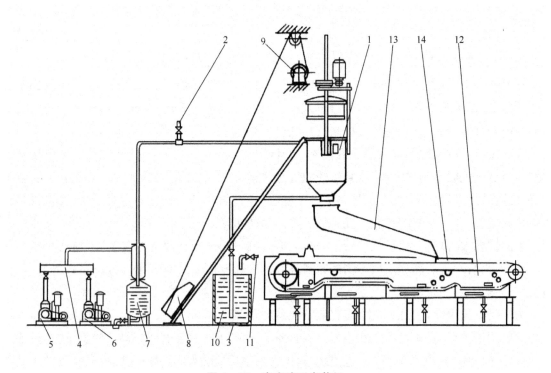

图4-17 真空渗透煮茧机

1—真空渗透桶 2—放气阀 3—吸水管 4—过滤管 5—真空泵 6—备用真空泵 7—汽水分离桶
8—翻茧斗 9—卷扬机 10—吸水池 11—清水管 12—煮茧机 13—送茧斗 14—储茧桶

(二)真空渗透煮茧机主要技术特征与工艺参数

(1)渗透筒容量:10~25kg。

(2)真空泵型号:H-7、2H-70(或与此抽气速度相当的射流泵)。

(3)水池容积:0.35~0.70m³。

(4)煮茧机茧笼数:80~120笼。

(5)生产能力:50~100kg/h,可满足4~6组自动缫丝机生产需要。

(6)真空渗透工艺:抽真空至真空度90.7~99.0kPa;渗透水温可用常温,也可高到50~70℃;抽真空吸水次数1~3次;茧层吸水率250%~400%,茧腔吸水率95%~98%;立缫茧半沉,自缫全沉。

(三)真空渗透系统结构

真空渗透系统主要由汽水分离桶、真空泵、吸水池、排气阀和放茧斗等组成。在图4-18中的汽水分离桶1是用来分离渗透过程抽出空气中的水分,确保较干燥的空气进入真空泵,以保持真空泵的正常运转。如果采用射流真空泵,可免去汽水分离桶,如图4-18所示。真空泵系统则由真空泵2和高压水泵3组成。使用射流真空泵的优点是渗透水可用热水,不用汽水分离,但同样功率下,抽气速率及极限真空度不如机械泵高。因机械泵抽真空较容易,但耗油量大、价格高、易出故障,所以,目前工厂采用射流泵较多。

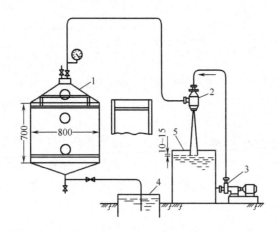

图4-18 真空渗透系统示意图

1—汽水分离桶 2—真空泵 3—高压水泵 4—渗透用水池 5—循环水池

真空渗透的运行方法有干抽法和湿抽法两种。干抽法即在第一次抽气过程中,茧开始处在干燥状态,待抽至目标真空度时,才开始进水的抽气方法。湿抽法就是一开始抽气随即进水或抽气至低真空度时,进行进水的抽气方法。由于干抽法茧层干燥,通气性好,在真空环境中茧腔易于出气,故茧渗透效果好,吸水量多。而湿抽法茧外围被水包围,茧层外表形成一层水膜,水层有一定压力致使茧腔出气较难,使茧腔内气压滞后于茧腔外气压的变化且茧腔内气压较大于茧腔外气压,所以即便采用与干抽法相同的真空度,其蚕茧吸水量也较少。因此,干抽法用于自动缫较为适宜,茧子易沉;湿抽法用于立缫则较合适。目前大多采用干抽法,其运行过程如下(不吐水型)。

关底盖,倒茧→盖压茧板和筒上盖→关上、下放气阀→开抽气阀,抽真空至目标真空度→开进水阀至目标水位→关进水阀→在目标真空度下屏气30s左右→关抽气阀→开下(或上)放气阀→真空表复"0"开上盖→开抽气阀→关真空泵→关抽气阀→开下盖→出茧入平茧槽。

对立缫用茧,进气时可先开下后开上放气阀,真空渗透次数可为2~3次。

(四)真空渗透过程分析

真空渗透过程分为真空抽气、桶内进水、进气吸水三个阶段,两次真空渗透吸水法,即重复上述过程。真空抽气过程一直持续到进气吸水前;桶内进水可在真空抽气时同时进行,直至进气吸水停止,也可在真空抽气至桶内达到必要真空度时才开始进水,至水位达到一定高度即停止,继续抽气;最后进气吸水。进气是使桶内进入空气,使其真空度恢复到"0",只有到进气过程时,茧层、茧腔才能吸水(图4-19)。

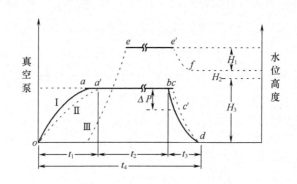

图4-19　真空渗透过程分析
Ⅰ—茧腔外真空度　Ⅱ—茧腔内真空度　Ⅲ—渗透桶内水位变化

在真空抽气过程中,经 t_1 时间桶内真空度首先达到定值,但由于茧层的透气抵抗,使茧腔内真空度滞后于茧腔外真空度,即使茧腔内空气已被抽真空,但由于这部分空气主要从茧层最薄端头尾部排出,所以茧层中空气并未抽尽,茧层毛细孔内的真空度欲达到茧腔外的数值,须经 $(t_1 + t_2)$ 时间,经测定, $t_2 \geqslant 3t_1$ 。

在曲线上 b 点虽完成了抽气,但除了茧层表面吸附水外,茧腔与茧层均未吸水,只有在 b 点停止抽气并待桶内压力恢复到抽气前压力所经过的时间,才是茧腔及茧层吸水所需时间。图中 t_4 即为进气时吸水所需要的全部时间。 t_3 吸水过程大致可分两个阶段,由于未吸水的干茧茧层透水性差、透水抵抗大,水透过茧层须积累一定压力差,所以 bc 可认为是压力差积累过程,此时茧层吸收少量水。在 c 点,茧腔内外压差值 ΔP 已大于茧层透水抵抗,水开始进入茧腔,而且一旦茧层被水润湿,由于透水抵抗迅速下降,吸水在极短时间内完成。 cd 过程,实质上是茧腔内外压力差消失的过程,也是茧层吸水过程,经测定 ΔP 一般为 $53 \sim 60 \mathrm{kPa}$,该值还因抽气速度和茧层厚薄而异。

图4-19中Ⅲ为渗透桶内水位变化曲线。进水时间可分为三段:一是进水至筒内一定高度需要时间,即 oe 对应的时间(实际生产中 o 点不在 $t=0$ 处,而在大于 t_1 某个时刻才开始)。水位达到一定高度后,渗透桶压网下方干茧尚有空气待抽出,所以 ee' 为茧层空气抽出所需时间,这时水位不变。 $e'f$ 为抽气过程中水位下降相对应时间。 H_3 为渗透桶内压网高度,当吸水完成时水位下降至压网上方,渗透才完成,若水位降至压网下方,则因部分茧露出水面,导致该部分茧渗透吸水不足而成为白斑茧和浮茧。如果前述 t_2 时间足够排除茧层空气,且吸水后水位在压网上方,则一次渗透完全可达到渗透充分均匀的目的。两个条件中有一个不满足,就必须进行第二次,甚至第三次真空渗透吸水。

总的来说,采用真空渗透后,缫折明显低于温差渗透煮茧。另外,丝条故障少,茧沉,更适于自动缫丝机。

(五)煮茧质量与缫丝效率

采用真空渗透处理煮茧,有利于减小缫折,减少丝条故障,煮熟茧较沉,主要原因有如下几点。

（1）真空渗透的工艺条件比温差渗透的工艺条件容易控制。

（2）真空渗透可根据茧的浮沉要求确定所需的真空度，而且吸水速度快，茧层丝胶不致过早膨化，毛细孔不致阻塞。

（3）真空渗透不经高温就吸水，吸水温度低，丝胶溶失少，可保持或接近茧层的固有强度，不易产生瘪茧。

（4）真空渗透吸水的浓度可保持前后一致或接近，蛹体湿而不软，蛹酸浸出量少，茧的内外层保护较好，颣节减少，出丝率提高。

真空渗透处理的煮熟茧更满足自动缫丝机的需要，但对于解舒差或洁净差的原料茧，则需通过使用助剂或延长煮熟部的时间来提高煮熟茧的质量。

第四节 煮茧工艺管理

煮茧是影响煮熟茧的解舒率、有绪率、万米颣吊、清洁、洁净和缫折等缫丝指标的重要因素，对后道工序生产的产、质量和消耗均有直接影响，因此，必须加强煮茧技术管理，特别是要重视基础工艺管理。

煮茧工艺管理的基本任务是：执行"渗透全、煮熟匀、适合缫丝"的煮茧原则，努力实现"四高"（提高解舒率、提高出丝率、提高索理绪效率，提高煮茧能力）、"四少"（减少中内层落绪数，减少颣节个数，减少粒茧绪丝量，减少汽、水、电和材料消耗）、"二适"（茧层丝胶溶失率适当，茧腔吸水量适当）、"二化"（煮茧温度、汽压、水压控制自动化，加、煮、接送茧连续化和自动化）的目标；摸清原料茧性能，挖掘原料潜力，制订庄口煮茧质量指标和工艺技术措施；更好地为缫丝服务，促进缫丝生产优质、高效和低耗。

一、煮茧工艺标准

渗透完全，煮熟均匀，适合缫丝，是制订煮茧工艺标准的原则。渗透完全、煮熟均匀的含义是：无论茧质如何，都要设法使茧层渗透完全，保护好外层，适煮中内层，避免外层熟、中内层不熟，或中内层熟、外层过熟，做到外、中、内层均匀煮熟，三层的解舒抵抗尽可能趋于一致。所谓适合缫丝是指：第一，煮熟茧的茧腔含水量和气泡大小适合于缫丝机型的要求，一般自动缫偏沉、立缫半沉；第二，新茧容易理成一茧一丝，绪丝量最少，同时，有绪率要符合缫丝工艺，有绪茧的绪丝牢，不易断头；第三，缫丝中茧层茧丝离解正常，少发生颣节和中途落绪，特别是可减少内层落绪。

（一）煮茧质量标准

1. 解舒率 立缫不低于工艺要求的3%，自动缫不低于工艺要求的5%。

2. 茧层丝胶溶失率 不超过工艺要求的0.5%。

3. 新茧有绪率 立缫不超过工艺要求的±5%，自动缫随机适应。

4. 粒茧绪丝量 不超过工艺要求2mg。

5. 单桶茧粒数 不超过工艺设计粒数的±5%。

6. 万米颣吊　不超过工艺设计要求的 10%（立缫不作要求）。

7. 煮熟茧外观状态　渗透全、煮熟匀，手感柔滑有弹性；自动缫要求气泡小、茧子沉。

（二）茧渗透程度的鉴别

茧的渗透程度一般根据茧在低温汤中的状态来判断。

1. 轻渗透　茧浮横于笼底，基本不动。

2. 正常渗透　自动缫春茧多数直立带斜，处于动荡状态；秋茧渗透可轻些，略有动荡；立缫则悬浮在茧笼中，略有动荡。

3. 重渗透　茧沉卧于笼盖上，动荡微小，并大部分集积在茧笼后部。

4. 渗透不匀　浮沉斜立，差距明显，有花白斑。

（三）茧煮熟程度的鉴定

茧的煮熟程度是否合适主要是看煮熟茧是否适宜缫丝，即在保证生丝质量指标（和煮茧有关的如解舒、万米颣吊、清洁、洁净等）前提下，尽可能降低缫折，而这些指标的好坏主要取决于茧层茧丝间的胶着状态。因限于设备条件，目前工厂一般以解舒率高、丝胶溶失和万米颣吊少、经济效益好作为煮茧好的标准，并用"看、摸、测"的方法综合鉴定。"看"就是观看煮熟茧的颜色，查看煮熟茧的吸水状态；"摸"就是触摸煮熟茧的弹性和蛹体的硬度；"测"就是测查新茧有绪率、绪丝量和理成一茧一丝的难易程度，测查缫丝中的落绪数和颣节个数，测查煮茧中的茧层丝胶溶失率，测查煮熟茧全茧增重、茧层增重和解舒抵抗。根据"看、摸、测"的结果，综合判断茧的煮熟程度是否适当，见表 4－16。当然，表中鉴定标准尚不够科学合理，工厂应结合实际情况灵活运用。

表 4－16　煮熟程度鉴定参数

	鉴定项目		适　熟	偏　熟	偏　生
外观形态	煮熟茧颜色		白色或带水玉色	呈水灰色或带微黄色	洁白，春茧有细白斑，秋茧有块斑
	茧层弹性和滑度		软滑，有弹性	软，缺乏弹性	粗糙，弹力较强
	绪丝牵引抵抗力		稍有，绪丝易引出	较小，绪丝增大	较大，绪丝不易引出
	煮熟茧的蛹体硬度		带硬	膨大、绵软	硬性
茧腔吸水量	吸水率（%）	自动缫	97～98	98 以上	97 以下
		立缫	95～97	97 以上	95 以下
	茧腔气泡直径（mm）	自动缫	2.5～3，似绿豆大	约 2.5 以下	约 3 以上，似黄豆大
		立缫	5～8	约 5 以下	约 8 以上
技术测定指标	茧层丝胶溶失率（%）		3～6	6 以上	3 以下
	茧丝平均解舒抵抗（mN/dtex）		0.88～2.65	0.88 以下	2.65 以上
	有绪茧绪丝量（mg/粒）		13～20	20 以上	13 以下
	新茧有绪率（%）		30～75	75 以上	30 以下
	茧层增重倍数		5.0～5.5	5.5～6.2	4.8～5.0
	全茧增重倍数		10.5 左右	10.8～11	9.8～10.4

二、适应自动缫的煮茧工艺

随着缫丝工业的发展,国内现有制丝企业基本上应用了自动缫丝机。由于自动缫对煮茧工艺的要求与立缫有所不同,因此煮茧工艺必须与其相适应,使自动缫丝机能充分发挥其性能,达到提高产、质量的目的。

(一)自动缫对煮茧要求

(1)额吊要少,万米吊糙的次数控制在4次以下,以减少丝条故障,提高运转率。

(2)煮熟茧要沉,满足落绪茧捕集要求。

(3)提高解舒,减少内层落绪,降低缫折。

(4)丝胶溶失适当,丝胶溶失率控制在3.0%~4.5%,绪丝量少,索理绪效率高。

(5)煮熟程度适熟或适熟偏生,煮熟茧手感稍滑且富有弹性。

(二)自动缫煮茧工艺

温差渗透的煮茧机,可利用上槽浸渍;渗透要充分,发挥蒸煮作用,充分吐水吐气,充分煮熟;调整区段温差宜大些,利于茧腔吸水;出口保护段温度宜低些。

对解舒好的原料采用真空渗透要好于温差渗透,尤其能减少内层落绪和吊糙。自动缫煮茧各区段一般采用的配温工艺,见表4-17。

表 4 - 17　自动缫煮茧工艺条件(煮茧机为 104 笼)

温差渗透	工艺条件	真空渗透	工艺条件
一回转时间(min)	12~20	一回转时间(min)	10~14
总蒸汽压力(MPa)	0.1~0.12	真空度(MPa)	0.098以上
浸渍温度(℃)	50~70	渗透次数(次)	1
高温段温度(℃)	98~102	吸入水温(℃)	20~40
低温段温度(℃)	50~75	低温汤段温度(℃)	50~75
蒸煮室温度(℃)	98~102	蒸煮室温度(℃)	100~101
调整前段温度(℃)	85~95	调整前段温度(℃)	60~85
调整中段温度(℃)	75~85	调整中段温度(℃)	50~70
调整后段温度(℃)	65~75	调整后段温度(℃)	40~50
保护部温度(℃)	30~40	出口保护温度(℃)	30~40
桶汤	常温水	桶汤	常温水

三、不同原料茧的煮茧工艺

(一)解舒好的原料茧

解舒好的原料茧特性:茧层丝胶的亲水性强,水溶性好;茧层茧丝间的胶着面较小;茧层组织疏密均匀,通气性好。因此煮茧的重点是控制茧层丝胶溶解程度,注意净度的提高并降低额吊。若以降低缫折和额吊为目标,以采用真空渗透煮茧为佳;若以提高净度为目标,则应采用温差渗透。渗透宜采用下差,蒸煮快速吐水,调整段温度宜低,保护出口段宜低些。可采用上槽浸渍提高茧的煮熟均匀度和降低丝胶溶失;必要时可采用上槽干热处理,以提高净度。

(二)解舒差的原料茧

解舒差的原料特性:茧层丝胶溶解性差,茧丝间胶着面大,程度深且不匀。煮茧的重点是加强丝胶与水的水化作用,采用温差渗透要优于真空渗透。可采用上槽浸渍,温差渗透区采用上差,必要时低温吸水段可使用解舒剂;煮熟部温度宜高;调整入口温度宜高。采用低温长时间煮茧,可充分膨润丝胶又能避免丝胶过多流失和增加缫丝故障。

(三)净度差的原料茧

净度差的原料茧一般茧质差异过大,茧层粗松,厚薄不匀,茧丝间胶着程度严重不匀。采用温差渗透要好于真空渗透,煮茧工艺首先采用"三充分"原则,即充分渗透、充分煮熟、充分冷渍,上槽不浸渍。另外,可采用收敛凝固剂煮茧(糙颣)方法,还可用加大缫丝张力的方法(环颣);净度若较差,采用以上方法效果不明显或仍达不到要求时,可采用机外触蒸前处理的方法,其后续煮茧温度压力应相应降低。

(四)抗煮力差的原料

此类原料往往是由于嫩烘造成的。可采用真空渗透低温煮茧,弱酸性水煮茧,或上槽干热处理煮茧,各段配温可低些。

综上所述,原料不同所采用的煮茧工艺原则及煮茧工艺也不同。制订具体煮茧工艺条件时,还应根据水质和煮茧机结构特点,灵活掌握。表4-18为一般的煮茧工艺原则。

表4-18　不同原料茧煮茧工艺原则

项目		解舒好茧	解舒差茧	净度差茧
浸渍部	温度	低	高	高
渗透高温部	温度	低	高	高
渗透低温部	温度	低	高	低
	pH值	中性	中性	中性
蒸煮部	蒸汽压	低	高	高
调整部	温度	低	高	低
	pH值	中性	中性	中性
保护部	温度	低	高	低
	pH值	中性	中性	中性

四、煮茧用水和助剂

煮茧用水及助剂的合理使用是煮茧工艺管理的重要内容之一,它们主要影响着煮茧中茧层丝胶膨润溶解的程度。

(一)煮茧用水的要求

水质对煮茧丝胶溶解性能的影响主要是水的碱度和硬度的影响,且碱度比硬度的作用强。水的硬度对丝胶的膨润溶解起抑制作用,水的硬度过大,会使煮熟茧手感粗硬,解舒下降。水的碱度能促进丝胶膨润溶解,利于茧的解舒,煮熟茧手感也软滑。但碱度过大硬度过小,极易造成丝胶溶失过多,煮茧过熟,尤其对自动缫煮茧极为不利。由于水的硬度在一定程度上起着抑制碱度对丝胶膨润溶解的作用,所以煮茧中,水的碱度和碱、硬度比值这两个参数必须控制在适宜的范围内,这样既有利于茧层的渗透和丝胶膨润均匀,又能避免丝胶溶失过多。

从煮茧要求看,一般渗透用水宜采用碱度大于硬度的软水,以降低水的表面张力,利于茧的渗透;而在调整后部和出口部及桶汤宜采用硬度大、碱度小的硬水,这对保护外层丝胶有利;上槽浸渍用水适用硬度大点的水,以有效调整茧层不同部位丝胶的膨润系数。因此,煮茧用水应根据煮茧机的不同区段、茧质、缫丝生产工艺的要求以及水中杂质对煮茧质量和缫丝经济效益的影响来合理选择和配置。

(二)煮茧助剂

煮茧中使用的化学助剂能有效地促进各种茧质渗透完全,煮熟适当,宜于缫丝,尤其对一些特殊原料,利用助剂要比采取调整煮茧工艺效果好。目前煮茧上常用的化学助剂主要有三类:渗透剂、解舒剂和丝胶的收敛凝固剂。

1.渗透剂 渗透剂主要是表面活性剂类物质,它具有能显著降低空气、水和其他物质界面张力的性质。因此若在煮茧的渗透部加入适量的渗透剂,能迅速降低水和茧层的界面张力,减弱茧层的抗润性,这样采用较小的压差便可达到茧层吸水充分均匀的目的。常用的有渗透剂 T、拉开粉 BX、渗透剂 JFC 和平平加 O 等,使用部位常在低温吸水段,使用浓度为 $0.02\% \sim 0.4\%$。

2.解舒剂 解舒剂主要是一些弱碱性药剂和渗透用的表面活性剂。弱碱性物质能提高煮汤的 pH 值,增强丝胶的水化作用;渗透用的表面活性剂能促进水分子进入茧层丝胶,并与丝胶分子表面结合使表面活性剂的亲水基分布在丝胶蛋白分子表面,从而增强丝胶的水化作用,增强丝胶的膨润溶解度,提高茧的解舒。常用的解舒剂有 Na_2SiO_4、$NaHCO_3$、Na_2SO_3 及渗透剂 T、渗透剂 JFC 等,一般加在低温渗透部、调整前部和索理绪锅中,对解舒差的原料十分有利。

3.丝胶的收敛凝固剂 这种凝固剂主要是弱酸性或稀酸性溶液。当原料茧为抗煮力差的茧和煮茧中由于制丝用水水质的影响造成茧层丝胶过度溶失时,加入一些弱酸性物质能使煮汤的 pH 值降低,从而降低丝胶的水化作用,使膨润的丝胶适度收敛。常用的有冰醋酸、水杨酸、乳酸等,使用时可加在吸水部、调整后部、出口部和桶汤内。

4.组合使用煮茧助剂 如在机外真空渗透工序使用 Na_2SiO_4、$NaHCO_3$ 及渗透剂等,而在低温汤段使用醋酸、水杨酸等弱酸性的物质。这样不但有利于提高解舒,也有利于保护外层茧层,提高煮茧质量。

目前市场上推出的一些新型煮茧助剂大多是多种物质组成的复合助剂,具有多种性能。如 ZSC－901 是由聚氧乙烯醚型非离子表面活性剂及烷醇胺类丝胶膨润溶解剂等配制而成,其特点是:渗透力强,无色、无毒、无味;能促进茧层丝胶适当膨润溶解,加强煮熟;保持茧腔内 pH 值的相对稳定,促进内层丝胶的膨润溶解,达到内外层煮熟的均一性。经实际应用,一般原料茧解舒率可提高 5%,蛹衬做薄、缫折做小 3kg,台产提高 5g,原料适应性广,对解舒率低于 50% 的差原料效果更好。某厂使用 ZSC－901 助剂后,效果对比见表 4－19。

表 4-19　使用 ZSC-901 助剂后的对比实验结果

项目	缫折（kg）	台产（g/h）	净度（分）	清洁（分）	偏差（旦）	总差（旦）	强度（mN/dtex）	伸长率（%）	抱合（次）	解舒率（%）
不加助剂	279	272	92.5	96.3	1.17	3.00	3.6	19.7	98	41.8
加助剂	272	283	93.9	98.2	1.10	2.70	3.56	20.0	104	44.9

目前,煮茧助剂已逐渐广泛应用到煮茧工艺中,但要注意:使用助剂必须在充分了解助剂的性能基础上,通过多次试验寻找出最佳助剂用量和煮茧工艺方可投入应用,否则,使用不当会严重影响生产和生丝质量。

五、煮熟茧弊病的成因与防止方法

在煮茧过程中,由于煮茧机的结构不合理或煮茧不符合工艺要求,以致出现煮茧中的白斑茧、瘪茧、沉茧、浮茧等弊病,这对缫丝产量和质量都会产生不利的影响。如一经发现,必须查清原因,及时解决。现将煮茧弊病的成因及防止方法分述如下。

（一）循环式煮茧机煮茧弊病的成因和防止方法

1. 白斑茧　白斑茧是指煮熟茧层上有花白斑点,是渗透不足、煮熟不匀的表征。在渗透过程中,水总是首先通过茧层大孔隙而避开紧密的缩皱部等处,造成大孔隙处吸水充分,汤水流动比较自由,丝胶容易膨润溶解,而结构紧密处的丝胶不易膨润溶解,最后造成煮熟不匀。白斑茧在缫丝中一般容易落绪,制造的生丝色泽有不齐的现象。但茧层薄、茧丝细、组织紧密、解舒好、净度高的茧产生的细小花斑,一般属于正常状态。

白斑茧的成因主要是渗透不足和煮熟不匀,具体原因如下。

（1）渗透区域漏汽。指覆盖铜皮与滚筒间隙过大,滚筒未与水面相切或相割;水封板未入水;反射铜皮、覆盖铜皮上下左右未靠紧封严。

（2）蒸汽质量差。含的水分多,渗透中温差压差过小。

（3）汽压低。指总汽压低,高温蒸汽段汽压低,蒸煮段汽压低,高温蒸汽喷射管的喷向偏低;中途停汽;还有中途停水,水位低。

（4）排气筒活门开启大;中间温差大。

（5）高温蒸汽喷射管孔眼堵塞不畅通,喷汽不足或不匀。

（6）茧的抵抗力弱,茧层厚薄不匀（如柴印茧、薄头茧等）。

（7）煮茧前茧接触水滴。

针对上述情况,若是原料茧本身的原因,可加强选茧措施;若属于结构、位置不适当的,应及时检查纠正,以符合工艺。

2. 瘪茧　瘪茧是指外观形状凹变的煮熟茧。茧层瘪凹处,茧丝难以顺序离解,容易发生落绪,且理绪困难。

造成瘪茧的主要原因如下。

（1）渗透高温部压力过高,渗透区温差过大。

（2）煮熟部后面温度过高,调整部温度过低。

（3）渗透低温段或调整部等水位过低,桶汤过少。

（4）蒸煮室蒸汽喷射管堵塞或蒸煮室温度过低和水封不良,有冷空气侵入等。

对温差过大或温度过高、过低的,应加强煮茧蒸汽管理,做到定温定压;对煮熟部喷射管的堵塞和漏汽等问题,要经常检查设备情况;另外,各区段水位及桶汤量要保持一定。

3. 沉茧 沉茧是指茧腔吸水量过多,大于97%而沉于水中。一般大型茧、偏熟茧、春茧容易沉,也有的煮熟茧既硬又沉。沉茧不适合立缫缫丝。

沉茧的成因如下。

（1）渗透部的温差大,蒸煮段温度高,静煮段温度高,保护段和桶汤温度低。

（2）煮茧时间长。

（3）煮熟茧浸没在水中放置的时间长。

防止沉茧的方法是查明上述原因后采取相应调整措施。

4. 浮茧 浮茧是指茧腔吸水量小于95%,汽泡大,使茧的一部分浮于水面。浮茧会使缫丝张力过小,环颣多,影响净度提高。浮茧的成因如下。

（1）蒸煮时间过短,吐水不足。

（2）渗透部温差过小,渗透不完全。

（3）蒸煮室漏汽或压力过小。

（4）桶汤过多。

克服和防止方法:如系温度过低者,应该提高或合理配置温度;如系渗透不完全,应加强渗透作用;如系桶汤过多的,可适当减少桶汤。

5. 落绪 落绪分自然落绪和中途落绪两种情况。前者指煮熟茧缫丝直至蛹衬而不能继续缫丝时的断头现象。一般指的是中途落绪,它和原茧质量、煮茧优劣有着密切关系。不仅影响到缫丝效率和工人劳动强度,还会对生丝质量、产量和原料消耗产生很大影响。

中途落绪产生的原因是茧丝切断强力小于解舒张力。在落绪多时,应该查清是煮茧问题,还是缫丝问题,或是茧质问题。一般茧子发生断续上跳而落绪,是煮熟不够;若茧层上丝条脆弱而落绪,是煮茧偏熟;若煮茧适熟而落绪频繁,则是缫丝速度过快,或茧质霉变,丝质受损,丝条发脆、强伸力低等原因。

减少中途落绪的方法,可以在分析外、中、内层落绪分布和落绪状态的基础上,根据煮茧机各区段对茧层各部位作用的强弱,有针对性地调整工艺配温。一般认为低温吸水段、中水段和静煮段对中内层尤其是内层作用较强;吐水段、动摇段和保护段对外层作用较强。

（二）真空渗透煮茧机煮茧弊病成因及防止方法

1. 白斑茧 产生白斑茧的原因如下。

（1）真空泵有故障,渗透桶、管道接头、阀门等漏汽。

（2）抽气真空度过低,抽气次数少,放气速度太快。

（3）一次渗透茧量过多,茧粒之间挤靠太紧,影响翻腾吸水。

（4）煮熟区温度过低,水位过浅,煮茧时间太短。

防止办法是查清原因采取相应调整措施。

2. 瘪茧 产生瘪茧的原因如下。

(1)茧层厚薄差异太大。

(2)抽气真空度过高,进气过快。

防止方法是:选出薄层茧集中处理;降低抽气真空度,减慢放气入渗透桶的速度。由于煮茧区域温差压差过大而造成的瘪茧,应有针对性地进行调整。

3. 浮茧 产生浮茧的原因如下。

(1)真空泵有故障。

(2)抽气真空度过低。

(3)放气速度快。

(4)真空系统漏气。

(5)进水水位太低,进水量太少,进水速度慢。

(6)渗透茧被干抽脱水。

防止办法是:检查相容泵故障;提高抽气真空度;升高水位,换上口径较大的进水管,加快进水速度。煮茧方面的问题与前述循环式煮茧机的处理方法相同。

思考题

1.缫丝前为什么要煮茧?

2.煮茧需达到什么要求?

3.简述煮茧的四个过程及各过程的特点和相互关系。

4.常用的渗透方法有哪几种?

5.试述真空渗透影响茧的吸水率的因素有哪些?

6.煮熟的目的和要求分别是什么?煮熟过程需注意哪些环节?

7.煮茧前为什么有的原料茧要进行触蒸处理?

8.简述煮茧助剂有哪些?这些助剂对煮茧有什么影响?

9.真空渗透煮茧常见的煮茧弊病有哪几种?并分析其产生的原因。

第五章 缫 丝

本章知识点

1. 缫丝的工艺流程。

2. 自动缫丝机的组成。

3. 索绪、理绪的方法和要求。

4. 解舒张力。

5. 生丝纤度自动控制原理。

6. 给茧机的作用和要求。

7. 集绪器和丝鞘的作用。

8. 生丝卷绕成形要求及运动构成。

9. 落绪茧的收集、分离。

10. 自动缫丝的工艺、设备、操作、质量、生产管理。

第一节 缫丝概述

一、缫丝的概念

缫丝是根据生丝规格要求,将若干根茧丝从茧层中顺次离解、抱合成生丝的加工过程。

现行缫丝工艺普遍采用如图 5–1 所示流程。

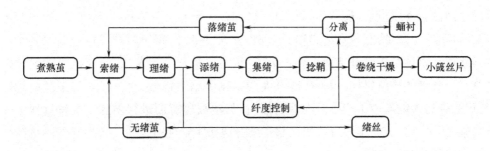

图 5–1 缫丝工艺流程

缫丝的原料是煮熟茧,成品是小篯丝片,副产品有绪丝和蛹衬。

二、缫丝的发展历程

近代,缫丝机经历了座缫机、立缫机和自动缫丝机的发展历程。因此,缫丝也相应地经历了浮缫法、半沉缫法和沉缫法三段历程。

浮缫法是将干茧或鲜茧直接放在索绪锅内进行高温浮煮,因为没有进行低温吸水,茧腔吸水很少,故缫丝时茧子全部浮在汤面。由于煮茧不够充分,缫丝时在高温缫丝汤中还有继续煮熟的作用,但却容易发生落绪。这是一种落后的缫丝方法,只适用于已被淘汰的座缫机。

半沉缫法是在煮茧时使茧腔吸水达95%~97%,茧子能在缫丝汤中呈半沉状态。这种方法适用于立缫机。由于茧子半沉,可使取茧操作便利,并可少拉清丝。

沉缫法是在煮茧时使茧腔吸水达97%以上,茧子能沉于缫丝槽底部。缫丝时由于茧丝离解的牵引力的作用,有绪的茧子上升至汤面,落绪后,茧即下沉。这种方法能将有绪茧和无绪茧分开,适用于自动缫丝机,有利于通过机械装置自动排出落绪茧。

三、缫丝机

目前常用的缫丝机为自动缫丝机,同时还存在着少量的立缫机。

(一)立缫机

一般情况下,立缫机以20绪为一台,在缫制粗规格生丝(如40/44旦)时,常将立缫机改装成以10绪为一台。它由缫丝台面、索绪装置、接绪装置、丝鞘装置、卷绕装置、停箴装置、干燥装置等组成。缫丝台面上有缫丝槽、索绪锅、理绪锅和蛹衬锅等几部分。一般一台立缫机由一个人看管,主要为手工操作。

(二)自动缫丝机

自动缫丝机是在立缫机的基础上发展起来的,它和立缫机的缫丝工序基本一致。主要差别在于立缫机上的手工操作如索理绪、添绪、落绪茧和蛹衬的收集分离等,在自动缫丝机上大部分由机械代替。因此,自动缫丝机提高了劳动生产率,改善了劳动条件。随着自动缫丝机的不断改进,所缫生丝的质量也逐步提高,国内缫丝生产基本上已采用自动缫丝机。

我国生产的自动缫丝机,通常为每组400绪,每20绪为一台,两侧对称布局(也可根据厂房要求,按2台为单位减少,有360绪、320绪、280绪等规格)。每组两端各设一套索理绪机。煮熟茧和落绪茧经索理绪机索理绪而得到正绪茧,正绪茧被加入给茧机,给茧机沿着缫丝槽各绪头循环移动。各绪的添绪机构,根据生丝纤度要求发出添绪信号,给茧机收到添绪信号后进行添绪,将正绪茧送入缫丝槽中绪下。在缫丝槽内,茧丝被离解而进行缫丝。缫丝过程中落下的落绪茧和蛹衬,由落绪茧捕集装置收集后移送到分离机上。经分离机分离出来的落绪茧被送回索理绪机,蛹衬则被排出机外。

自动缫丝机按感知形式不同,可分为定粒式自动缫丝机和定纤式自动缫丝机两类。目前使用的都是定纤式自动缫丝机,如飞宇2000型自动缫丝机,其实物照片如图5-2所示。

图 5 - 2 飞宇 2000 型自动缫丝机照片

第二节 索理绪

缫丝前必须将煮熟茧(也称新茧)和落绪茧进行索绪和理绪,使其成为连续离解的一茧一丝的正绪茧。这一过程,主要由自动缫丝机车头的索理绪机构来完成。如图 5 - 3 所示,自动缫丝机车头主要由索绪机、理绪机、新茧补充装置、有绪茧与无绪茧移送装置、落绪茧输送装置、加茧系统等组成。

一、索绪

(一)索绪的作用和工艺要求

从煮熟茧、无绪茧和落绪茧茧层表面引出绪丝称为索绪。目前采用的方法主要是用索绪帚摩擦茧层表面来引出绪丝。如果索绪帚太软,与茧层摩擦时不足以克服茧丝相互间的胶着力,则难以引出绪丝;如果索绪帚太硬或表面过于粗糙,则会擦伤茧层,增多屑丝。因此,索绪帚应软硬适中,并具有适当粗糙的表面。一般使用稻草芯制成的索绪帚。

索绪应满足以下工艺要求。

(1)足够的生产能力,使索得的有绪茧能满足缫丝的需要。

(2)适当的索绪效率,一般在 75% 左右。索绪效率是指经过索绪后,有绪茧粒数与供索绪茧粒数的百分比。

$$索绪效率 = \frac{有绪茧粒数}{供索绪茧粒数} \times 100\% \qquad (5-1)$$

(3)绪丝量要少,不损伤茧子,不增加颣节,不增加丝条故障。

(4)索绪工艺掌握要恰当,索绪温度过高,会使茧丝离解抵抗减少,缫丝时颣吊增加,生丝清洁、洁净成绩下降。因此,要根据原料茧性能和工艺要求,正确地做好定水位、定汤温、定茧量

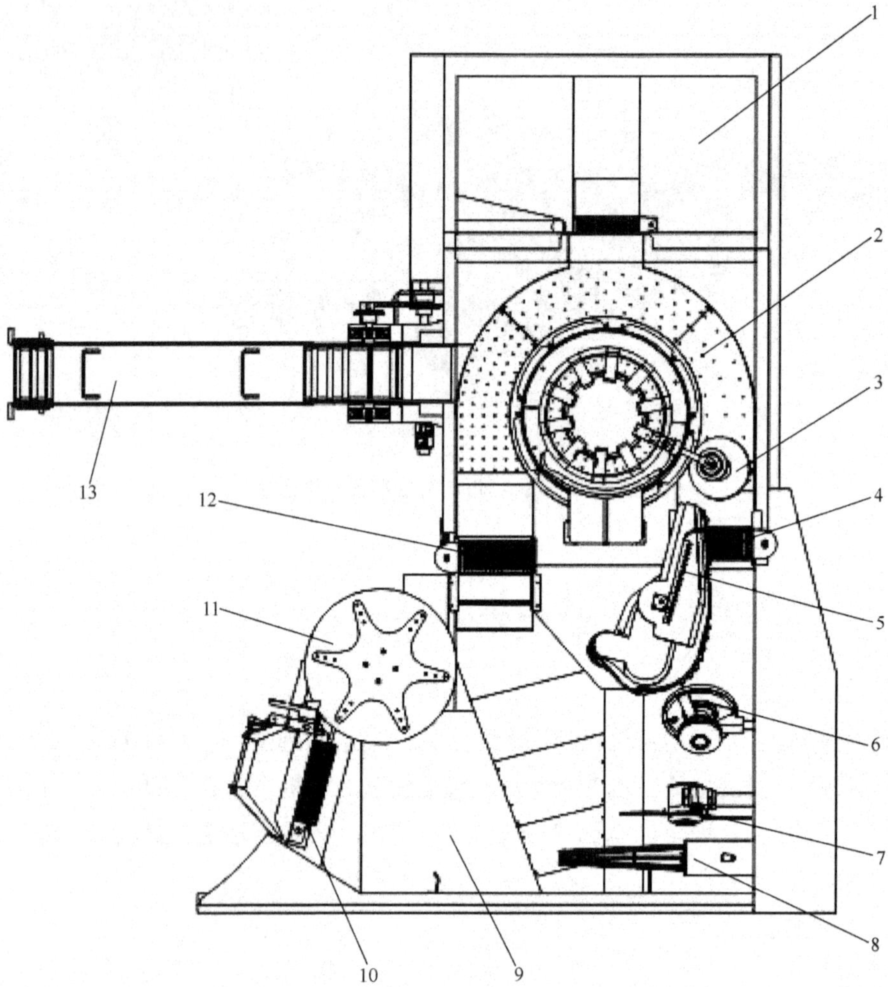

图 5 - 3　自动缫丝机车头

1—新茧补充装置　2—索绪锅　3—索绪体　4—有绪茧移送器　5—锯齿片理绪机构　6—偏心盘理绪机构

7—捞针　8—两棱体理绪机构　9—理绪锅　10—正绪茧加茧斗　11—大篦　12—无绪茧移送器　13—落绪茧输送装置

和定汤色的"索绪四定"工作。

此外,对索理绪车头还要求占地面积小,自动化程度高,机械结构简单可靠,操作方便,保养容易等。

(二)自动缫丝机的索绪机

自动缫丝机的索绪机主要由索绪锅、索绪温度控制装置、索绪体及传动机构组成。需要索绪的茧子由新茧补充装置、落绪茧输送装置和无绪茧移送装置输入,完成索绪后的有绪茧由有绪茧移送装置输出。

1. 索绪锅　索绪锅的底部有一根三弯盲管和两根孔管,用于加热索绪汤或维持索绪汤温度符合工艺要求。水位的高度可通过溢水装置调整。如图 5 - 4 所示,索绪锅有三个输入口 A、B、

C 和一个输出口 D。A 为理绪锅无绪茧输入口,由无绪茧移送装置完成;B 为缫丝落绪茧输入口,由落绪茧输送装置完成;C 为新茧输入口,由新茧补充装置加入;D 为有绪茧输出口,由有绪茧移送装置完成。输出口输出茧量为三个输入口输入茧量之和。即

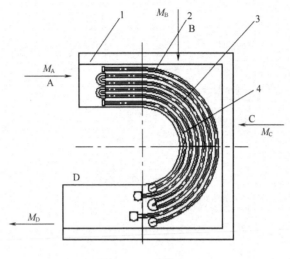

图 5-4　索绪锅

1—索绪锅　2—孔管 I　3—盲管　4—孔管 II

$$M_D = M_A + M_B + M_C \tag{5-2}$$

式中:M_D——有绪茧输出口的输出茧量;

　　　M_A——理绪锅无绪茧输入口 A 的输入茧量;

　　　M_B——缫丝落绪茧输入口 B 的输入茧量;

　　　M_C——新茧输入口 C 的输入茧量。

2. 索绪温度控制装置　索绪锅三个输入口输入的茧子以及索绪锅的散热损耗,会降低索绪汤温。一般通过盲管和孔管 I 进行加温,并保持温度相对平衡。在实缫生产中,当温度传感器检测到汤温低于设定温度时,图 5-5 中的电磁阀 7 就会打开,蒸汽经过孔管 II 快速对索绪汤升温,当达到设定温度值时,电磁阀 7 关闭,完成索绪汤温的自动控制。

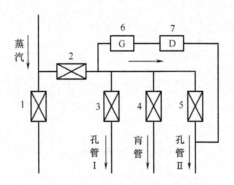

图 5-5　蒸汽管路示意图

1、2、3、4、5—截止阀　6—过滤阀　7—电磁阀

3. 索绪体及传动机构 每台索绪机有 10 个索绪体,每个索绪体可装 12 把索绪帚。索绪体的结构形式为单齿轮式(图 5 - 6)。

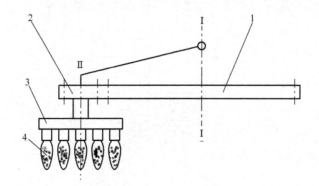

图 5 - 6 单齿轮式索绪体

1—索绪往复大齿轮 2—索绪体往复齿轮 3—索绪体 4—索绪帚

索绪传动机构如图 5 - 7 所示,主要完成下列动作:索绪体的往复索绪摆动、公转运动和绪丝交接运动。

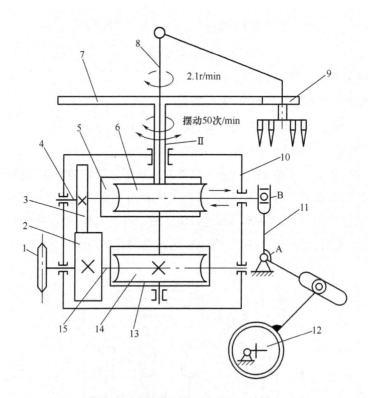

图 5 - 7 索绪传动机构

1—链轮 2—齿轮(一) 3—齿轮(二) 4—蜗杆轴(一) 5—蜗杆(一) 6—蜗轮(一)

7—索绪往复齿轮 8—索绪主轴 9—索绪体 10—箱体 11—摆杆 12—偏心轮 13—蜗杆(二)

14—蜗轮(二) 15—蜗杆轴(二) Ⅱ—蜗杆轴 A—支点 B—铰接点

（1）索绪摆动。索绪体通过自身往复摆动而进行索绪,这是索绪体的主要运动。由偏心轮机构 11 ~ 12 来完成,如图 5 - 7 所示。当偏心轮 12 回转时,由连杆传动摆杆 11 绕支点 A 作往复摆动,在铰接点 B 带动往复蜗杆轴(一)4 作往复运动,通过往复蜗杆(一)5 和往复蜗轮(一)6 及索绪往复齿轮 7 传动索绪体 9 完成索绪往复摆动。

（2）公转运动。公转运动也称回转运动或前进运动。索绪体沿圆弧形索绪锅(槽)作回转运动。索绪体 9 通过转臂与索绪主轴 8 相联。动力由链轮 1 输入,通过蜗杆(二)13、蜗轮(二)14,索绪主轴 8 带动 10 只索绪体 9 作公转循环运动。索绪体循环一周的时间为 28.6s。

（3）交接运动。索绪体走完圆弧形索绪锅时,即由提升凸轮抬起,停止摆动,将索绪帚上的绪丝交给锯齿片理绪机构。与此同时,索绪体下的茧子由有绪茧移送装置移入理绪锅,完成索绪过程。

偏心轮 12 附近的连杆支点在长槽内的位置可以调节,因此能起到调节索绪体摆动角度大小的作用。

（三）影响索绪效率与绪丝量的因素

（1）茧子与索绪帚接触的机会。与索绪帚的大小、数量、位置、运动和索绪时间、索绪汤量、索绪茧量等有关。

（2）索绪帚对茧子的作用力。与索绪帚的材料、性质、帚茧间的相对运动等有关。

（3）茧丝间的胶着力。与索绪汤的浓度、温度及索绪时间等有关。

（4）索绪体公转速度和索绪体往复摆动角度。

在实际生产中,各种因素是综合影响的。上述各方面不仅对索绪效率有影响,而且对绪丝量、生丝品质也有明显影响,见表 5 - 1。

表 5 - 1 影响索绪效率和绪丝量的因素

影响因素		索绪效率		绪丝量		一般使用范围
		提高	下降	减少	增多	
索绪帚	数量(只)	多	少	不定	不定	6 ~ 9
	位置	低	高	不定	不定	入水 70mm 左右
	新旧	新	旧	旧	新	—
	大小	大	小	小	大	每把用稻草芯 80 ~ 100 根,长(120 ± 3)mm
索绪体	数量(只)	—	—	—	—	8 ~ 10
	转速(r/min)	快	慢	慢	快	—
	摆动角度(°)	大	小	小	大	126 ~ 242
	摆动次数(次/min)	多	少	少	多	40 ~ 50
	茧量(粒)	适当	不适当	适当	不适当	400 ~ 600
	煮熟程度	熟	生	生	熟	适熟
索绪汤	温度(℃)	高	低	低	高	82 ~ 92
	pH 值	高	低	—	—	6.8 ~ 7.8
	汤量	适当	不适当	不定	不定	索绪帚入水 60 ~ 70mm

目前采用索绪帚索绪的情况,索绪效率高、绪丝量多;索绪效率低,多次索绪,绪丝量也多。因此,要做小缲折,减少绪丝量,索绪效率有一个最佳值,一般为75%。索绪效率与绪丝率(绪丝量对茧量的百分比)的关系如图5-8所示。

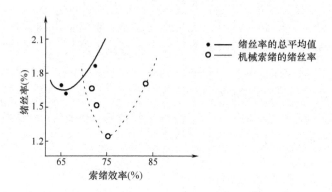

图5-8 索绪效率与绪丝率的关系

二、理绪

(一)理绪原理与工艺要求

除去索绪得到的有绪茧茧层表面的杂乱绪丝,加工成一茧一丝的正绪茧的过程称为理绪。要除去杂乱绪丝,必须给杂乱绪丝一作用力,以克服杂乱绪丝与茧层之间的胶着力,离解并整理成为一茧一丝的正绪茧。杂乱绪丝有的粘附在茧子的一侧,有的则包围着茧子,根数差异很大。杂乱绪丝的根数不同,造成离解抵抗差异很大,一般在 5～196mN。而茧子吸水后自身重力为70mN 左右,在索绪后的茧堆中,离解抵抗力大于自重的蓬糙茧(带有大量杂乱绪丝的茧子)约占80%。如只将绪丝提起,必有大部分茧子的杂乱绪丝不能离解,只能使茧子随绪丝吊起,卷入长吐中。因此,只有使牵引杂乱绪丝的力大于杂乱绪丝的离解抵抗力,才能顺利地理绪。简单的办法是增加绪丝牵引加速度,使茧子产生惯性力,以达到离解杂乱绪丝的目的,即:

$$F_g + (F_W - F_P) > F_T \tag{5-3}$$

式中:F_g——茧子的惯性力(变加速度);

F_W——有绪茧的重力(包括水分);

F_P——水对茧子的浮力,茧体离开水面时,$F_P = 0$;

F_T——杂乱绪丝的离解抵抗力。

在理绪过程中,采用一边卷取一边振动的方法来离解杂乱绪丝。自动缲丝机的机械理绪一般采用上下运动、斜偏心盘转动和两棱体卷取等,都是产生振动作用。振动的目的是产生牵引加速度。

在实际生产中还应考虑如下几方面的工艺要求。

1. 要有较高的理绪效率   理绪效率是指经过理绪后,正绪茧粒数与供理绪茧粒数的百分比。

$$理绪效率 = \frac{正绪茧粒数}{供理绪茧粒数} \times 100\% \qquad (5-4)$$

理绪效率的下降会增加无绪茧的数量,从而增加索绪机的负担,而且茧子进入索绪锅的次数增多,使绪丝量增加,从而影响缫丝的产量和缫折。一般理绪效率要求不低于80%。

2.不拉或少拉清丝 除去杂乱绪丝后得到的正绪,常称为"清丝"。理绪时对已经理得正绪的茧子,尽可能不再卷取绪丝,否则清丝拉掉过多,不仅增大缫折,而且对生丝的纤度、匀度等也有影响。

3.各种茧要分得清

(1)混入正绪茧中的蓬糙茧要少,因为在缫丝中蓬糙茧的出现会增加丝条故障,直接影响生丝的产质量。

(2)混入正绪茧中的无绪茧要少,因为无绪茧会延长丝条落绪时间,影响生丝质量。

(3)混入无绪茧中的有绪茧要少,因为有绪茧随同无绪茧一起进行索绪,不仅增加索绪机构的负担,而且增大缫折。

4.理绪能力应与缫丝能力相适应 理绪过多会影响茧子的新陈代谢,过少会造成正绪茧供不应求。

(二)自动缫丝机的理绪机

自动缫丝机的理绪机主要由理绪锅、理绪机构、水流鉴别装置、丝瓣卷取装置等组成,有绪茧由有绪茧移送装置输入,无绪茧由无绪茧移送装置送回索绪锅,正绪茧由加茧系统输出。

1.理绪锅 如图5-9所示,理绪锅有一个输入口 D′和两个输出口 A′、E。D′为有绪茧输入口,由有绪茧移送装置完成;A′为无绪茧输出口,由无绪茧移送装置完成,E 为正绪茧输出口,由加茧系统来完成。有绪茧输入口 D′与索绪锅的有绪茧输出口 D 相对应,无绪茧输出口 A′与索

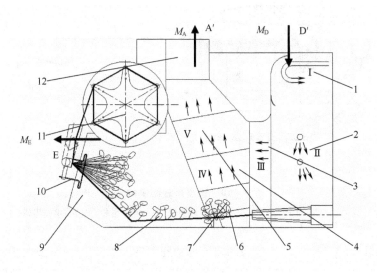

图5-9 理绪锅

1、2、3、4、5—水流　6—有绪茧　7—丝瓣振动机构　8—丝瓣

9—正绪茧加茧口　10—丝瓣摆动机构　11—丝瓣卷绕装置　12—无绪茧移送口

绪锅的无绪茧输入口 A 相对应。有绪茧输入口 D′的输入茧量为 M_D、无绪茧输出口 A′的输出茧量为 M_A、正绪茧输出口 E 的输出茧量为 M_E，则三者之间存在着三种关系，即在实缫生产中理绪锅会出现或交替出现以下三种现象。

（1）当 $M_E + M_A > M_D$ 时，理绪锅正绪茧供不应求，理绪锅持茧量会减少，甚至供应脱节。

（2）当 $M_E + M_A = M_D$ 时，理绪锅内茧量供需平衡，理绪锅持茧量保持稳定。

（3）当 $M_E + M_A < M_D$ 时，理绪锅正绪茧供过于求，理绪锅持茧量会增加。

2. 理绪机构 自动缫丝机的理绪机上设有的理绪机构是由锯齿片理绪机构、偏心盘理绪机构和两棱体理绪机构组成。经过索绪的茧子移入理绪部，绪丝交给理绪机构进行理绪。

（1）锯齿片理绪机构。锯齿片理绪机构如图 5 – 10 所示，主要由动片 1 和定片 2 组成。动片 1 两臂杆分别与齿轮 3、4 和曲柄齿轮 8 铰接，铰接点距齿轮中心一偏距为 e。动片 1 的运动是由 3、4 和曲柄齿轮 8 同时带动的，齿轮 3、4 和曲柄齿轮 8 转动时，动片上各点的运动轨迹均为一个以 e 为半径的圆。例如，由于动片 A 齿的运动，就将挂在定片 B 齿上的绪丝向前移送，并将其接在定片的 C 齿上。动片不断如此运动，就将绪丝及有绪茧逐齿移向前方。偏距 e 是一个重要的参数，必须使 A 齿的运动轨迹包围 B 齿和 C 齿，并能准确地将挂于 B 齿上的绪丝移送到 C 齿上。如偏距 e 过小，就不能向前移送绪丝。

动片由下列齿轮传动：齿轮 5→齿轮 6→齿轮 3、齿轮 4；或齿轮 5→齿轮 6→齿轮 3、齿轮 4→齿轮 7→齿轮 8。

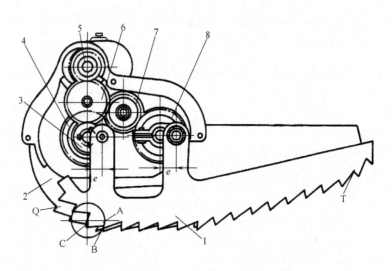

图 5 – 10　锯齿片理绪机构

1—动片（锯齿片）　2—定片（锯齿片）　3、4—曲柄双联齿轮　5—主动齿轮　6、7—中间齿轮　8—曲柄齿轮

锯齿片理绪机构的理绪作用与丝条的向前移送是同时进行的。一方面由于丝条和动片、定片交替接触，间断前进，使茧子起到一定的抖动作用；另一方面由于锯齿片为倾斜安装（顶部 Q 高于尾部 T），绪丝由低处拉向高处，使有绪茧离解部分绪丝，起到一定的理绪作用。但因没有绪丝的卷取作用，若单独使用，理绪效果不明显，一般均用于粗理，主要是用来移送绪丝。一般动片的移丝次数为 165 次/min。

（2）偏心盘理绪机构。偏心盘理绪机构如图5-11所示。偏心盘6和皮带轮2均固联于套管4上。由有绪茧绪丝组成的丝辫穿过偏心盘和套管的导丝孔而被丝辫卷绕装置卷取。偏心盘与水平面保持一定的倾角。当皮带轮转动时,偏心盘随着转动,促使茧子在理绪汤中作上下、左右和前后的抖动,从而离解绪丝,达到理清蓬糙茧的目的。

偏心盘与水平面的倾角可以在0~90°间调节,以调节理绪作用力的大小,从而适应不同原料茧性能,转速为460~520r/min比较合适。

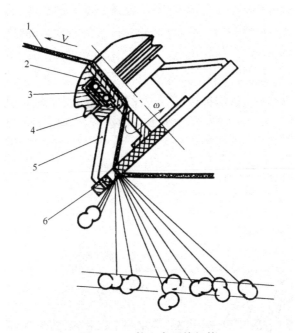

图5-11 偏心盘理绪机构

1—丝辫 2—带轮 3—滚珠轴承 4—套管 5—支架 6—偏心盘

（3）两棱体理绪机构。两棱体理绪机构如图5-12所示,是由两片往复移动带齿状的移丝片1、2,两棱体座3,主动轴4,滚子5,圆柱槽轮6组成。主轴4与两棱体座3、圆柱槽轮6刚性连接,移丝片1、2与滚子5连接,随圆柱槽轮6的转动,在两棱体座3内作往复移动,并随着作圆周运动。两棱体按图示ω方向转动时,经偏心盘初理的有绪茧通过捞针交接到粗理丝辫上,在粗理丝辫的牵引下,将有绪茧的绪丝卷绕在两棱体座3上。移丝片1、2中各有两条导向槽,移丝片1往前移时,把卷绕在两棱体3上的绪丝向前推过一位移,转过180°后,相当于回到移丝

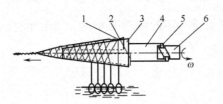

图5-12 两棱体理绪机构

1、2—移丝片 3—两棱体座 4—主动轴 5—滚子 6—圆柱槽轮

片2的位置,缩入两棱体座3中,绪丝则绕在两棱体座3上,这样在转动时移丝片反复交错移动,在两棱体上形成一按如图示箭头方向推进的网状绪丝精理丝辫。经二次精理的正绪茧沿箭头方向随网状丝辫向正绪茧加茧口移动,完成自动理绪功能。两棱体理绪机构转动时,同时具有绪丝卷取、抖动和移丝的作用,通过对绪丝卷取和抖动,从而达到理清绪丝的目的。

3.水流鉴别装置 水流鉴别装置的作用是通过水流将正绪茧与蓬糙茧、正绪茧与无绪茧进行分离。

(1)正绪茧与蓬糙茧的分离。在理绪机上,有绪茧被陆续送至偏心盘理绪机构下方进行集中理绪,理清的正绪茧必须及时分离出去,以免卷取过多的清丝。理绪机主要是利用正绪茧与蓬糙茧解舒抵抗相差悬殊的特点,通过水流来达到正绪茧与蓬糙茧的分离。如图5-13所示,在偏心盘理绪机构的下方用水流冲击正在理绪中的茧子。正绪茧由于解舒抵抗小,就随水流方向亦即丝辫牵引方向浮游,绪丝被捞针捞起绕于丝辫上,由丝辫牵引至加茧部,等待加茧;而蓬糙茧由于解舒抵抗大,仍集中于理绪机构下方继续理绪,直到理清冲走为止。

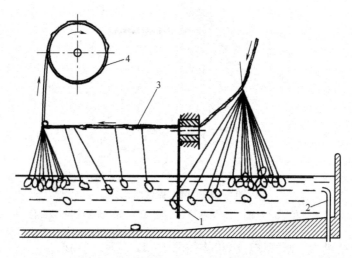

图5-13 正绪茧和蓬糙茧分离示意图

1—捞针 2—冲水管 3—丝辫 4—大箴

(2)正绪茧与无绪茧的分离。从索绪锅移入理绪锅的索绪茧中,包含一定数量的无绪茧;在理绪机构理绪过程中,还会产生无绪茧。这些无绪茧必须分离出来,让其返回索绪锅再索绪。分离无绪茧的方法是利用有绪茧因被绪丝牵引浮于或半浮于理绪汤中,无绪茧则下沉于锅底的特点,自动缫丝机理绪锅锅底保持一定的倾斜度并设置如图5-9所示的水流,使无绪茧顺着斜面或水流方向移向无绪茧移送装置。

4.丝辫的卷取装置 自动缫丝机理绪机通过锯齿片理绪机构从索绪体上拉下绪丝。通过丝辫卷取装置的牵引将锯齿片理绪机构移送的绪丝、偏心盘理绪机构、两棱体理绪机构理得的绪丝形成丝辫,通过回转捞针来完成正绪茧的交接,捞针在回转过程中,将捞取的绪丝绕于丝辫上,并将丝辫与理绪机构之间的绪丝用电热线烫断。正绪茧随着丝辫的牵引而集中至加茧部。

5.加茧系统 加茧系统一般由自动探量机构、加茧机构和绪丝卷绕装置等组成。

（1）自动探量机构。自动探量机构用来探测给茧机内茧量的多少，并将探测结果通知自动加茧机构，指示其不加、多加或少加。图5-14所示为自动探量机构。

当给茧机运行到加茧口前一定位置时，给茧机上的绪丝卷绕杆推开挂钩3（挂钩沿顺时针能灵活自由摆动，挂钩沿逆时针只能与探轴4、转钩6一起摆动），使挂钩、探轴、转钩逆时针转过一角度。从而使转钩6与凸轮钩9脱离，此时凸轮钩9、感应片7和左右探量轴2跟着左右探爪1一起转动，左右探爪落入给茧机内进行探测，安装在两只凸轮钩上的感应片相应转过一定角度θ（θ的大小取决于左右探爪是否探到茧子：探爪探到茧子，θ较小；探爪探

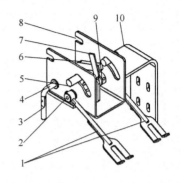

图5-14 自动探量机构

1—探爪 2—探量轴 3—挂钩 4—探轴
5—接近开关 6—转钩 7—感应片
8—壳体 9—凸轮钩 10—支架

到给茧机的底板，θ较大），当感应片的转角θ较小时，感应片没有切割前方所对应的接近开关5的磁力线，接近开关5没有输出信号，当感应片的转角θ较大时，感应片切割了前方所对应的接近开关的磁力线，接近开关输出信号。即接近开关根据感应片的转角θ的大小判断是否输出信号，来控制加茧机构进行不加茧、少加茧、多加茧操作。检测完之后，给茧机的绪丝卷绕杆推动左右探爪，使其向上抬起，转钩钩住凸轮钩，探量机构复位。整个加茧探量装置通过支架10固定在车身栏杆搁脚上。

（2）加茧机构。加茧机构与自动探量机构配合使用，根据自动探量机构发出的信号向给茧机内补充正绪茧。图5-15所示为自动加茧机构，设左右大小不等的加茧斗1各一只，升降杆2随着升降摆杆7的带动上下升降，并带动对应的加茧斗升降，电磁线圈6、电磁铁4、定位钩5根据自动探量机构发出的三种探量信号控制升降摆杆的运动，确定加茧斗的数量和大小斗的升降，实现不加茧、多加茧和少加茧3种茧量补充。

（3）加茧的工艺要求。为了保证正常生产，必须根据给茧机的需要，将理得的正绪茧不断地补充到给茧机的给茧盒中，这一过程称为加茧。加茧应满足以下要求。

①加茧动作与给茧机密切配合，按需加茧，使给茧机内的储茧量保持均衡状态。一般控制春茧加至30~50粒，夏秋茧加至40~60粒。

②不损伤茧子，不碰断正绪茧的绪丝，尽可能使加入给茧盒内的茧中不出现无绪茧和蓬糙茧。

③绕住绪丝，少拉清丝。

（4）绪丝卷绕装置。绪丝卷绕装置是由电热丝、擦板和绪丝卷绕杆等组成。正绪茧加入给茧机后，绪丝必须卷绕起来，并随时牵引，才能防止绪丝紊乱，并与给茧盒内的水流相配合，使茧子移向给茧口，有利于提高捞茧效率。

给茧机加茧后离开加茧口向前移动，正绪茧的绪丝由电热丝烫断，并搭在绪丝卷绕杆上。给茧机前进到一定位置时，卷绕杆上的擦轮与安装在栏杆上的擦板相摩擦，带动绪丝卷绕杆卷

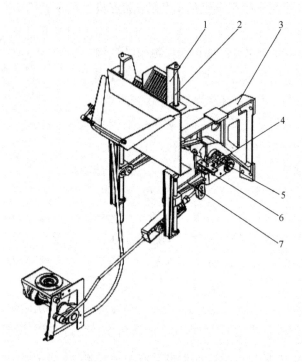

图 5-15　自动加茧机构

1—加茧斗　2—升降杆　3—支架　4—电磁铁　5—定位钩　6—电磁线圈　7—升降摆杆

绕绪丝,完成加茧后的绪丝卷绕动作。擦板沿栏杆每隔一定距离安装一块,使给茧机在运行途中数次卷绕绪丝,以免绪丝松弛紊乱。

6. 影响理绪的因素

(1)理绪汤温度。理绪汤温度高,茧丝离解张力小,容易理得正绪茧。但理绪汤温过高会使丝胶溶失过多,绪丝量增加,不但影响缫折,而且会产生过多的蓬糙茧,增加丝条故障。此外,还会使某些茧子的茧腔吸水不足而变成浮茧,以致影响缫丝。如果理绪汤温过低,则茧层丝胶易凝固,造成理绪困难,无绪茧增多、正绪茧减少、蓬糙茧不易理清,以致理绪效率下降。一般理绪汤温度,控制在 35~42℃。

(2)理绪茧量。茧量过多,茧子重叠在一起,理绪抖动时茧子运动困难,尤其是离解张力大的蓬糙茧,往往集中在被理绪茧中间,由于茧与茧之间的挤压作用而起不到理绪作用,造成理清的正绪茧拉清丝,蓬糙茧理不清,且理清的正绪茧还会因茧子重叠和挤压产生断头成为新的无绪茧。如果茧量过少,则蓬糙茧会混入正绪茧中。一般,偏心盘下的理绪茧量,春茧为 150~200 粒,夏秋茧为 200~300 粒。

(3)理绪汤量及浓度。理绪汤量多,水位高,则理绪容易,正绪茧、无绪茧和蓬糙茧分离良好。但汤量过多,低温汤易进入索绪槽,影响索绪汤温。理绪汤量过少,则正绪茧、无绪茧、蓬糙茧的活动范围小,互相间不易分离,影响理绪质量。因此,理绪汤量要适当,浓度以清汤为宜,汤色要保持稳定,否则会造成生丝色泽不一。

三、自动缫丝机车头的索理绪效率与均衡生产

1. 索理绪效率 索理绪效率是指索理绪后正绪茧粒数与供索绪茧粒数的百分比,根据式(5-1)、式(5-4)得:

$$索理绪效率 = 索绪效率 \times 理绪效率 \tag{5-5}$$

2. 车头的均衡生产 若将车头作为一个系统,则该系统有 2 个输入口 B、C 和 1 个输出口 E(图5-4、图5-9)。B 为缫丝落绪茧输入口,由落绪茧输送装置完成,落绪茧输入茧量为 M_B;C 为新茧输入口,由新茧补充装置加入,加入茧量为 M_C;E 为正绪茧输出口,由加茧系统完成,输出的茧量为 M_E,则系统内会出现或交替出现以下 3 种现象。

(1)当 $M_E > M_B + M_C$ 时,系统内茧量减少,甚至会出现供应脱节。

(2)当 $M_E = M_B + M_C$ 时,系统内茧量保持稳定。

(3)当 $M_E < M_B + M_C$ 时,系统内茧量增加。

自动缫丝机车头要保持均衡生产,其条件是:

$$M_E = M_B + M_C \tag{5-6}$$

在缫丝生产当中,如实缫运转率和解舒率保持稳定,则正绪茧输出茧量 M_E 与落绪茧输入茧量 M_B 应该是相对稳定的,因此,要保持均衡生产关键在于新茧输入茧量 M_C,即必须按需补充煮熟茧(新茧)。

自动缫丝机新茧补充装置可以通过设定新茧补充装置加茧频率,实现按需补充煮熟茧(新茧)。新茧补充装置加茧频率 f(次/min)可以根据下式来设计:

$$f = \frac{0.65 \times 200 v_0 k \eta}{Lb} \tag{5-7}$$

式中:v_0——初始车速,r/min;

　　k——实缫绪下茧平均粒数,粒;

　　η——实缫运转率;

　　L——平均茧丝长,m;

　　b——新茧补充装置加茧斗每次加入索绪锅的茧量,粒/次。

在实缫生产中,新茧槽内新茧状况会发生变化,新茧补充装置每次加入索绪锅的茧量 b 无法得到保证。因此,在实缫生产中必须对新茧槽内新茧状况进行有效的管理,才能确保按需补充新茧。

3. 索理绪效率与均衡生产的关系 在正常的缫丝生产中,索理绪效率 ϕ 可用下式表示:

$$\phi = \frac{M_E}{M_D} \times 100\% = \frac{M_B + M_C}{M_D} \times 100\% \tag{5-8}$$

$M_B + M_C$ 是可以控制的,与索理绪效率无关。在正常的缫丝生产中,索理绪效率的变化将影响有绪茧输出茧量 M_D。当索理绪效率降低时,有绪茧输出茧量 M_D 和无绪茧输入茧量 M_A 增加;反之,就减少。所以,只要 $M_B + M_C$ 保持稳定,索理绪效率的变化不会影响正绪茧的供应。但索理绪效率的变化会带来有绪茧输出茧量 M_D 和无绪茧输入茧量 M_A 的变化,并影响偏心盘下茧量,因此,需要控制索理绪效率,即要控制好影响索理绪效率的因素,如索绪温度、蒸汽压力、理绪温度、新茧输入茧量以及索绪帚的数量与新旧比例等。

第三节　茧丝的离解

茧丝的离解是指茧丝从正绪茧茧层表面抽出茧丝的过程。茧丝在离解过程中,需要克服茧丝相互之间的胶着力。缫丝要求顺次连续不断地离解茧丝,尽可能地减少茧丝在离解过程中的切断和颣节等丝条故障的产生,并利于提高生丝的色泽、手感等外观质量和强伸度、抱合力、清洁、洁净等内在质量。要达到这一要求,控制在适当的工艺条件下离解茧丝,使茧丝在离解时具有适当的解舒张力是极其重要的。

一、解舒张力及其构成

离解茧丝所需的力称为解舒张力,即茧丝离解时茧丝丝条上的张力。解舒张力有时也称解舒抵抗,是由剥离张力和茧子对茧丝的摩擦力构成。

(一)剥离张力

茧丝离解时克服胶着点所需的力称为剥离张力,它是构成解舒张力的主要部分。剥离张力的大小由胶着程度及剥离角确定。剥离角 α 是指茧丝自由丝端 BC 和将要被剥离茧丝 AB 间的夹角,如图 5 – 16 所示。

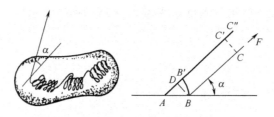

图 5 – 16　茧丝的剥离

自由丝端 BC 受到剥离张力 F 的作用,茧丝就从茧层上剥离。设茧丝剥离的长度为 AB,当 AB 很小时,α 角的变化可略去不计,则茧丝剥离 AB 长度后在 F 力作用方向增加的长度可用 "$C'C''$" 表示。由此可得:

$$\overline{C'C''} = \overline{DB'} = \overline{AB} - \overline{AB}\cos\alpha = \overline{AB}(1 - \cos\alpha) \tag{5-9}$$

剥离张力 F 所作的功为:

$$W = F \cdot \overline{C'C''} \tag{5-10}$$

如果胶着程度用剥离单位长度茧丝所需能量 e 来表示,则剥离 AB 长度茧丝所需的能量为:

$$E = e \cdot \overline{AB} \tag{5-11}$$

因功是能量转化的量度,若不考虑其他能量损失,则剥离 AB 长度茧丝所需能量就转化为 F 力所做的功,即 $W = E$。则:

$$F = \frac{\overline{AB}}{\overline{C'C''}} \cdot e = \frac{e}{1 - \cos\alpha} \tag{5-12}$$

上式表明,决定张力 F 大小的条件是 α 和 e 值的大小。

(二)摩擦力

茧丝从茧层表面剥离后,还有可能与茧子发生摩擦。摩擦力大小决定于剥离后的茧丝与茧子的接触机会、接触长度、压力和摩擦系数。茧丝离解后,既有可能与茧子本身摩擦,也有可能与其他茧子摩擦,还可能被其他茧子压住,因而摩擦力的构成是比较复杂的;且由于缫丝时绪下茧不停地游动翻滚,摩擦力是不稳定的,从而造成解舒张力不断变化。

二、缫丝中影响解舒张力的因素

从式(5-12)可知,影响解舒张力的因素主要有:e 值、剥离角 α 和茧子对茧丝的摩擦力。影响参数 e 的因素有:原料茧性质、煮熟程度、煮熟茧放置时间和条件、索绪汤浓度、温度和索理绪时间、缫丝汤浓度、温度和缫丝速度等。影响剥离角 α 的主要因素有:缫丝速度、茧子相互间的作用力、水对茧子的阻力、茧子的形状、茧丝在茧层表面的排列形式、茧丝间的胶着程度等。影响摩擦力的因素,主要是缫丝速度和茧子相互之间的作用力。如不考虑原料性质和煮茧对解舒张力的影响,则缫丝对解舒张力的影响因素主要是缫丝汤的温度和浓度、缫丝速度、茧子相互间的作用力以及缫丝汤的波动等。

(一)缫丝汤温度

缫丝汤温度是缫丝的主要工艺条件,与茧丝离解有密切关系。当缫丝汤温度高时,丝胶溶解量多,削弱茧丝胶着点的胶着力,使解舒张力减小。图5-17是缫丝汤温度与缫丝初张力的关系。由于缫丝初张力是在丝鞘下方、集绪器上方测定的,为各粒绪下茧解舒张力以及丝条与接绪翼芯和集绪器的摩擦力之和,故缫丝初张力的变化主要反映解舒张力的变化。由此可见,缫丝汤温度对解舒张力有明显的影响。解舒张力的变化,也反映为落绪的多少。当温度升高,解舒张力减小时,茧的落绪相应减少,特别是内层落绪的减少更为显著,见表5-2。

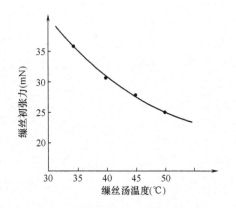

图5-17　缫丝汤温度与缫丝初张力的关系

表5-2　缫丝汤温度与各层落绪率的关系

缫丝汤温度 (℃)	各层落绪情况					
	外层		中层		内层	
	次数	落绪率(%)	次数	落绪率(%)	次数	落绪率(%)
32	336	41.92	94	17.41	229	40.67
35	211	39.07	101	18.70	228	42.23
38	250	46.04	89	16.39	204	37.57
41	255	48.20	121	22.87	153	28.93
43	167	38.75	97	22.50	167	38.75
46	189	43.15	97	22.15	152	34.70
49	141	39.94	90	25.50	122	34.56

虽然缫丝汤温度升高有利于降低解舒张力,减少落绪,但汤温过高,丝胶溶解量过多,不仅减少丝量,还易产生绵条颣,增加丝条故障,影响生丝净度、清洁、抱合和强伸力。而汤温过低,解舒张力增大,增加落绪,失添的可能性增加,严重时会使丝质粗硬,手感不良。因此,需要有合适的缫丝汤温度。

缫丝汤温度的管理,可依原料茧工艺性能来决定。茧解舒好的,汤温可低些;解舒差的,汤温可高些;在一般情况下汤温在28~36℃。

(二)缫丝汤浓度

缫丝汤浓度的高低主要决定于蚕蛹浸出物的多少。缫丝时茧子浸在缫丝汤中,蚕蛹浸出物逐渐增加,缫丝汤色越来越浓,pH值降低,使茧丝胶着程度增加,解舒张力相应增大,容易发生落绪,降低茧的解舒率,而且使生丝丝质粗硬,手感不良,色泽不好。因此,缫丝汤的pH值必须适当,一般控制在6.8~7.2范围内,汤色近乎清汤,可以通过控制缫丝汤流量来控制缫丝汤浓度。

(三)缫丝速度

缫丝速度与解舒张力有密切关系,见表5-3。由于缫丝时茧丝的离解点是变换的,遍及茧层表面各个部位。茧子在茧丝牵引力(即解舒张力)的作用下,不停地翻滚,缫丝速度越快,茧子翻滚速度也越快。当茧子往一个方向翻滚而茧丝的牵引力要改变翻滚方向时,茧体的惯性使运动改变方向滞后,茧子翻转越迅速,惯性也越大,加之水对茧子的转动存在阻力,使茧丝的离解点朝向牵引力作用方向的机会相应减少,使剥离张力增大。同时,茧子对茧丝的摩擦机会和摩擦力也增大,使解舒张力和缫丝张力增大,茧的落绪增多。因此,必须在综合缫丝产量和质量的基础上,决定缫丝速度。

表5-3 缫丝速度与缫丝初张力的关系

缫丝速度 (m/min)	缫丝初张力 (mN)	缫丝速度 (m/min)	缫丝初张力 (mN)
33.6	33.3	95.2	55.3
44.8	36.0	100.8	56.8
56.0	41.9	106.4	59.8
67.2	44.7	112.0	67.9
78.4	47.2	117.6	69.9
89.6	53.9	123.2	75.2

注 1. 缫丝机类型:立缫机。

2. 试验原料:晚秋茧。

3. 试验条件:定粒为8粒,纤度20/22旦,缫丝汤温42~45℃,pH值为7。

(四)绪下茧粒数

缫丝过程中,绪下茧之间的相互作用力对解舒张力也有明显影响。为了说明茧子间的相互作用力,在茧子不重叠的条件下,可取绪下茧最外边的一粒茧子来分析其受力情况,如图5-18所示。设最外边一粒茧子的重力为F_W,水对茧子的浮力为F_P,解舒张力为F_T,茧子间的相互作用力为F_N。在稳定的条件下,以上诸力呈平衡状态。由于作用力F_N为水平方向,故方程式为:

$$F_N = F_T\cos\beta = \frac{F_T}{\sqrt{1 + \tan^2\beta}} = \frac{F_T}{1 + \left(\frac{h}{d}\right)^2} \tag{5-13}$$

式中:h——接绪器下端距缫丝汤面的距离;

　　d——绪下茧范围的半径。

当 h 不变时,如绪下茧粒数增多或茧粒较大,则半径 d 增大,β 角减小,茧子间相互作用力 F_N 必然增大。而使绪下茧相互间的摩擦力增大,茧子在缫丝时翻滚中受到更大的阻力,因而剥离角减小,从而又使解舒张力 F_T 增大,容易切断茧丝。

一般缫制 20/22 旦(22.2/24.4dtex)规格的生丝,茧粒数范围为 7~9 粒,绪距为 10mm 左右,绪下茧的直径范围为70~80mm,接绪器高度大于 90mm。

(五)缫丝汤的波动

缫丝时,缫丝汤波动使茧子动荡,对茧子的受力情况有影响,解舒张力产生波动,落绪增加。所以,要防止缫丝汤面波动。

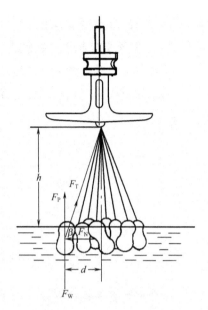

图5-18 绪下茧受力分析

三、解舒张力与生丝质量关系

解舒张力是茧丝离解过程中一个极为重要的工艺参数,与生丝质量有密切的关系,缫丝要求解舒张力适当而均匀。

当解舒张力过大超过茧丝强力时,茧丝就被切断,造成落绪,且容易使各根茧丝挺直排列,胶合紧密,使生丝的伸长率、弹性下降。如果解舒张力过小,说明胶着点的胶着力被过分削弱,茧丝离解就将不依顺序,容易产生绵条颣,引起丝条故障;也可能使茧丝的丝环不能拉开,产生小颣而影响洁净;还可能由于颣节多而影响各根组成茧丝间的紧密排列以及由于颣节本身较脆弱等原因,降低生丝的强伸度和抱合。

为使茧丝离解顺利,解舒张力保持良好稳定的状态,缫丝中必须注意影响解舒张力的各种因素,随时进行检查,使工艺条件稳定。

第四节　添绪和接绪

缫丝过程中,由于自然落绪(落蛹衬或掐蛹衬)、中途落绪和茧丝从外、中层缫至内层时逐渐变细,就会使缫得生丝的纤度变细。当变细到细限纤度(生丝纤度变细到必须添绪时的纤度限值)及以下时,称为"落细"。缫丝中发生落细时,必须用正绪茧的绪丝补充上去,使落细部分不再延长,保证生丝纤度达到规定的粗细。

落细后补充正绪茧的方法可以分两步进行:一是将正绪茧送入缫丝槽,绪丝交给发生落细的绪头,称为"添绪";二是将交给绪头的绪丝引入正在缫丝的绪丝群中,使它粘附上去,成为组成生丝的茧丝之一,称为"接绪"。自动缫丝,往往将添绪再细分为"给茧"和"添绪"两个步骤,其中将正绪茧送入缫丝槽的动作称为"给茧",将绪丝交给发生落细的绪头称为"添绪"。自动缫丝机的给茧和添绪由生丝纤度控制机构来完成。

一、生丝纤度控制机构

(一)生丝纤度自动控制系统

生丝纤度自动控制机构由测量元件、比较元件、放大元件和执行元件等组成。

自动缫丝机采用生丝纤度自动控制系统来控制生丝纤度,如图 5 - 19 所示。

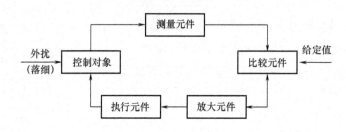

图 5 - 19　生丝纤度自动控制系统原理图

1. 控制对象和被控制量　由于在缫丝过程中直接测量生丝纤度是非常困难的,因而采用与生丝纤度有密切关系的其他物理量来作为测量对象,间接地控制生丝纤度。如茧粒数、摩擦力等,这些物理量在控制系统中叫作被控制量。选择茧粒数为被控制量的感知器称为定粒式;选择摩擦力为被控制量的感知器则称为定纤式。目前多采用摩擦力为被控制量的定纤式感知器。

2. 外扰　外扰是指外界条件对控制对象的控制量的干扰,就是使生丝纤度发生变化的因素,如中途落绪、自然落绪和茧丝纤度的变化等。

3. 测量元件和比较元件　测量元件用来测量被控制量的变化状况;将测量的结果与给定值比较,则是比较元件的任务。当测定结果不符合给定值时,比较元件即发出信号要求添绪。给定值是指在控制过程中希望达到的目标值,如规定的茧粒数或生丝细限纤度摩擦力。在纤度自动控制系统中,测量元件和比较元件构成生丝纤度感知器(简称感知器),是自动控制系统中的主要部件之一。

4. 放大元件　放大元件用来放大并传递由感知器发出的感知信号。在纤度自动控制系统中,放大元件是探索机构。探索机构定时地探索感知器发出的感知信号,一经探索到,就将信号放大并传递给执行元件。

5. 执行元件　执行元件的任务就是按探索机构传出的信号执行给茧添绪。在纤度自动控制系统中,执行元件就是给茧机。本书介绍的给茧机只起给茧作用,添绪机构被合并到探索机构中。能够添绪的探索机构也称为"探索添绪机构"。

生丝纤度自动控制系统为一个闭环系统。控制对象中被控制量因外扰而发生变化,经感知器测量,并与给定值比较后发出感知信号,再经探索机构放大而传递给作为执行元件的给茧机和添绪机构,进行给茧添绪。当控制量再发生变化时,又进行这样的循环。如此周而复始,达到自动控制生丝纤度的目的。

(二)生丝纤度控制机构

1. 生丝纤度控制机构的组成　自动缫丝机上的生丝纤度控制机构由感知器、探索机构和给茧机组成。由于机型不同,纤度控制机构也不相同。

　　飞宇2000型自动缫丝机的纤度控制机构的结构如图5-20、图5-21所示,感知器主要由短杠杆式定纤感知器6,集体调节杠杆9和链条10组成,探索机构与添绪机构连在一起由1、2、8、11~23及给茧机25等组成。

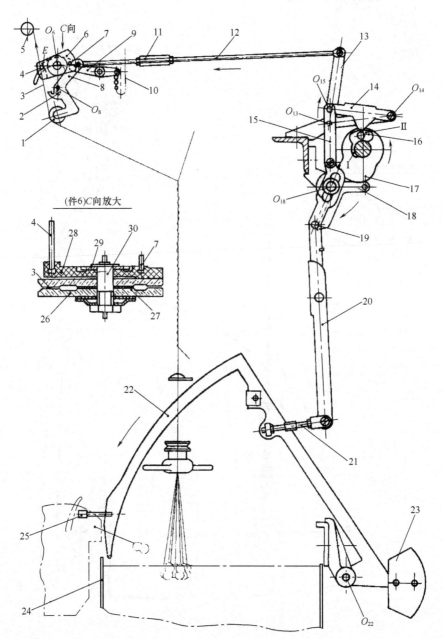

图5-20　生丝纤度控制机构(感知、添绪状态)

1—探索鼓轮　2—定位玻璃辊　3—生丝丝条　4—细限感知杆　5—定位鼓轮　6—定纤感知器　7—调节棒　8—探索片

9—集体调节杠杆　10—集体调节链条　11—探索调节杆　12—探索连杆　13—角形杠杆　14—从动板

15—添绪上拉杆　16—探索凸轮　17—添绪凸轮　18—添绪拨叉　19—添绪接触销　20—添绪下拉杆　21—添绪连杆

22—添绪杆　23—调节重锤　24—缫丝槽　25—给茧机　26—玻璃隔距片　27—隔距垫片　28—指示板

29—扇形调节锤　30—芯轴

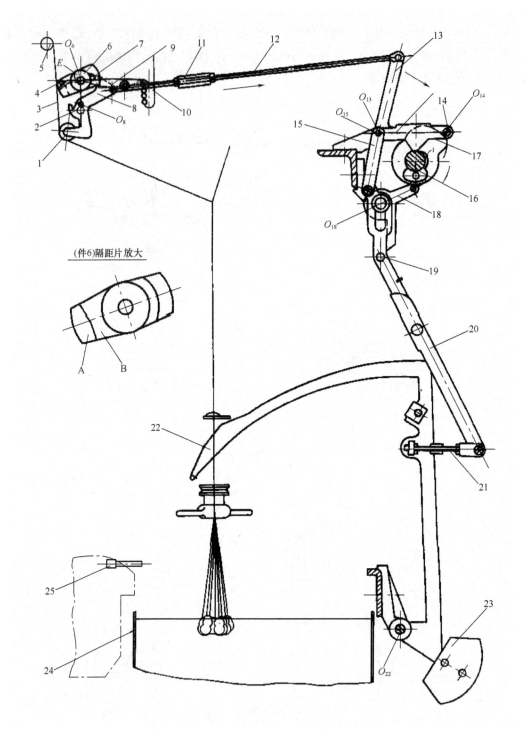

(件6)隔距片放大

图 5−21 生丝纤度控制机构(回复、待测状态)

A—隔距间隙工作面　B—隔距片的直通凹槽

1—探索鼓轮　2—定位玻璃辊　3—生丝丝条　4—细限感知杆　5—定位鼓轮　6—定纤度感知器　7—调节棒　8—探索片

9—集体调节杠杆　10—集体调节链条　11—探索调节杆　12—探索连杆　13—角形杠杆　14—从动板

15—添绪上拉杆　16—探索凸轮　17—添绪凸轮　18—添绪拨叉　19—添绪接触销　20—添绪下拉杆　21—添绪连杆

22—添绪杆　23—调节重锤　24—缫丝槽　25—给茧机

2. 对生丝纤度控制机构的要求   纤度控制机构的好坏,直接影响到生丝的产质量以及工人的劳动强度。对生丝纤度控制机构有以下一些要求。

(1)感知器必须灵敏、准确地反映生丝纤度的变化。要求生丝纤度变细到细限纤度时能迅速准确地发出感知信号。

(2)探索机构必须迅速传递感知信号,就要求探索周期(探索一次所需时间)尽可能地短,添绪杆下降和回复添绪的时间则尽可能地快。

(3)给茧机必须及时并准确无误地每次给出一粒茧子。

(4)机构简单,维修保养方便,不易损坏。

目前的生丝纤度控制机构只能控制细限,不能控制粗限,故属于单向控制。由于缫丝中的落绪和茧丝纤度从外层至内层逐渐变细,使生丝纤度自然变细,虽不能控制粗限,亦无多大影响。但要求每次添绪不超过一粒茧丝的粗细。

(三)感知器

在纤度自动控制系统中,感知器是主要部件之一。根据其被控制量的不同,可分为定粒感知器和定纤感知器。我国已不再生产定粒式自动缫丝机,后续不再做介绍。

当生丝纤度细到小于等于细限纤度时,能发出信号,要求给茧添绪的感知器,叫定纤感知器。目前生产上采用以摩擦力作为被控制量的隔距式感知器。由隔距玻璃片和感应杠杆组成。隔距玻璃片按形状不同,可分为圆形和矩形两种;感应杠杆按长短不同,分为长杠杆和短杠杆两种。

1. 感知原理   隔距式定纤感知器主要由隔距玻璃片、感应杠杆等组成。当丝条通过隔距间隙时,丝条与隔距间隙壁产生摩擦。生丝纤度粗,摩擦力大;生丝纤度细,摩擦力小。当生丝纤度细到一定值时,杠杆便下跌,发出要求添绪信号。添绪后,生丝纤度变粗,摩擦力增大到一定值时,杠杆便上升,添绪信号消失,从而起到了感知纤度的作用。其信号传递路径为:生丝纤度→生丝直径→摩擦力→杠杆角位移。

(1)细限纤度的确定。为了使缫制的生丝纤度在目标范围之内,且纤度偏差较小,自动缫必须根据茧丝纤度和生丝规格设计好细限纤度,且使所有用来检测的定纤感知器的细限纤度一致。细限纤度与生丝目标纤度的经验公式为:

$$S_{细} = S_{目标} - \frac{1}{2}S_{茧} + \delta \qquad (5-14)$$

式中:$S_{细}$——生丝细限纤度;

$S_{目标}$——生丝目标纤度;

$S_{茧}$——茧丝纤度;

δ——修正值。

修正值 δ 的修正范围为 $0.1 \sim 0.2$。解舒好,则修正值取得小些,反之取得大些。

(2)摩擦力与生丝纤度的关系。生丝纤度横截面近似呈圆形。生丝纤度越粗,生丝直径越大;反之越小。其关系式如下:

$$D = K\sqrt{S} \qquad (5-15)$$

式中:D——生丝直径,μm;

　　S——生丝纤度,旦;

　　K——系数,$K \approx 14.47$。

在缫丝过程中,丝条经过丝鞘后,含有大量的水分。这些水分,约有 40% 为丝条本身吸收,余下的 60% 就附着在茧丝之间或丝条表面。这样,丝条进入感知器并不是直接与玻璃片接触,而是有一层水膜与玻璃片接触,如图 5－22 所示,形成了丝条与玻璃片做相对运动的润滑层,具备了液体摩擦的条件。其摩擦力大小服从牛顿黏性定律:

$$F = \mu A \frac{dv}{d\lambda} \tag{5-16}$$

式中:F——摩擦力;

　　μ——水膜黏性系数;

　　A——丝条与玻璃片工作面接触面积,$A = 2LD$;

　$dv/d\lambda$——速度梯度。

根据式(5－15)、式(5－16)可得摩擦力与生丝纤度的关系式:

$$F = 2\mu L K \sqrt{S} \frac{dv}{d\lambda} \tag{5-17}$$

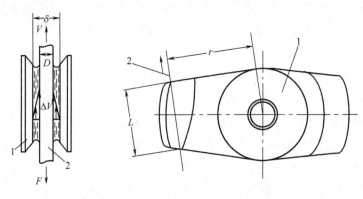

图 5－22　丝条与感知器相互作用的原理

1—玻璃片　2—丝条

(3)决定摩擦力 F 的因素。

①水膜黏性系数 μ。μ 随着温度升高而减小,因此,缫丝汤温度升高,μ 值下降,F 减小。另外,煮熟程度也影响 μ 值。

②丝条表面水膜层与隔距间隙内接触面积 A。A 值大小由丝条工作长度 L 和生丝直径 D 确定。故 L 和 D 增加,A 值增加,F 变大。

③速度梯度 $dv/d\lambda$。感知器中的缫丝速度、垫片厚度 δ、生丝直径 D 等因素均影响 $dv/d\lambda$。缫丝速度提高,δ 减小,D 增大,都使 $dv/d\lambda$ 值变大,摩擦力也增大。

由以上分析可知,摩擦力 F 与生丝直径,也就是生丝纤度有密切关系,生丝纤度粗,摩擦力大;反之则摩擦力小。同时,摩擦力还会因原料茧煮熟程度、缫丝汤温度、缫丝速度、垫片厚度、工作长度以及丝胶溶失率、丝鞘作用强弱等因素的变化而变化。所以,选用摩擦力作为控制对象,上述诸因素的任何变动,都会影响生丝平均纤度。一旦人们了解这些因素,采取相应的措施,就能使生丝平均纤度控制在允许范围内。另外,丝胶污物阻塞隔距间隙,也会影响摩擦力的测量。

2. 长杠杆式定纤感知器

(1)结构。其主要结构由隔距轮和感应杠杆组成。

①隔距轮:它主要由隔距片和垫片组成,如图5－23所示。隔距片是两块刻有圆槽的圆形玻璃片。垫片由薄铜片或尼龙薄膜制成。两隔距片之间的间隙大小等于垫片厚度。缫丝时丝条通过隔距间隙而运动,丝条与隔距片之间产生摩擦力。由于感知器的隔距片为圆形,它随丝条运动而做全回转,而且丝条始终在感知器内被测量,故此种形式叫作全回转圆形隔距式连续感知。

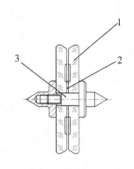

图5－23　隔距轮

1—玻璃隔距片

2—垫片　3—芯轴

②感应杠杆:如图5－24所示,由螺杆、保护片、重锤、弹簧、支轴、隔距轮支架、尼龙螺丝等组成。感应杠杆装在支架上,可以绕轴心转动。感应杠杆根据隔距轮测得的摩擦力矩的大小与给定值作比较,当生丝纤度细到细限纤度时,丝条通过隔距轮后产生的摩擦力矩小,隔距轮由上位转向下位,杠杆尾端由下靠山转向上靠山,从而发出感知信号。当生丝纤度大于细限纤度并达到一定值时,丝条通过隔距轮后产生的摩擦力矩大,隔距轮由下位转向上位,杠杆尾端离开上靠山而转向下靠山,感知信号消失。

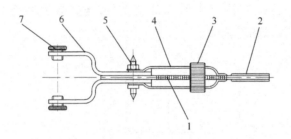

图5－24　感应杠杆

1—螺杆　2—保护片　3—重锤　4—弹簧　5—支轴　6—隔距轮支架　7—支承螺丝

(2)感知原理。其原理如图5－25所示,力对支点 O 产生的力矩主要分三种。

①丝条与隔距轮的摩擦力 F 所产生的摩擦力矩: $M_s = FL_1$ 。

②重力 W 所产生的重力矩: $M_W = WP\cos(\beta - \alpha)$ 。

③集体调节链条所产生的附加力矩: $M_g = Qh\cos(\phi - \alpha)$ 。

若支点 A 的摩擦阻力和上、下靠山对感应杠杆的黏滞力不计,则上、下靠山的平衡方程为:

a. 杠杆要离开下靠山而未离开时,丝条与隔距轮的摩擦力为 F_1 :

$$F_1L_1 = WP\cos(\beta - \alpha_1) - Q_1h\cos(\phi - \alpha_1) \qquad (5-18)$$

当 $FL_1 < F_1L_1$ 时,杠杆失去平衡,尾端转向上靠山,发出感知信号;当 $FL_1 > F_1L_1$ 时,杠杆稳定处于下靠山而无感知。

b. 杠杆要离开上靠山,而未离开时,丝条与隔距轮的摩擦力为 F_2 :

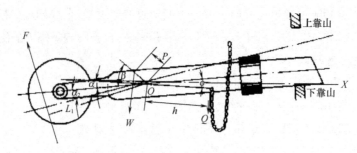

图 5-25　感应杠杆受力分析

F—丝条通过隔距间隙产生的摩擦力　L_1—丝条与 O 点之间的垂直距离　W—感知器的总重力

P—重心位置与 O 点之间距离　Q—集体调节链条所产生的附加力　h—调节链条作用点与 O 点之间距离

α—杠杆倾斜角, α_1 和 α_2 分别为杠杆处于下靠山和上靠山的倾斜角

β—感知器重心位置角　ϕ—调节链条作用点位置角

$$F_2L_1 = WP\cos(\beta - \alpha_2) - Q_2h\cos(\phi - \alpha_2) \tag{5-19}$$

当 $FL_1 < F_2L_1$ 时,杠杆稳定处于上靠山,等待添绪; $FL_1 > F_2L_1$ 时,杠杆离开上靠山而转向下靠山,要求添绪信号消失。

由上两式可看出,当摩擦力由大变小,小到小于细限纤度摩擦力时,隔距轮从上位跌到下位。当摩擦力由小变大到下位给定值时,隔距轮能从下位回复到上位。丝条摩擦力与感知器位置关系如图 5-26 所示。由于摩擦力与生丝纤度关系密切,因此缫丝时,生丝纤度由粗变细,细到小于细限纤度时,则隔距轮下跌,发出要求添绪信号,当添绪后,生丝纤度变粗,粗到一定值时,隔距轮就离开下位,添绪信号消失。

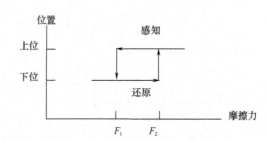

图 5-26　丝条摩擦力与感知器位置的关系

3. 短杠杆式定纤感知器

(1)感知器结构。如图 5-27 所示,它由指示板 6,细限感知杆 7,隔距垫片 3、4,隔距玻璃片,弹性垫圈 2,芯轴 9,特扁螺母 1 及扇形调节重锤 10 等组成。

隔距垫片 3、4 形成的间隙为 δ,感知器重心不通过芯轴 9 的中心而位于 D 点,故其本身具有一个绕芯轴 9 转动的重力矩。该重力距的大小,可以通过改变扇形调节重锤 10 对于指示板 6 的相对位置来调节。在指示板的尾端处装有调节棒 11。调节链条 13 的一端卷绕于链条座 14 上,另一端悬挂于调节杠杆 12 的 C 端,而调节杠杆的另一端与调节棒 11 相接触,对 B 点施加一个附加力 Q,使感知器受到一个附加力矩的作用。该附加力矩的大小,可通过改变调节链条的悬挂长度来调节。

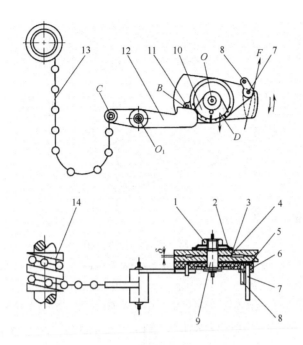

图 5 - 27 短杠杆式定纤感知器

1—特扁螺母　2—弹性垫圈　3、4—隔距垫片　5—塑料垫圈　6—指示板　7—细限感知杆
8—调节棒　9—芯轴　10—扇形调节重锤　11—调节棒　12—调节杠杆　13—调节链条　14—链条座

指示板 6 实为一短杠杆,在转动区间,重心位置 D 始终保持在水平线下方,故为短杠杆稳定平衡。在缫丝过程中,丝条间歇进入隔距间隙被检测,故称为短杠杆间歇感知隔距式感知器,简称短杠杆式定纤感知器。

(2)短杠杆式定纤感知器的感知原理。其原理如图 5 - 28 所示,力对支点 O 产生的力矩也分三种。

①丝条与隔距轮的摩擦力 F 所产生的摩擦力矩:

$$M_s = FL_2 \tag{5-20}$$

②重力 W 所产生的重力矩:

$$M_W = WP\cos(\theta + \alpha_1) \tag{5-21}$$

③集体调节链条所产生的附加力矩:

$$M_g = bqrh\cos\alpha_1 \tag{5-22}$$

④感知器支承 O 处的摩擦力距:m_0。

当丝条在感知器外面时,感知器在重力距和附加力距的作用下,其细限感知杆 A 紧靠 A_1 位置,即处于待检状态。

当丝条进入感知器间隙检测时:

①若生丝纤度 $S = S_1$,相应的摩擦力 $F = F_1$,即细限摩擦力距 $M_S = FL_2 = F_1 L_2$(调节链条的有效长度为 b_1,附加力 $Q_1 = b_1 qr$),正好满足下列等式时,则感知器细限感知杆 A 刚好在 A_1 位置保持平衡,感知器发出感知信号。此时,S_1 称为细限纤度,相应的摩擦力 F_1 称为细限摩擦力。

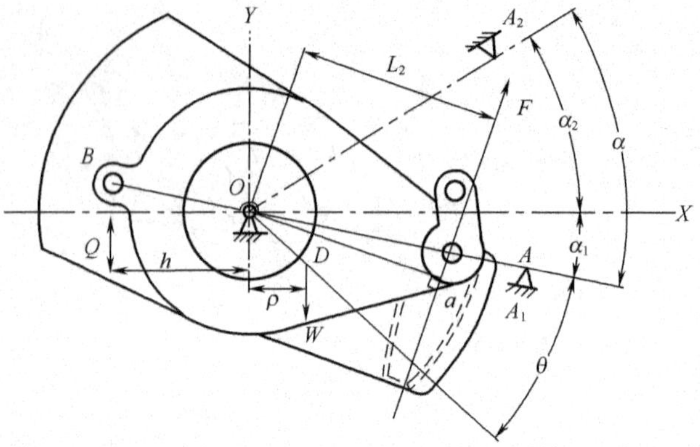

图5-28 短杠杆受力分析

F—丝条通过隔距间隙产生的摩擦力　L_2—丝条与 O 点之间的垂直距离　W—感知器的总重力(重心在 D 点,
位于水平线下方)　Q—调节链条通过调节杠杆作用在感知器 B 点上的附加力($Q = bqr$,其中 b 为调节链条的有效长度,
q 为调节链条单位长度的重量,r 为图5-27 中的调节杠杆 CO_1 与 BO_1 之比)　h—调节链条作用点与 O 点之间距离
ρ—感知器重心与 O 点之间距离　α—感知转动区间(从 A_1 到 A_2)　α_1 和 α_2 分别为杠杆处于下靠山和上靠山的倾斜角
θ—感知器重心位置角

$$F_1 L_2 = WP\cos(\theta + \alpha_1) + b_1 qrh\cos\alpha_1 + m_o \tag{5-23}$$

②当生丝纤度 $S < S_1$,相应的摩擦力 $F < F_1$,即 $FL_2 < F_1 L_2$ 时,丝条拉不起感知器,在细限感知杆 A 紧靠 A_1 位置,感知器发出感知信号。

③当生丝纤度 $S > S_1$,相应的摩擦力 $F > F_1$ 时,即 $FL_2 > F_1 L_2$ 时,丝条拉起感知器,由细限感知杆 A 离开 A_1 位置向 A_2 方向转动,感知器不发出感知信号。

(3)短杠杆式定纤感知器的特点。

①采用平衡短杠杆形式,抗外扰能力强,工作稳定可靠,不会因机器振动等外扰而离开感知位置。

②采用间歇检测、感知,可减少丝条与隔距片工作面接触时间,有利于提高丝条的圆整度,且可延长隔距片的工作寿命。

③隔距片工作面内侧开直通凹槽,与间歇检测感知相结合,具有减少丝胶污物积聚在隔距片工作面上的作用。

④定纤感知器在待测状态时,细限感知杆始终处于下位感知信号位置,丝条进入感知器,若生丝纤度小于细限纤度,则立即感知发出信号,使感知器发出信号滞后时间等于零。

4. 工艺性能分析

(1)及时性。感知器的及时性与生丝纤度有着密切的关系,描述及时性的工艺参数是感知时间 T_g 和还原时间 T_h。感知时间 T_g 由丝条要求添绪到感知器收到信号的时间 T_{g1} 和收到信号发出添绪信号的时间 T_{g2} 组成,见式(5-24)。还原时间 T_h 由丝条经添绪后大于下位给定值到感知器收到信号的时间 T_{h1} 和收到信号到感知器消失添绪信号的时间 T_{h2} 组成,见式(5-25)。

$$T_g = T_{g1} + T_{g2} \tag{5-24}$$

$$T_{h} = T_{h1} + T_{h2} \tag{5-25}$$

$$T_{g1} = T_{h1} = 60\frac{L_3}{\upsilon} \tag{5-26}$$

式中：L_3——感知器到接绪器之间的丝长，m；

　　　υ——缫丝线速度，m/min。

由于机器一旦定型，L_3 是一定的，因此 υ 越高，T_{g1} 和 T_{h1} 就越小。T_{g2} 和 T_{h2} 的大小与感知器的灵敏度和滞后性有关。

①灵敏性：由于缫丝中的纤度和感应杠杆的细限纤度摩擦力、下位给定值目前无法测量，故灵敏性只好用下面现象来判断：调整绪下茧粒数到感应杠杆下跌时，添上最后掏下的一粒茧，看感应杠杆是否还原；待还原后，重新掏下添上的那粒茧（茧层厚薄程度相同的也可以），看感应杠杆是否又下跌，若能还原又能下跌，且速度快，则灵敏性好。

②滞后性：感知的滞后性是指发出或取消信号的时间。

（2）正确性。当缫丝工艺条件改变，使摩擦力增大时，生丝纤度趋向偏细，反之则生丝纤度趋向偏粗。

5. 纤度调节　实际生产中，各种因素都在变化，即细限纤度摩擦力相同，生丝纤度也会随工艺条件的变化和感知器之间技术特征值的差异而变化。因此，为使细限纤度比较一致，且缫制的生丝纤度在目标范围之内，纤度偏差较小，必须设置纤度调节装置，即调节细限纤度摩擦力。

纤度调节方法分个别调节与集体调节两种。个别调节则调节重力矩，即改变感知器的重心位置；集体调节则调节链条有效长度，即改变附加力矩。

（1）长杠杆式定纤感知器的纤度调节。

①纤度个别调节。调节方法：当生丝纤度偏粗时，感应杠杆上的调节螺母（重锤）向后（尾端）移，使重力矩减小、重心后移，感知器不易下跌发出信号，使生丝纤度趋细；当生丝纤度偏细时则相反，由于螺母移动在每只感知器上进行，故这种调节方法称个别调节。当个别绪头不正常时，在其他原因排除的情况下，必须进行纤度个别调节。

②纤度集体调节。调节方法：当生丝纤度偏粗时，放长调节链条的有效长度，附加力矩增大，当生丝纤度偏细时则相反。

（2）短杠杆式定纤感知器的纤度调节。

①纤度个别调节。通过扇形调节重锤 10 相对于指示板 6 刻度位置的变化，改变感知器重心位置（图 5-27）。当生丝纤度偏粗时，扇形调节重锤顺时针方向转动，使细限重力矩减小；当生丝纤度偏细时则反之。

②纤度集体调节。调节方法：当生丝纤度偏粗时，缩短调节链条的有效长度，使附加力距减小；当生丝纤度偏细时则反之。

在一组自动缫丝机的两侧各设有一套集体调节装置，由于调节时每侧所有感知器的调节链条同时放长或缩短故称集体调节链条。当缫丝工艺条件改变而影响整组缫丝机的纤度时，如车速、缫丝汤温度等发生变化时，必须进行集体调节。

综上所述，凡某绪由于机械因素而使生丝纤度发生变化时，则采用个别调节；凡工艺条件改变而影响整组缫丝机的纤度时,则采用集体调节。

(四)探索机构

1. 探索机构的作用与工作要求

(1)探索机构主要作用。

①探索作用:按一定周期探索感知器有无感知信号。

②传递作用:将探索到的感知信号经过放大转变为要求添绪信号,并传递到给茧机。

(2)探索机构的工作要求。

①传递信号要及时准确,不影响添绪和感知的工艺效果。

②与给茧机的配合要协调,以保证给茧机及时、准确地给茧(添绪)。

③对感知器和给茧机的作用力要小,不影响它们的性能。

2. 探索机构及工作原理 探索机构按给茧、添绪形式可分移动给茧移动添绪、移动给茧固定添绪、固定给茧固定添绪三种类型,我国自动缫丝机现都采用移动给茧固定添绪的形式,故本书只介绍该形式的探索机构及工作原理。

探索机构如图 5-29 所示,由探索鼓轮 1、探索片 8、定位玻璃辊 2、探索连杆 12、探索凸轮 16 等部件组成。其中,探索凸轮 16 由 I 和 II 组成,并和添绪凸轮 17 固装于凸轮轴上。

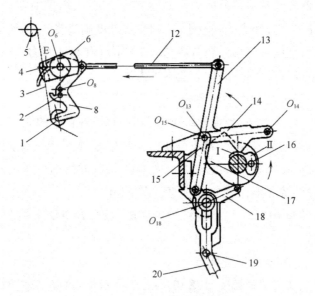

图 5-29 探索机构的探索检测状态

1—探索鼓轮 2—定位玻璃辊 3—生丝丝条 4—细限感知杆 5—定位鼓轮
6—短杠杆式定纤感知器 8—探索片 12—探索连杆 13—角形杠杆 14—从动板 15—添绪上拉杆
16—探索凸轮 17—添绪凸轮 18—添绪拨叉 19—添绪接触销 20—添绪下拉杆

生丝纤度的检测,是通过丝条间歇进、出感知器的隔距间隙来实现的。如图 5-30 所示,当生丝被探索鼓轮 1 推出隔距轮的外侧时,感知器就因自身重力的作用,绕轴心 O_6 沿逆时针方向转动,使细限感知杆 4 处于下位。

(1)探索不感知、不要求添绪:如图 5-29 所示,探索凸轮 16 先由 I 推动从动板 14,再带动角形杠杆 13 绕支点 $O_{13}(O_{15})$ 沿箭头方向摆过一个角度,探索片 8 在探索连杆 12 传动下,也绕支点 O_8 摆过一个角度,使其缺口 E 接近细限感知杆 4;同时由探索鼓轮 1 将丝条引入到隔距间隙工作面 A(图 5-21)中被检测。若生丝纤度大于细限纤度,感知器就绕轴心 O_6 沿顺时针方向转动,使细限感知杆 4 离开下位不感知,如图 5-30 所示,探索凸轮的 Ⅱ 继续推动从动板 14 传动探索片 8 继续绕 O_8 摆动,由于其缺口 E 不与细限感知杆 4 相接触,故其摆动畅通无阻,而丝条进入到隔距片的直通凹槽 B 中;同时,添绪凸轮 17 也推动添绪拨叉 18 绕 O_{18} 沿箭头方向摆动,这时不与添绪接触销 19 相接触,故其摆动也畅通无阻,不要求添绪。最后,探索、添绪凸轮 16、17 均转完凸轮曲线部分,各机构作回复运动,丝条也由探索鼓轮 1 从隔距片直通凹槽 B 经工作面 A(图 5-21)推出至感知器外侧,处于待测状态。

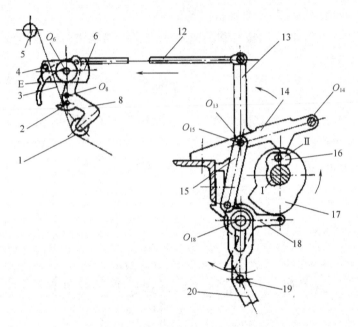

图 5-30　探索机构的不感知、不添绪状态

(图中代号名称同图 5-29)

(2)探索感知、要求添绪:如图 5-29 所示的探索过程中,若生丝纤度小于细限纤度,感知器不动,使细限感知杆 4 处于原位不动、发出感知信号,由探索凸轮 16 的 Ⅱ 推动从动板 14,再带动角形杠杆 13 传动探索连杆 12,使探索片 8 继续绕支点 O_8 摆动,由于缺口 E 卡住了细限感知杆 4,故摆动受阻,于是,从动板 14 在探索凸轮 16 的 Ⅱ 的推动下,不能带动角形杆杆 13 摆动。而以两端的铰接点 O_{14} 为中心,沿顺时针方向转动一角度,在铰接点 O_{15} 处带动添绪上拉杆 15 和添绪下拉杆 20 上升,其上的添绪接触销 19 也随之上升。此时,被添绪凸轮 17 推动着的添绪下拉杆 20 绕支点 O_{18} 摆动,由添绪连杆 21 传动添绪杆 22 绕支点 O_{22} 下降,发出要求添绪信号,同步到达给茧机 25 的感受杆碰撞了添绪杆 22,使给茧机捞爪抛出一粒茧子,绪丝挂于添绪杆 22 上,添绪杆 22 在重锤 23(图 5-21)的重力作用下回复添绪。

从上述工作原理中可知,探索机构必须与给茧机密切配合,否则添绪杆打下时:一是给茧机上感受杆已移过添绪杆的位置,因而不能起到给茧添绪的作用;二是给茧机未到,要么添绪杆打下等待时间过长,增加失添时间;要么添绪杆复位,感受杆未能碰上;要么添绪杆虽然碰上,却来不及给茧。这些都不能起到给茧添绪的作用。所以,要保证给茧机既能收到信号又要减少失添时间,必须满足下列条件。

①同步设计。即设计时,探索周期 T_t 与给茧周期 T_e(又叫给茧时间间隔)相等,使失添时间缩短。

$$探索周期 T_t = \frac{60}{n} \tag{5-27}$$

式中:n——每分钟探索次数,就是探索轴转速;r/min。

$$给茧周期 T_e = \frac{S}{v} \times \frac{60}{1000} \tag{5-28}$$

式中:v——给茧机移动速度,m/min,

S——对同一绪能进行给茧的给茧机间隔距离,mm。

所以设计时,探索轴转速 n、给茧机移动速度 v、对同一绪能进行给茧添绪的给茧机间隔距离 S 之间必须满足下列等式:

$$n = \frac{v}{S} \times 1000 \tag{5-29}$$

②同步配合。每相邻两凸轮之间的相对位置要相差一个角度 θ,使给茧机每到达一个绪头,探索凸轮处于使添绪杆打下的位置,保证给茧机收到信号。所以探索凸轮安装时,要以探索轴上的第一凸轮为基准,按下式所求得的角度差值,顺次安装其他凸轮,如图 5-31 所示。

$$\theta = \frac{L_4}{S} \times 360° \tag{5-30}$$

式中:L_4——绪距,mm。

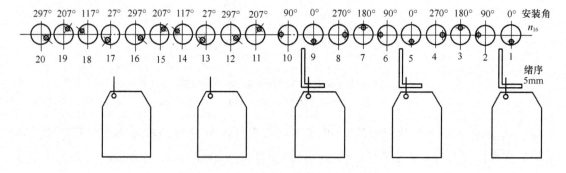

图5-31 探索添绪凸轮安装位置

(五) 给茧机

1. 给茧机的工艺要求 给茧机是自动控制系统中的执行元件,相当于人的双手,完成给茧添绪工作。缫丝工艺上对给茧机提出以下要求。

(1) 给茧添绪及时,绪间及时性差异小。

(2) 给茧添绪正确,每添一次总是一粒,绪间正确性差异小。

(3) 在提高给茧添绪的正确性、及时性的基础上,减少屑丝量,防止产生无绪茧,有利于正绪茧的新陈代谢。

（4）便于挡车工人操作,便于做清洁工作,适应索理绪机自动加茧的需要。

2.给茧机的形式、结构及工作原理

（1）给茧机形式。根据给茧机给茧、添绪的方式有以下3种给茧机形式。

①移动给茧、移动添绪式给茧机。给茧机沿缫丝部等速运行,根据要求添绪的信号,由安装在给茧机上的添绪机构进行给茧添绪操作。

②固定式给茧机。每一绪装一只固定式给茧机,添绪杆与探索凸轮相连。茧子由送茧盒定时进行补给。

③固定添绪、移动给茧式给茧机。添绪杆与探索机构相连,探索机构放大的添绪信号由添绪杆传递,经移动式给茧机给茧后,利用添绪杆回复原位将绪丝交给接绪器。

固定式给茧机添绪能力较高,失添时间较短,有利于提高生丝质量,但与移动式给茧机相比增加了一次正绪茧的交接,使机构复杂,而且容易增加无绪茧和蓬糙茧。

移动给茧、移动添绪式给茧机具有给茧和添绪双重功能。这种给茧机的机械结构复杂,维修保养不便;添绪能力较低,难以适应高速缫丝;给茧机位置较高,遮挡缫丝槽,妨碍缫丝工人操作,并容易产生拖横丝现象,对提高劳动生产率不利。但使用这种给茧机,可使探索机构大为简化,有利于缫丝机的维修保养,且给茧添绪效率比较稳定。

固定添绪、移动给茧式给茧机,添绪能力较高,有两只捞茧爪,在移动过程中对每绪都做出给茧动作。

（2）固定添绪移动给茧式给茧机如图5-32所示。

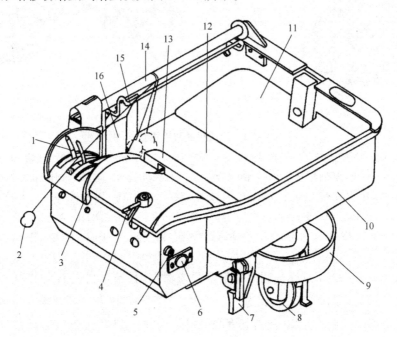

图5-32 给茧机

1—捞茧爪 2—正绪茧 3—捞茧导轨 4—感受杆 5—捞茧控制杆 6—捞茧轴 7—驱动爪 8—后导轮 9—推送板
10—给茧盒 11—后振动板 12—前振动板 13—捞茧口左挡板 14—绪丝卷绕杆 15—拦茧杆 16—捞茧口右挡板

由缫丝机中传动链条上的驱动板推动给茧机上的驱动爪 7,使给茧机平行于缫丝槽运行。给茧机运行到转向部理绪机的自动加茧处时,暂时脱离链条上的驱动板而停止运行,由自动探量机构发出信号,自动加茧机构按需自动加茧后,在后面一只给茧机的推送下向前移动,继续由链条传动运行。与此同时,电热丝切断绪丝,由绪丝卷绕杆 14 卷取切断后的绪丝,完成加茧动作。

当感知器发出添绪信号,探索机构中的添绪杆打下时,图 5 - 32 中感受杆 4 受阻产生转动通过添绪杆的同时,推开捞茧控制杆 5,使捞茧轴 6 传动捞茧爪 1,将正绪茧 2 从给茧盒 10 中沿捞茧导轨 3 抛出,落入缫丝槽,完成给茧,然后由添绪杆添绪。

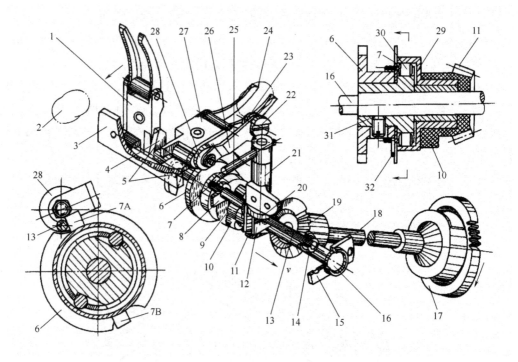

图 5 - 33　给茧机的双爪捞茧机构

1—捞茧爪　2—正绪茧　3—捞茧爪支架　4—捞茧双头凸轮　5—捞茧爪复位销　6—定位凸轮

7—定位片　8—捞茧控制杆支架　9—超越离合器　10—前振动板凸轮　11、19—圆锥齿轮　12—槽轮

13—捞茧控制杆　14—捞茧控制杆支承　15—捞茧轴支架　16—捞茧轴　17—圆柱齿轮　18—捞茧主轴

20—偏心盘　21—支架　22—芯轴　23—扭簧　24—备茧　25—感受杆　26—压轮支架

27—捞茧爪　28—压轮　29—超越离合器外壳　30—滚子　31—爪轮　32—扭簧

捞茧原理如图 5 - 33 所示。当添绪杆下降要求添绪时,给茧机向箭头方向运行,装在支架 21 上的感受杆 25 碰撞了添绪杆,就转过一个角度,与感受杆 25 相固联的偏心盘轴及偏心盘 20 也同向转过一个角度。偏心盘 20 及与其固联的捞茧控制杆 13 沿给茧机运行方向移动,其头端脱离定位片 7,于是在扭簧 32 的作用下,滚子 30 压紧超越离合器外壳 29,就由圆柱齿轮 17 传动圆锥齿轮 19、11,带动离合器外壳 29、滚子 30、爪轮 31,使固联在爪轮 31 捞茧轴 16 转动,捞茧轴 16 上的双头凸轮 4 就推动捞茧爪(1 或 27)进行捞茧运动,将正绪茧 2 抛出。捞茧爪靠双头

凸轮 4 上的复位销 5 还原。另外,由于感受杆 25 通过了添绪杆,捞茧控制杆 13 即回复到抵住定位片 7 的位置,使完成一次捞茧运动后捞茧轴 16 停转。图 5 - 32 中,盛在给茧盒 10 内的茧子,由于后振动板 11 的振动而向前移动,依次进入捞茧口。前振动板 12 的振动、消除茧子重叠和挤压现象,便于茧子依次进入捞茧口,同时也有分离无绪茧的作用。

3. 给茧机参数

(1)添绪特性系数 f。给茧机的添绪特性系数,是指给茧机移过各绪头时按各探索机构发出的要求添绪信号,能够进行连续添绪的能力。

能连续对每绪都做出给茧动作的叫绪绪添给茧机,$f = 0$;添绪后要隔一绪才能给茧的叫隔绪添给茧机,$f = 1$。

(2)理论添绪能力 L_0。理论添绪能力指给茧机在 1 min 内对一台车(20 绪)所具有的最大添绪次数[次/(台・mm)]。

$$L_0 = K_1 \times K_2 = \frac{60}{T_e} \times \frac{20}{1 + f} = 1200 \times \frac{1}{T_e(1 + f)} \tag{5 - 31}$$

式中:K_1——每分钟内通过每绪的给茧机只数;

K_2——一只给茧机通过 20 绪所能添绪的次数;

T_e——给茧机间隔周期,s;

f——添绪特性系数。

给茧机理论添绪能力高,则能缩短失添时间。由式(5 - 28)可知,减小给茧机间隔周期和添绪特性系数,即可提高理论添绪能力。

4. 给茧机效率

(1)给茧机效率计算。

①给茧添绪总效率:感知器发出要求添绪信号后,在一个给茧周期内添上一粒茧的概率。

$$给茧添绪总效率 = \frac{正确添绪次数}{添绪杆下降次数} \times 100\% \tag{5 - 32}$$

②给茧机有效率:正常给茧机只数占额定给茧机只数的百分比。

$$给茧机有效率 = \frac{捞茧总次数}{添绪杆下降次数} \times 100\% \tag{5 - 33}$$

给茧机感受杆与添绪杆接触后,给茧机就进行捞茧操作即给茧,给茧机在给茧过程中会出现以下 4 种情况:不捞、空捞、单捞(捞到一粒茧,其一粒茧可以是正绪茧也可以是无绪茧和蓬糙茧)、多捞(捞到 2 粒茧或 2 粒茧以上的)。其中不捞的给茧机为不正常的给茧机,其余的均属正常的给茧机。即捞茧总次数是指空捞、单捞、多捞次数之和。

③捞茧效率:捞茧机构捞到一粒茧的概率。

$$捞茧效率 = \frac{捞到一粒茧的次数}{捞茧总次数} \times 100\% \tag{5 - 34}$$

④添绪效率:捞到一粒茧的给茧机能添上一粒正绪茧(即正确添绪)的概率。

$$添绪效率 = \frac{正确添绪次数}{捞到一粒茧的次数} \times 100\% \tag{5 - 35}$$

给茧机感受杆与添绪杆如配合不好还会产生拖头茧,因此,正确添绪次数就等于单捞次数减去单捞中的无绪茧、蓬糙茧、拖头茧的粒数之和。

⑤给茧添绪总效率与给茧机有效率、捞茧效率、添绪效率的关系：

$$给茧添绪总效率 = 给茧机有效率 \times 捞茧效率 \times 添绪效率 \tag{5-36}$$

测定方法可用定机测定法，也可用定绪测定法，计算公式一样。添绪效率不仅与给茧机、接绪器有关，还与被添茧是否为正绪茧有关。

（2）影响给茧机效率的因素。

①给茧机有效率：为提高给茧机有效率，在设计制造时，要求机构进一步简化，工作可靠，机件耐用；使用时要做好维修保养工作，发现故障及时换下检修。平时应有必要的备品、备件及备用给茧机，力争缫丝机上的给茧机有效率为100%。

②捞茧效率：给茧盒内水位高低、捞茧口大小、振动板振动频率高低、给茧盒大小和绪丝卷绕快慢等因素，对捞茧效率均有影响。

a. 水位。如水位过低，茧子不能向前移动进入捞茧口，空捞增加；如水位过高、茧子易涌入捞茧口，增加双捞。一般以盒内有绪茧直立而略带倾斜，在茧子进入捞茧口时不相互重叠、挤压为原则，水位高度约等于茧的平均长度。因茧型大小不一，水位需有可调性。

b. 捞茧口。如捞茧口大，容易进入两粒，双捞多；如捞茧口小，茧子不易进入，空捞多。由于茧型大小不一，捞茧口也应具有可调性。

c. 振动板振动。振动频率高，振幅大，有利于消除茧子重叠和挤压现象，减少空捞，提高捞茧效率，但易增加无绪茧和蓬糙茧，这是由于茧子之间做相对运动产生摩擦现象造成的；当盒内茧量减少时，频率高，振幅大，会使茧子在捞茧口做徘徊运动，增加空捞，降低捞茧效率。

d. 给茧盒大小与茧量多少。如给茧盒大，茧量少，易产生空捞；如给茧盒小，茧量多，则易产生双捞。两者均会使捞茧效率降低。给茧盒内茧量过多，也会产生捞茧口茧子挤压重叠现象，不仅增加空捞，而且盒内茧子新陈代谢不良，影响解舒，使绪丝卷绕杆上绪丝量增多，增大缫折。一般茧量占盒内平铺面积的三分之二左右时，捞茧效率最高。必须注意给茧机运行至缫丝机一侧靠近分离机的一台车时，茧盒内茧量不宜过少，否则就会使同一组车不同台的给茧正确性不一样，造成台间差异，增大台间生丝纤度偏差，影响生丝质量。

e. 绪丝卷绕。卷绕速度快，能提高捞茧效率，但会增大缫折；卷绕速度慢，则缫折减小，而空捞却增加。为此，绪丝卷绕机构一般均采用间隙式。飞宇2000型自动缫丝机的给茧机，是在绪丝卷绕杆擦轮接触擦板时才卷绕绪丝，不接触擦板时不卷绕。

③添绪效率：添绪效率与被添茧质量、感受杆与添绪杆的相对位置有关。

a. 被添茧质量。被添茧中正绪茧比例高的，添绪效率就高，反之则低。正绪茧比例受车头加入给茧机中茧子情况和人工操作的影响。此外还与给茧机振动板振动频率、振幅和捞茧速度等有关。要求给茧机在振动和绪丝卷绕中，能分清有绪茧和无绪茧，进入给茧口的为有绪茧，处于后面的无绪茧可由人工或机械手拾出，以提高添绪效率。

b. 感受杆与添绪杆的相对位置。添绪杆与给茧机的感受杆若配合不当，就会产生拖横丝等现象，从而影响添绪效率。添绪杆与给茧机的感受杆应严格保持同步，使茧子能准确地从添绪杆的上方抛入缫丝槽，绪丝能准确地挂上添绪杆实行绪丝的有效交接，以提高添绪效率。

二、接绪

接绪器的结构如图5－34所示,由接绪翼芯(回转芯子)1和接绪翼(回转翼)2组成。接绪翼芯1固定在百灵台5上的接绪翼座3,接绪翼套在接绪翼芯上,由传动带4的摩擦传动而回转,如图5－35所示。

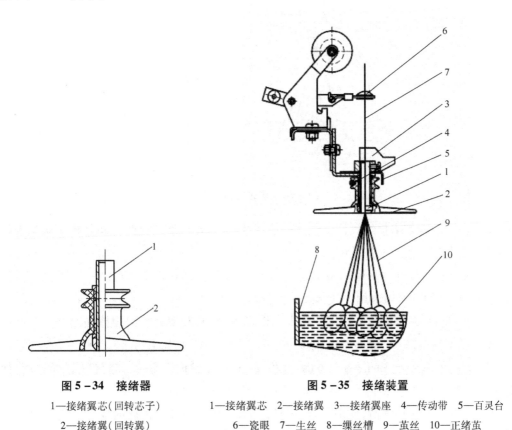

图5－34　接绪器

1—接绪翼芯(回转芯子)

2—接绪翼(回转翼)

图5－35　接绪装置

1—接绪翼芯　2—接绪翼　3—接绪翼座　4—传动带　5—百灵台

6—瓷眼　7—生丝　8—缫丝槽　9—茧丝　10—正绪茧

接绪器的接绪原理,可由图5－36来说明。图中T_R是茧丝握持点(添绪杆与丝条的接触点)到e点一段茧丝上所受的张力,F_T是e点到茧丝离解点之间的张力,F_e是接绪翼对丝条e点的作用力。这三个力在水平面上的分力可分解为切向力$F_切$和法向力$F_法$。切向力使丝条做切向运动,法向力使丝条移向接绪翼中心。这样,当e点的丝条跟着接绪翼运动时,e点上方的丝条,因被握住而被切断,e点下面的茧子受到水的阻力而离解茧丝。离解出来的茧丝随接绪翼的回转而卷绕在绪丝群上一起向上运动,依靠丝胶粘附而并入缫制的丝条中,从而完成接绪动作。

接绪时应注意以下几点。

(1)绪丝一定要与接绪翼接触,绪丝握持点要靠近接绪器中心,使被添茧丝迅速向中心移动进行卷绕粘附,而且切断的绪丝头也短,一般要求小于3mm。如切端过长,粘附的绪丝容易形成松散的螺旋状。

(2)接绪时间与接绪翼转速有关。接绪翼转速快,绪丝卷绕粘附也快,接绪时间短,易产生

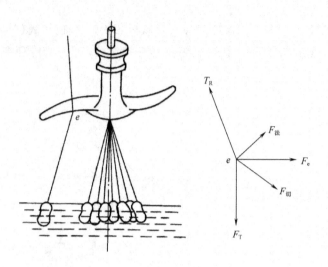

图 5 – 36　接绪受力分析

松散的添绪。自动缫丝机接绪翼回转速度一般在 950r/min 以上。接绪时间是指绪丝送至接绪器到绪丝被接上丝条为止所需的时间,一般为 0.2~0.3s。

(3)接绪器回转速度提高后,e 点的法向力 $F_{法}$ 不足以克服离心力,丝条易从接绪翼上滑出,失去接绪能力。因此,必须采用曲线状接绪翼,以提高接绪效率。

(4)接绪翼芯有聚合茧丝的作用。要求制作材料坚硬,孔壁光滑以免擦伤丝条。自动缫丝机上一般采用不锈钢芯子。芯子的端部要有"快口",一方面有利于切断 e 点到卷绕粘附点之间的绪丝,使绪丝头不大于 3mm;另一方面,在发生吊蛹、吊糙时,"快口"能起"掐"的作用,使吊蛹、蓬糙茧下落,防止扩大故障。飞宇 2000 型芯子的孔径为 8mm。

(5)回转带要求回转圆滑,质地柔软,不易伸长、耐用。回转带回转时要有一定的松紧度和适当的摩擦力,使接绪翼保持正常的回转速度。回转带一般采用橡胶带、尼龙带等。

第五节　集绪和捻鞘

缫丝中绪下茧的绪丝通过接绪翼芯后,还不能直接卷绕在小篗上。其主要有以下三方面原因。

第一,通过接绪翼芯的多根茧丝,相互间粘结松散、未能紧密抱合,这样的丝条强力差,容易分裂。

第二,丝条上含有大量水分,若直接卷绕成形,不仅不易烘干,影响丝色,而且丝胶相互胶着形成硬胶丝片,复摇时丝条不易退绕,容易造成切断。

第三,丝条上不可避免地会出现各种颣节,这些颣节应尽可能在卷绕之前除去。

为解决上述问题,须把通过接绪翼芯的丝条,经集绪器和丝鞘作用,再卷绕成形。

一、集绪器

集绪器又称瓷眼,用瓷料制成,圆形,中心有一小孔,如图5-37所示。其作用是集合绪丝、防止颣节、减少丝条水分和固定丝鞘位置。

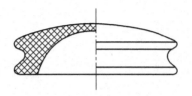

图5-37 集绪器剖面图

集绪器孔径的大小及孔壁的光滑程度,对操作和生丝质量均有很大影响。孔径大,对操作和产量虽较有利,但颣节增加,丝条上附着水分多,抱合不良;孔径过小,则操作困难,丝条故障多,停篗率高,影响产量。孔壁光滑,有利于提高强度和洁净;孔壁毛糙,则反之。缫制不同规格的生丝,须选择不同孔径的集绪器,见表5-4。一般认为,集绪器孔径以生丝直径的2.5倍左右较为恰当。有时为了提高生丝清洁成绩,孔径还可选择小些,但孔壁必须光滑。

表5-4 集绪器孔径

生丝规格[旦(dtex)]	生丝直径 （μm）	集绪器孔径 （μm）	集绪器孔径为生丝 直径的倍数
13/15(14.4/16.6)	54.14	125~162	2.3~3.0
20/22(22.2/24.4)	66.31	153~212	2.3~3.2
40/44(44.4/48.8)	93.77	281~328	3.0~3.5

集绪器与接绪翼芯的距离为40~65mm,放置时必须平正,与接绪翼芯眼孔对直,以减少对丝条的摩擦。

集绪器的安置方式有正置(凸面向上)和反置(凹面向上)两种。正置时,能很好地除去水分,但被颣节和屑丝堵塞时不易除去;反置时,操作比较方便,但因水分集聚在凹面内,丝条上附着水分多,不易干燥。

随着缫丝技术的进步,目前的集绪器已经向多品种方向发展。免穿瓷眼、导入式集绪器等已在多家缫丝企业得到推广。

二、丝鞘

如图5-38所示,丝鞘2是由丝条通过集绪器1,绕经上鼓轮4、下鼓轮5,利用丝条本身前后段相互捻绞,再引过定位鼓轮3而成的。集绪器1和定位鼓轮3有固定丝鞘位置的作用,上、下鼓轮用以改变丝条运动的方向。要求鼓轮质轻(多为塑料制品)、运转灵活、表面光滑,以免擦伤丝条和由于增大缫丝张力而影响生丝强伸力。鼓轮的安装应使其中心与集绪器1、定位鼓轮3的中心处于同一垂直面内,以免鼓轮框擦着丝条,还要求鼓轮便于挡车工操作和清洁工作。

丝鞘的作用是发散水分,增强抱合及除去部分小纇。这是由于通过丝鞘的两段丝条高速回转、相互挤压和摩擦的结果。

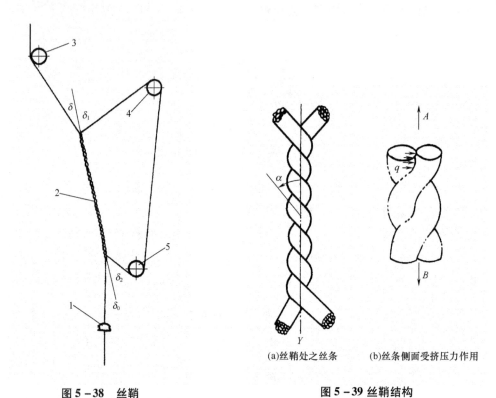

图 5 – 38　丝鞘

1—集绪器　2—丝鞘　3—定位鼓轮　4—上鼓轮　5—下鼓轮

图 5 – 39　丝鞘结构

(a)丝鞘处之丝条　　(b)丝条侧面受挤压力作用

通过丝鞘的两段丝条,其中每一段都呈螺旋形曲线,如图 5 – 39(a)所示。缫丝中,丝条绕丝鞘轴线做螺旋运动,其平均转速可用下式求得:

$$n = \frac{v\sin\alpha}{2\pi r} \times 10^6 \tag{5 – 37}$$

式中:n——丝条绕丝鞘轴线的平均转速,r/min;

　　　v——缫丝速度,m/min;

　　　α——丝鞘的捻角;

　　　r——丝条的半径,μm。

由上式可知,丝条绕丝鞘的平均转速随缫丝速度和丝鞘捻角的增大而增大,随丝条半径的增大而减小。如缫制 20/22 旦(22.2/24.4dtex)生丝,生丝平均半径约为 33.3μm,捻角为 12°,缫丝速度为 67m/min,则按上式算得丝条绕丝鞘轴线的平均转速约为 6.7×10^4 r/min。这样的高速回转,产生的离心力很大,使丝条所含水分得以发散。此外,丝条间相互摩擦和挤压,对发散水分也起着重要的作用。丝鞘与小籰丝片回潮率关系见表 5 – 5。转换成图 5 – 40 可以看出:开不开烘丝管,小籰丝片回潮率均随丝鞘长度的增加和捻数的增多而逐渐减小,而且从直鞘到捻鞘数为 1 时的减小最为显著。以后,减小速度渐趋缓慢,直至接近平衡。

表5-5 丝鞘与小簇丝片回潮率关系

丝鞘长度(cm)	小簇丝片回潮率(%)	
	温度为30~32℃	温度为20℃
	相对湿度为38%~45%	相对湿度为65%~70%
直鞘	222.05	294.18
1	112.04	214.54
2.5	76.76	201.48
5.5	45.85	183.83
7.5	35.84	173.04
10	33.69	165.99
12.5	43.35	163.67
14.5	31.55	154.17
17	32.84	146.41
19.5	31.63	135.39
23	30.59	129.19

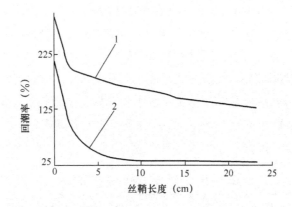

图5-40 丝鞘长度与小簇回潮率的关系

1—温度为30~32℃,相对湿度为38%~45% 2—温度为20℃,相对湿度为65%~70%

丝鞘在缫丝中受到张力的作用,使互相捻绞的两段丝条侧面受到挤压力q,如图5-39(b)所示,挤压力大小可用下式表示:

$$q = \frac{T_{AB}}{2r}\tan^2\alpha \times 10^4 \tag{5-38}$$

式中:q——单位丝鞘长度生丝间所受到的挤压力,dN/m;

T_{AB}——丝条在丝鞘中受到的张力,mN;

r——生丝的半径,μm;

α——键鞘捻角,(°)。

可以看出,单位长度丝鞘中丝条所受到的挤压力随丝鞘中丝条张力和丝鞘捻角的增大而增大,随丝条半径的增大而减小。如缫制20/22旦(22.2/24.4dtex)生丝,丝条平均半径为

$33.3\mu m$,丝鞘中丝条的张力为88mN,捻角为12°,则按上式计算丝条侧面所受到的挤压力为597dN/m,此挤压力使组成生丝的各根茧丝相互靠紧,丝胶分布均匀,胶着面增大,生丝结构紧密,从而增加了抱合,同时也有助于水分的挤出。丝鞘长度与生丝抱合的关系如图5-41所示。

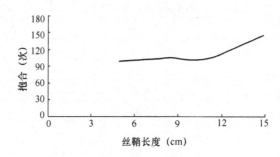

图5-41 丝鞘长度与生丝抱合的关系

丝鞘中两根丝条还有互相摩擦的作用,使鞘后丝条张力随着丝鞘长度和捻鞘数的增加而增大。丝条张力增大,使组成生丝的茧丝伸直、靠紧、胶着更加良好,也有助于增强抱合和发散水分。缫丝中因解舒张力变化和小籰卷取丝长的速度不稳等原因,使缫丝张力经常变化,丝鞘因而不断振荡,其单位长度的捻鞘数也不稳定,由此产生的丝条间的摩擦,对水分的发散也起到一定的作用。

此外,丝条通过集绪器瓷眼孔,虽能防止丝条上的部分大、中颣节,但形态较小的颣节是不能除去的。经过丝鞘作用后,可减少部分小颣,见表5-6。随着丝鞘长度增加,捻数增多,丝条在丝鞘中受到的挤压和摩擦作用增强,能使小圈的形态变小,甚至达到在黑板上不能显现的程度。发毛的个数则显著减少,这是因为丝鞘增强了生丝抱合的缘故。但有时发现个别小圈和发毛,经丝鞘作用后呈螺旋状态缠绕在丝条上,因而轻螺旋颣有增多的现象。其他来自原料因素的小粒、雪糕和决定于缫丝操作好坏的短结等小颣,虽经丝鞘的作用,但仍较难除去。

表5-6 丝鞘与各种小颣数的关系

丝鞘长度 (cm)	丝鞘捻数 (个)	各个丝片上各种小颣的平均数			
		小圈	发毛	轻螺旋	其他
直鞘	0	8.5	26.7	0.1	—
1	1	13.8	8.8	0.3	0.03
2.5	36~47	9.23	0.02	0.35	0.05
5.0	51~55	10.43	2.32	0.14	0.16
7.5	71~74	8.46	3.8	0.2	0.13
10.0	91~95	8.3	3.17	0.18	0.06
12.5	112~128	8.86	1.33	0.38	0.06
15.0	172~176	8.66	1.13	0.29	0.11
17.5	182~188	7.0	0.74	0.68	0.08
20.0	248~252	7.31	0.65	0.53	0.11
22.5	287~303	7.03	0.68	0.35	0.1
25.0	375~386	7.47	0.88	1.19	—

综上所述,丝鞘在缫丝中起着重要的作用,是不可忽视的一个环节。在缫制同一规格生丝时,丝鞘作用的强度与捻鞘数、捻角、缫丝速度和丝鞘所受的张力等4个参数成正相关。缫丝速度高时,不仅丝鞘的平均转速 n 增大,而且缫丝张力增大,使丝鞘所受张力和捻角增大,鞘的作用增强。在缫丝速度和解舒张力一定的条件下,增加捻鞘数,可增加鞘长,增大捻角,丝鞘所受张力也大,因而可增加丝鞘的作用。但捻鞘数增加过多,则会使缫丝张力过分增大,甚至引起吊鞘,使缫丝无法顺利进行。为了避免这一现象,必须控制丝鞘长度和丝鞘封闭圈周长。丝鞘封闭圈周长取决于集绪器、上下鼓轮和定位鼓轮的位置。当丝鞘封闭圈周长为一定时,鞘的长度和上角($\delta_1 + \delta$)、下角($\delta_2 + \delta_0$)的大小(图 5 - 38)即为丝鞘的重要参数。丝鞘长度反映捻鞘数多少。上、下角既反映丝鞘长度,又反映鞘的松紧程度(丝鞘所受张力大小)和捻角大小。上、下角大,说明丝鞘长、紧、捻角大,故缫丝中通过同时观察鞘长以及上、下角(主要是上角)就能判断丝鞘是否合适。实际缫丝生产中控制的丝鞘长度为 $80 \sim 100 \text{mm}$。

第六节　卷绕和干燥

茧层上的茧丝经离解、添绪、接绪、集绪和丝鞘作用后形成的丝条仍含有大量的水分。为适应退绕及其他工艺的要求,应进行适当烘干,并要求丝条在缫丝机上必须有条不紊地、合理地卷绕成一定的形式。卷绕成形的优劣和干燥的好坏,直接影响到后道工序的加工性能及生丝的产质量。

一、卷绕机构的作用及工艺要求

(一)卷绕机构的作用

卷绕机构由小簛和络交机构组成。小簛的作用是卷绕丝条,络交机构的作用是使被小簛卷取的丝条成形即形成网状丝片。

(二)卷绕的工艺要求

(1)丝片成形稳定。丝片不塌边,丝圈不紊乱。

(2)利于退绕。线条间重叠少,粘着不太紧密,复摇时丝片能在高速度、低张力下连续退绕,不产生脱圈和紊乱现象,切断少,即使切断,寻头也容易,并使大簛丝片成形良好。

(3)干燥容易。丝片应成清晰的网纹组织,厚薄均匀,丝条与热空气的接触面积应尽量大,便于水分发散。

(4)有利于保持生丝优良的物理性能(如强伸度、色泽、手感等),方便缫丝中寻绪、弃丝等操作。

二、生丝的卷绕运动

生丝的卷绕运动,实际上就是由小簛的回转运动和络交机构的往复运动合成的。复合运动的结果,使丝条按螺旋线的形状卷绕在小簛上,如图 5 - 42 所示。绕于小簛上的螺旋线丝条具有螺旋线的几项主要参数:卷绕角 α 为丝圈的螺旋线升角;交叉角 2α 为在一次络交中,来回两丝圈螺旋线之间的交角;螺距 h 为相邻两丝圈螺旋之间的距离。

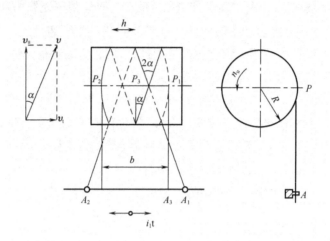

图 5 – 42　生丝的卷绕运动

R—卷绕半径　v_u—小箕表面的切向线速度　v_1—卷取点的络交速度

v—丝条卷绕速度　b—丝层面宽度

(一)络交运动的形式

络交运动的基本形式有简式和复式两种,如图 5 – 43 所示,与丝片成形的质量有密切的关系。

1. 简式络交运动　如图 5 – 43(a)所示,每次络交的动程和动程的中心位置都保持不变的运动称简式络交运动。实现简式络交运动的机构叫简式络交机构。简式络交机构结构简单,但所形成的截面为矩形的丝片,在缫丝卷绕中,往往因卷绕角 α 等参数不易控制而容易产生塌边、脱圈、紊乱等弊病,故不采用。

2. 复式络交运动　在缫丝卷绕中,为了满足丝片成形稳定、不塌边、不脱圈、不紊乱、干燥容易、增大卷绕量等工艺要求,普遍采用两种或两种以上运动复合而成的复式络交运动。实现复式络交运动的机构称为复式络交机构。按复合运动的规律不同,可分为以下三种。

(1)络交动程不变,动程中心呈周期性变化,如图 5 – 43(b)所示。这种形式由两种运动复合而成。图中 δ 是络交往复一次所移过的轴向距离叫移距;S,是络交周期,表示络交起绕点(或动程中心)回复到原位所经过的络交往复次数;在半个络交周期内移距之和叫总移距离 H_δ,而在一个络交周期内络交运动的最大位移叫络交动程 H_{12}。

当络交作等速运动时,在图 5 – 43(b)中,从 A 到 A'(B 到 B')丝层数逐渐增加,丝片厚度也逐渐增加,而 A' 到 B' 之间的丝层数相同,丝片厚度也相同,整个丝片的形状,从丝层数上看应成为梯形。实际上,由于每个丝层的转向附近的速度总是比较慢,卷绕角较小,卷绕密度大而呈马鞍形,可有效地防止丝片塌边等现象。

(2)络交动程呈周期性变化,动程中心不变,如图 5 – 43(c)所示,这种运动形式也是由两种运动复合而成,同样有防止塌边的作用。

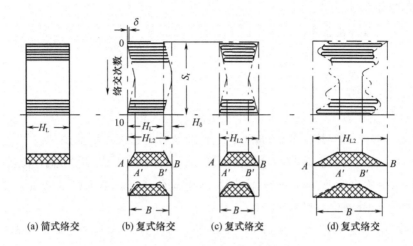

| (a) 简式络交 | (b) 复式络交 | (c) 复式络交 | (d) 复式络交 |

图5-43 络交运动的形式

(3)络交动程和动程中心呈周期性的变化,如图5-43(d)所示。这种形式是在图5-43(b)、(c)上再叠加一种运动的结果,由三种运动复合而成,丝片断面形状为较平坦的"马鞍形"。由于形成的丝片厚薄较为均匀,成形良好,络交周期长,防叠作用强,在新型自动缫丝机高速、大卷装时均采用这种形式。

(二)生丝卷绕中的防叠方法

如图5-44所示,络交做简式络交运动,当络交器从左端移到右端,再回到左端时,丝条的卷绕起点仍在小籰表面的同一点上,并沿着丝条原来绕取的轨迹继续被卷绕。这样,线条相互重叠,使丝层表面产生绳带状凹凸不平,这种现象称为重叠。重叠的丝圈相互嵌入,工人操作时找头弃丝很困难,容易产生乱丝,影响产量;产生凸边,成形不稳定;干燥不良,丝胶相互胶着,严重影响退绕。因此,卷绕中必须防止重叠现象,防止重叠方法有周向和轴向两种。

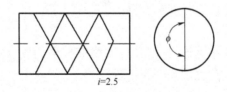

$i=2.5$

图5-44 籰络速比重叠现象

1.周向防叠 设计籰络速比i是变值或是无穷小数,可以防止重叠。

2.轴向防叠 轴向防叠通过复式络交运动,使络交起始点位置在轴向发生周期性的变化。显然这种防叠效果与络交周期S_r有关,S_r越长,络交往复次数越多,丝条卷绕的轴向防叠性能越好。

3.防叠周期 络交器周向防叠周期和轴向防叠周期的最小公倍数叫络交器防叠周期。防叠周期值大,防叠效果越好,但没有必要超过落一次丝的丝长。

(三)丝条卷绕角 α

从图 5-42 左边的速度矢量图可得:

$$\tan\alpha = \frac{v_t}{v_u} \tag{5-39}$$

式中: v_u——小篿卷绕线速度;

  v_t——络交线速度。

卷绕角 α 的大小,对丝片的外形、成形稳定性及丝片的干燥速度等都有很大的影响。

当 $\alpha = 0$ 时,则平行卷绕,此时的卷绕密度最大。丝条间存在的间隙极小,相互胶着紧密,复摇退绕困难且水分不易发散,丝片干燥不易,影响生丝色泽。丝条未经络交而卷绕在小篿上的直丝即是此种状态,缫丝中应尽量避免。

当 $\alpha \neq 0$ 时,则交叉卷绕,当 $\alpha = 45°$ 时,生丝所占体积最大,卷绕密度最小。易利于干燥、退绕,但 α 太大,换向点处的丝条稳定性差,易滑移混乱,成形不良。

如前所述,卷绕角 α 因受到小篿卷绕线速度 v_u、络交线速度 v_t、络交杆单动程 H_L 及丝片厚度等的影响,并不是恒定的。特别是卷取的丝条在丝层面两端换向点附近,卷取切点的轴向移动速度缓慢,卷绕角 α 显著减小,使卷绕密度增大,丝条胶着紧密,不仅影响丝片干燥,而且因丝条卷绕多而形成凸边,既妨碍丝条退绕,又易造成塌边、脱圈等现象。复式络交机构使线条卷绕的换向点在轴向上错开,也就使丝条卷绕角 α 小的部分得到分散排列,所以能消除凸边,使丝片成形良好。

三、络交机构

丝片成形和干燥质量的好坏,丝片退解难易以及卷装量的多少等,与络交机构的络交运动规律有密切的关系。从工艺上看,对络交机构提出了以下要求。

第一,采用复式络交运动,络交周长尽量长,移动距离适当,以减少丝条重叠,形成清晰而稳定的网状丝片,丝条退解容易。

第二,络交运动应平稳,冲击小,能适应高速缫丝。

第三,丝片宽度调节方便。

络交机构一般由络交器、络交连杆、络交杆和络交杆上的瓷座等组成。自动缫丝机目前多采用周转轮系平板凸轮络交器,如图 5-45 所示。

1. 周转轮系平板凸轮络交器的结构　其结构如图 5-45 所示,主要由装于壳体 9 的周转轮系(10~16)、装于络交箱 19 内的平板凸轮机构(5、6、17)及传动机构(1~4、7、18)组成。

2. 络交运动规律　周转轮系平板凸轮络交器的络交运动规律如图 5-46 所示。轮系成形曲线由周转轮系(10~16)机构完成;络交运动方向产生周期性的位移即平面凸轮络交曲线,由平板凸轮 5、滚子 17 和摇臂 6 来完成。此络交运动由三种运动复合而成,不但可得到很长的丝条卷绕重叠周期,而且丝片厚薄均匀、成形良好、干燥容易。

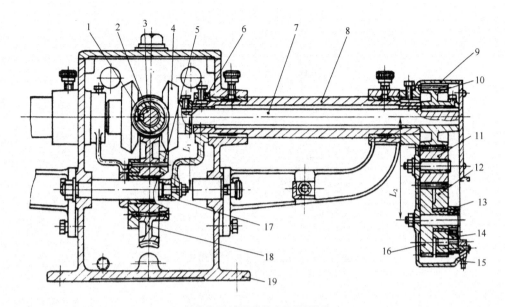

(a) 周转轮系平板凸轮络交器横向结构

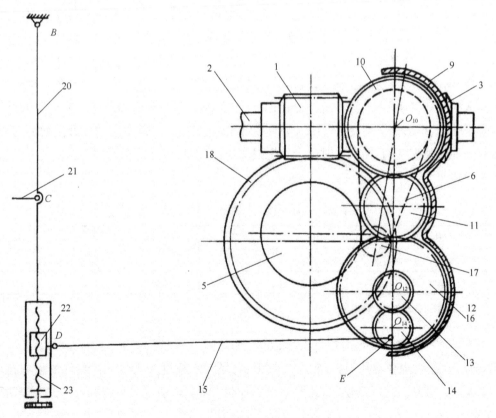

(b) 周转轮系平板凸轮络交机纵向结构

图 5-45 周转轮系平板凸轮络交器

1—蜗杆 2—小筳传动主轴 3、4—圆锥齿轮 5—平板凸轮 6—摇臂 7—络交传动轴 8—壳体传动轴 9—壳体
10—传动齿轮 11—过桥齿轮 12—差微齿轮 13—中心齿轮 14—行星齿轮 15—络交连杆 16—差微齿轮 17—滚子
18—蜗轮 19—络交箱 20—调节摇臂 21—络交杆 22—调节螺母 23—调节丝杆 E—络交连接点

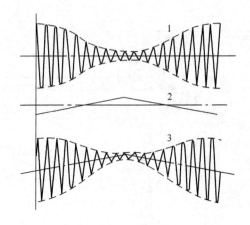

图 5 – 46 周转轮系平板凸轮络交运动规律

1—轮系成形曲线 2—平面凸轮络交曲线 3—复合运动曲线

四、卷绕张力

卷绕张力也称缫丝张力,可以用络交器与小篊之间的丝条张力来表示。卷绕张力的大小,对小篊丝片或筒子丝的成形以及生丝质量均有很大影响,是一个重要的工艺参数。

卷绕张力过小,会降低卷绕密度,产生松软的卷装,在运输储藏中容易受损;同时会造成卷装成形不良,断头时丝头易嵌入丝层,接结时不易找头,影响工作效率;而且在丝条退绕时,会因外层丝陷入内层而发生断头,甚至无法退解;由于湿润的丝条在普通卷绕张力条件下被卷绕到小篊上时,已产生小部分塑性变形,因此,如果卷绕张力过大,则丝纤维的塑性形变增加,分子结构具有更高的规整度,以后再拉伸时就会发生强力增加,伸长度下降的现象,见表 5 – 7。因此,需要控制卷绕张力。

表 5 – 7 卷绕张力与生丝伸长度关系

卷绕张力(mN)	106.9	125.5	155.9	224.6	341.3
生丝强力(cN/tex)	33	33.7	34.1	33.6	35.3
生丝伸长度(%)	18.7	18.5	18.2	14.8	11.1

注 生丝纤度 20/22 旦(22.2/24.4dtex)。

从表 5 – 7 可见,当卷绕张力超过 156mN 时,伸长度显著降低。所以缫制 20/22 旦(22.2/24.4dtex)生丝时,卷绕张力一般控制在 78 ~ 98mN,最大不超过 137mN。在缫丝中影响卷绕张力的因素很多,如篊速、缫丝汤温、茧的解舒、丝鞘长度、络交运动以及集绪器等。试验表明篊速加快、缫丝汤温降低、解舒不良、丝鞘长度增加、集绪器孔径小等,均使卷绕张力增大,络交杆在运动过程中,速度不断改变,也使卷绕张力产生周期性的波动。

此外,缫丝中若产生很大的瞬时张力,如集绪器被额节堵塞或发生吊鞘等,该段丝条因过度拉伸,使丝纤维大分子聚集态结构的定向规整度显著改变而紧束变细,塑性形变显著增大,则在丝织物上就显现罗纹急纬、急经等病疵,影响丝织物的品质。这在高速缫丝中尤为明显,必须及时作弃丝处理。

五、小籰

小籰用来卷绕生丝,其工艺要求如下。

(1)便于找接头、接结、弃丝、上丝等各项操作,尽量减少落环丝。

(2)有利于热空气流通,使丝片容易干燥。

(3)要有足够的强度,可满足大卷装要求。

(4)运转平稳,张力均匀,各小籰的转速(籰速)尽量一致。

(5)便于及时停籰,停籰时不振动,无噪声,不影响相邻小籰的运转,适应高速缫丝和高速退绕。

自动缫丝机小籰一般用塑料制成。周长为 650mm,形状结构为 18 档,每档一轮幅,所有籰档设置在空心的圆柱体上,整个小籰呈薄壳结构,如图 5 – 47 所示。

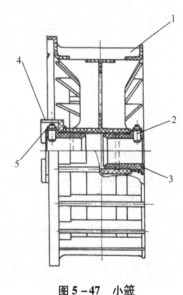

小籰的回转是依靠籰孔与籰轴(即籰芯棒)之间的摩擦传动实现的。摩擦力矩的大小,主要是由籰孔衬套和籰轴材料的摩擦系数及其配合松紧程度,以及小籰的重量决定。小籰外形与籰孔存在一定的偏心值,用来平衡小籰孔与小籰轴间隙在实籰时所引起的径向、轴向跳动,提高小籰动态平稳性。为了适应高速缫丝,缩小滑差率,使各籰之间的滑差率相接近,并在停籰时,使小籰振动减小,鼓形小籰在孔内装有弹簧销,这能起到防振防滑的作用,滑差率可控制在 0.02 ~ 0.03。

小籰轴分为有槽轴和无槽轴。使用有槽轴时,小籰间留有一定间隙,因操作比较方便,停籰时相邻小籰不受影响,但小籰容易从槽内滑出左右移动,易产生落环丝,且小籰容易受损坏。使用无槽轴时,为了固定小籰位置,在籰轴两端装有紧圈,但小籰之间须有一定间隙,否则相邻小籰相互摩擦会使个别停籰发生困难。

图 5 – 47　小籰

1—小籰　2—弹簧销
3—尼龙衬套　4—防护罩　5—弹簧

六、停籰装置

缫丝过程中,当丝条发生故障,如糙颣塞住集绪器眼孔或吊鞘时,丝条的卷绕张力突增,甚至超过生丝强力,从而发生切断。这不仅会产生过多的塑性变形而影响生丝的物理机械性能,损害生丝质量,而且丝条发生切断时,会增加穿瓷眼、做鞘、寻绪、接结等操作。据测定,缫丝工处理一个一般的丝条故障需时 5s 左右,而处理一个断绪的时间则长达 25 ~ 30s,因而影响劳动生产率。随着缫丝速度的增大,同样时间内故障出现的次数将显著增加。因此,在缫丝中除了积极地防止丝条产生故障外,还必须在丝条故障一旦产生时能立即制动小籰,以免丝条张力过分增大而发生切断。停籰装置就是为达到这一目的而设置的。

自动缫丝机上大多采用间接式停箴装置。间接式停箴装置,是利用发生丝条故障时丝条张力增大的特性,将丝条张力增大的信号经机械放大而实现松丝停箴的。该装置由丝条故障检测机构(6～10、12),切断防止机构(3～5、14)和停箴机构(11、13、15～18)三部分组成,如图5-48所示。

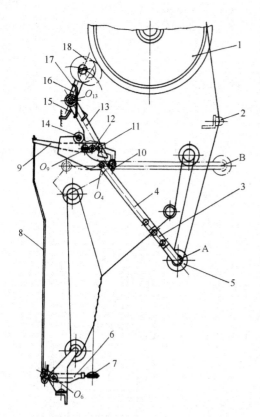

图5-48 丝故障切断防止和停箴机构

1—小箴 2—络交环 3—重块 4—切断防止杆
5—切断防止鼓轮 6—瓷眼架 7—瓷眼 8—拉杆
9—控制杠杆 10—张力控制销 11—停箴销
12—微型轴承 13—下停箴杠杆 14—滚子
15—停箴弹簧 16—上停箴杠杆 17—连接弹簧
18—停箴轮
A—正常工作状态 B—停箴松丝状态

缫丝过程中,当瓷眼7下方有丝胶块或糙块等堵塞时,瞬时缫丝张力发生突增,牵动瓷眼架6绕支点O_6沿逆时针方向转动,其后端连接的拉杆8往下拉,带动控制杠杆9绕其支点O_9沿逆时针方向转动,使其上的微型轴承12与下停箴杠杆13上的停箴销11间的接触位置脱离,于是通过连接弹簧17连成一体的上停箴杠杆16和下停箴杠杆13,借停箴弹簧15的扭力作用,绕支点O_{13}沿顺时针方向急速转动,使固定于上停箴杠杆16上的停箴轮18挤压小箴1而停箴;同时,下停箴杠杆13下端的凸轮板推动切断防止杆4上的滚子14,使切断防止杆4绕其支点O_4沿逆时针方向急转,由A状态转向B状态松丝,防止丝条切断。

缫丝过程中,如在接绪翼孔下发生蓬糙茧上吊,或因各种原因使生丝特粗,则作用在切断防止鼓轮5上的缫丝张力突增,拉动切断防止杆4绕其支点O_4沿逆时针方向转动,将固装于控制杠杆9前端的张力控制销10抬起,同样使其上的微型轴承12与停箴销11间的接触位置脱离,使停箴轮18挤压小箴1而停箴;同时切断防止杆4转向B状态而松丝,防止了丝条切断,从而达到停箴松丝、防断的目的。

该机构的特点主要有以下几点。

(1)丝故障检测机构采用活动瓷眼架式,结构简单,反应灵敏,瞬时张力可控制在25cN以内。

(2)停箴即松丝,防止丝切断的效果好,防断率近100%。

(3)具有一定的防粗功能。

七、干燥装置

缫丝的丝条虽经集绪器和丝鞘除去部分水分,但丝条的回潮率仍高达120%～160%。若直接卷绕在小箴上,丝条就会互相紧密黏结,复摇退绕困难,还会造成大箴丝片硬箴角和丝色不良等病疵。因此,丝条在卷绕时必须进行干燥,使生丝结构固定,抱合良好。但也不宜过干,过干会使小簆丝片成形不良和生丝的强伸力降低,小簆丝片的回潮率要求控制在15% ~25% 范围内,且比较均匀。

为使小簆丝片干燥,在缫丝机上设有干燥装置,如图5 - 49 所示。根据经验,缫丝车厢(小簆车厢)温度控制在38 ~40℃,相对湿度为40% ~50% (根据季节、地区不同而稍有差异),可使小簆丝片回潮率达到上述要求。

目前均使用饱和水蒸气通入烘丝管,通过管壁传导而加热缫丝车厢内的空气,热空气通过对流将热量传给丝片,使丝片上的水分蒸发(烘丝管的辐射热,也起一定作用)。蒸发的水汽,又由热空气带走,从而使小簆丝片干燥。

影响烘丝管热传递速率的有蒸汽质量、车厢内空气对流状况、烘丝管直径等因素。若给热系数基本确定,则传热速率的大小,主要决定于烘丝管表面积和管壁温度与缫丝车厢内空气平均温度的差值大小。故要增大干燥

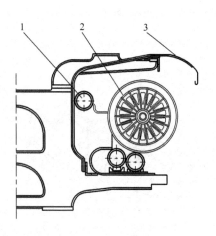

图 5 - 49　干燥装置
1—烘丝管　2—小簆　3—罩板

装置的干燥能力,就须增加烘丝管的数量和选用管径较大的烘丝管,以增大烘丝管表面积;或是提高输送到烘丝管内的蒸汽的温度,使管壁的温度相应提高,以增大温差。自动缫丝机的烘丝管一般为 3 根,管径为 48mm,散热面积约 $0.9m^2/$台。此外,为了提高烘丝管内蒸汽的温度,还可以增大蒸汽压力,并不断排除管内冷凝水,以免冷凝水集聚于管内而降低热效果。也可以采用带散热片的烘丝管,热效能高,烘丝能力亦高。

为使缫丝操作方便,缫丝车厢设计成半封闭式,但是,车厢内热空气流失严重,热利用效率很低。为提高热利用效率,应注意车厢开口不应太宽,烘丝管应位于小簆后方适当位置,以防止热量过多流失。车厢内还应注意保持一定的温湿度。

若因气候条件影响干燥能力,或丝片内外层干燥程度差异大时,可在落簆后以轴流风机鼓风干燥,以弥补干燥能力不足,使小簆丝片回潮率达到要求。

第七节　落绪茧的收集、输送和分离

缫丝过程中产生的落绪茧和蛹衬,如不及时从缫丝槽内排出,不仅对茧的新陈代谢不利,而且会使缫丝汤因茧层溃烂和蛹酸浸出而变得混浊,影响生丝的质量和原料的消耗。故必须及时将落绪茧排出缫丝槽外,并将落绪茧和蛹衬分离,使落绪茧能够回用。

一、落绪茧的收集与输送

(一)落绪茧收集与输送的工艺要求

(1)及时收集与输送落绪茧和蛹衬。

（2）不损伤茧层。

（3）不使缫丝汤面波动或形成水流。汤面波动会增加落绪；形成水流会流失停篡时的绪下茧，增加丝条故障。

图5-50 捕集器

（二）落绪茧收集与输送的方法

目前在自动缫丝机中，主要通过捕集器来收集与输送落绪茧。自动缫丝机的捕集器如图5-50所示，是一只无底无前壁的小盒，其四壁均有小孔或条形缝隙，使水能通过捕集器四壁流出，而将蛹衬和落绪茧留存于捕集器内。

捕集器是由专设的链条拖动的，捕集器在移动过程中收集缫丝槽中的落绪茧和蛹衬，移到转向部附近就移出缫丝槽，经过落茧口时，捕集器内的落绪茧和蛹衬就自动地落到分离机上。

缫丝中往往有少量浮茧产生，因此，除移动于缫丝槽底的捕集器外，还装有几只水面捕集器，以捕集缫丝槽内的少量落绪浮茧。

二、落绪茧和蛹衬的分离

由于缫丝槽排出的落绪茧和蛹衬是互相混杂的，必须将它们分离开来，使落绪茧再经索理绪继续用来缫丝，蛹衬则排出机外。

（一）落绪茧和蛹衬分离的工艺要求

（1）分清落绪茧和蛹衬。落绪茧和蛹衬的分清程度用分离效率来表示，而分离效率包括蛹衬分离效率和落绪茧分离效率两个方面。蛹衬分离效率是指落入蛹衬盘中的蛹衬粒数占被分离的蛹衬粒数的百分比，即：

$$蛹衬分离效率 = \frac{落入蛹衬盘中的蛹衬数}{被分离的蛹衬数} \times 100\% \qquad (5-40)$$

落绪茧分离效率是指落入输送带中的落绪茧粒数占被分离的落绪茧粒数的百分比，即：

$$落绪茧分离效率 = \frac{落入输送带中的落绪茧粒数}{被分离的落绪茧粒数} \times 100\% \qquad (5-41)$$

只有当蛹衬分离效率和落绪茧分离效率都高时，才能说明落绪茧和蛹衬被分离清了。若落绪茧分离效率低，则部分尚能缫丝的落绪茧就会当作下脚处理，增大缫折；若蛹衬分离效率低，则送到索绪锅的蛹衬增多，使索绪汤浓度增加，降低索绪效率，而且影响丝色，另外蛹衬经索绪后，易被理绪部丝辫卷绕带走，给长吐的加工带来麻烦。一般要求落绪茧分离效率和蛹衬分离效率都在92%以上。

（2）不损伤茧层和蛹体。

（二）分离机

自动缫丝机均采用圆栅式分离机，如图5-51所示。当捕集器捕集的茧子进入出茧斗

3 后,在水流的作用下将茧子抛落在圆栅滚筒 7 上。由于落绪茧茧层较厚、变形较小、弹性较好、重心较高,在圆栅上缺乏黏附力,于是向下滚落在振动板上,并经输送带送至索绪锅;而蛹衬变形大、重心低,能黏附于圆栅上,随圆栅滚筒运动,借助水流冲力和自身重力而落在蛹衬盘 12 内。如遇个别落绪茧嵌在栅子缝隙上随圆栅滚筒转动时,则由旋转的叶轮 2 打回。

圆栅式分离机效率的高低,决定于水流的冲力(水流厚度)、圆栅滚筒 7 的速度,出茧斗 3 的出茧口距圆栅滚筒 7 的相对位置。在设计时,使出茧口距圆栅滚筒的相对位置可以根据工艺要求自由改变,以达到调节落绪茧和蛹衬分离效率的目的。

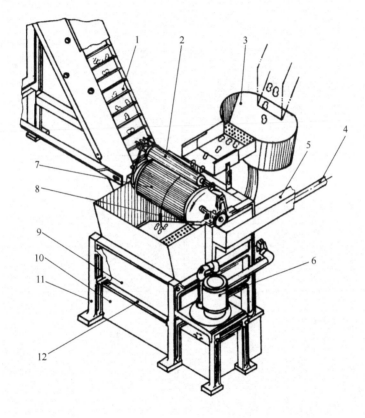

图 5-51 分离机

1—落绪茧输送带 2—叶轮 3—出茧斗 4—传动轴 5—罩壳 6—水泵
7—圆栅滚筒 8—开关柄 9—罩板 10—水箱 11—机架 12—蛹衬盘

第八节 自动缫丝的管理

一、自动缫丝的工艺管理

自动缫丝生产要求统一、稳定和正确地控制工艺条件,以保证产品质量,降低原料消耗和提高劳动生产率,但在实际缫丝生产中,往往受原料、设备、操作和环境等因素的影响,使工艺条件发生变化。因此,必须进行工艺管理。经常检测工艺条件,及时解决发现的问题,使工艺条件满足正常生产。一般的工艺条件管理过程,如图5-52所示。

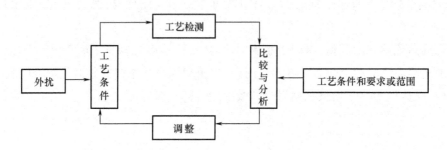

图5-52 工艺条件管理方框图

(一)索绪机工艺条件及工艺检测方法

1. 索绪机工艺条件 索绪机工艺条件见表5-8。

表5-8 索绪机工艺条件

项 目		单位	工艺范围	项 目	单位	工艺范围
蒸汽压力		MPa	0.1~0.15	索绪体摆动角度	(°)	126~242
索绪帚	入水深度	mm	60~70	pH值	—	6.8~7.8
	离槽底板距离	mm	15~20	索绪汤 汤色	—	茶色
	新旧程度	—	新旧搭配	温度	℃	82~92
索绪茧量		粒	400~600	索绪效率	%	≥75

2. 索绪机工艺检测方法

(1)蒸汽压力。查看蒸汽压力表。

(2)索绪帚入水深度、离槽底板距离和新旧程度检测方法。目测,索绪帚入水深度、离槽底板距离也可用尺测量。

(3)索绪茧量的检测方法。目测。

(4)索绪体摆动角度的检测方法。目测或量角器测量。

(5)索绪汤pH值、汤色、温度的检测方法:用pH试纸检测pH值;目测汤色;温度表查看温度。

(6)索绪效率的检测方法:用盛茧容器轻轻取出从索绪槽移过来的有绪茧和无绪茧,放在达到规定温度的理绪容器内,时间30s,然后轻轻移动索绪茧,数清有绪茧和无绪茧粒数Ⅰ。

$$索绪效率 = \frac{有绪茧粒数}{有绪茧粒数 + 无绪茧粒数Ⅰ} \times 100\% \qquad (5-42)$$

(二)理绪机工艺条件及工艺检测方法

1. 理绪机工艺条件 理绪机工艺条件见表5-9。

表5-9 理绪机工艺条件和加茧质量

项 目		单位	工艺范围	项 目		单位	质量指标
理绪汤	温度	℃	35~42		正绪茧率	%	≥90
	汤色	—	清汤	无绪茧率	春茧	%	6
偏心盘下理绪茧量	春茧	粒	150~200		夏秋茧	%	7
	夏秋茧	粒	200~300	蓬糙茧率	春茧	%	3
加茧部正绪茧茧量	春茧	粒	150~200		夏秋茧	%	4
	夏秋茧	粒	200~300		加茧粒数符合率	%	100
理绪效率		%	≥80		加茧均匀率	%	≥95

2. 理绪机工艺检测方法

(1)理绪汤温度、汤色的检测方法。用留点温度计测量温度,入水深度30mm;目测汤色。

(2)偏心盘下理绪茧量、加茧部正绪茧茧量可用目测检测。

(3)理绪效率的检测方法。紧跟索绪效率检测,将索绪效率检测中的有绪茧用手工理成正绪茧,然后数清正绪茧粒数和无绪茧粒数 Ⅱ。

$$理绪效率 = \frac{正绪茧粒数}{正绪茧粒数 + 无绪茧粒数 Ⅱ} \times 100\% \qquad (5-43)$$

(三)加茧质量

1. 加茧质量指标 加茧质量指标见表5-9。

2. 加茧质量检测方法

(1)正绪茧率、无绪茧率、蓬糙茧率和加茧粒数符合率的检测方法。每个车头各抽查10~15只给茧机,选择剩余茧量较少的给茧机,记下机号,先将给茧盒内的无绪茧、蓬糙茧理清,待加茧后随即取出给茧机,数清正绪茧、无绪茧、蓬糙茧粒数。

$$无绪茧率 = \frac{无绪茧总粒数}{测定总粒数} \times 100\% \qquad (5-44)$$

$$蓬糙茧率 = \frac{蓬糙茧总粒数}{测定总粒数} \times 100\% \qquad (5-45)$$

$$正绪茧率 = 1 - 无绪茧率 - 蓬糙茧率 \qquad (5-46)$$

$$加茧粒数符合率 = \frac{粒数符合的给茧机只数}{测定给茧机只数} \times 100\% \qquad (5-47)$$

粒数符合的给茧机只数是指容茧量在表5-10的工艺范围之内的给茧机只数。

(2)加茧均匀率的检测方法。在机身一侧最后一绪,逐只记录50只给茧机的剩余茧量。在检测时,如发现给茧机茧量超过工艺设计规定的容茧量,需判断该给茧机是否存在故障,并及时处理。

$$加茧均匀率 = \frac{茧量正常的给茧机只数}{测定给茧机只数} \times 100\% \qquad (5-48)$$

剩余茧量正常的给茧机只数是指剩余茧量在表5-10的工艺范围之内的给茧机只数。

(四)给茧机工艺条件及工艺检测方法

1. 给茧机工艺条件 给茧机工艺条件见表5-10。

表5-10 给茧机工艺条件

项　目	单位	工艺范围	项　目	单位	工艺范围
汤温	℃	32左右	捞茧口宽度	mm	按工艺设计
水位	mm	按工艺设计	给茧机有效率	%	≥98
容茧量	粒	按工艺设计	捞茧效率	%	≥90
剩余茧量	粒	10~15	给茧添绪总效率	%	≥80

2. 给茧机工艺检测方法

(1)给茧机汤温、水位、捞茧口宽度的检测方法。手感汤温或用留点温度计测量;目测或用尺测量水位、捞茧口宽度。

(2)给茧机容茧量、剩余茧量的检测方法。在加茧质量检测时同步进行。

(3)给茧添绪总效率、给茧机有效率、捞茧效率的检测方法。

①固定测定:任意挑选某一台的连续5绪为测定区,测定通过该5绪时所有给茧机的捞茧实况,分别按项目记录,测定时间为30min。

②移动测定:挑选一只给茧机,记好给茧机号,测定前给茧盒内要保持适当的茧量和一定高度的水位,测定时跟着给茧机记录捞茧实况,以记录100次为准,每组测定5只给茧机。

(4)计算公式。可分别用式(5-29)~式(5-31)计算。

(五)缫丝工艺条件和工艺检测方法

1. 缫丝工艺条件　缫丝工艺条件见表5-11。

表5-11 缫丝工艺条件

项　目		单位	工艺范围	项　目	单位	工艺范围
初始车速		r/min	按工艺设计	平均粒数	粒	按工艺设计
探索周期		s	2~3	中心粒数符合率	%	按工艺设计
缫丝槽	温度	℃	30~33	允许粒数符合率	%	按工艺设计
	水位	mm	160~180	运转率	%	按工艺设计
	流量	mL/(台·min)	900±100	万米吊糙	次	按工艺设计
	pH值	—	6.8~7.2	车厢温度	℃	35±5
	汤色	—	清汤	烘丝管蒸汽压力	MPa	0.1~0.3
丝鞘长度		mm	80~100	小箴丝片回潮率	%	15~25
添绪次数		次/(绪·min)	按工艺设计	丝片宽度	mm	55~65

注　缫丝槽水位指汤面和百灵台的距离。

2. 缫丝工艺检测方法

(1)初始车速、探索周期的检测方法。电气控制系统自动检测,界面显示。

(2)缫丝槽工艺检测方法。

①温度:用留点温度计测量。

②水位：目测或用尺测量。

③流量：用量杯、橡胶管测量每分钟的水流量。

④pH 值：用 pH 试纸测量。

⑤汤色：目测。

（3）丝鞘长度的检测方法。目测或用尺测量。

（4）添绪次数的检测方法。在解舒率测定中可以得到该数据。

解舒率测定：先记录测定时间、庄口名称、车号，测定前调整好绪下茧粒数、处理好停箴、检查感知器灵敏度。测定绪数 10 绪、测定时间 30min。测定完毕，分别数准粒数，记录外、中、内层落绪茧粒数及蛹衬粒数。

$$解舒率 = \frac{蛹衬粒数}{蛹衬粒数 + 落绪茧粒数} \times 100\% \qquad (5-49)$$

$$添绪次数[次/(绪·min)] = \frac{蛹衬粒数 + 落绪茧粒数}{测定绪数 \times 测定时间} \qquad (5-50)$$

（5）绪下茧粒数、运转率的检测方法。记录测定时间、庄口名称、纤度集体调节刻度、组号，按台号顺序逐绪检查绪下粒数，每 5 绪记录一次，遇停箴绪头不检查该绪下粒数。

$$平均粒数(粒) = \frac{\sum(茧粒数 \times 绪数)}{检查绪数} \qquad (5-51)$$

$$中心粒数符合率 = \frac{符合中心粒数的绪数}{检查绪数} \times 100\% \qquad (5-52)$$

$$允许粒数符合率 = \frac{符合允许粒数的绪数}{检查绪数} \times 100\% \qquad (5-53)$$

$$运转率 = \frac{检查绪数}{总绪数} \times 100\% \qquad (5-54)$$

（6）万米吊糙的检测方法。记录煮茧工艺条件、索理绪温度、测定时间、庄口名称、车号，测定车位一般在加茧后第 3~5 台，属一人挡车范围，测定时跟随缫丝挡车工巡回，每处理一只绪头故障就记录一次。测定时间为 30min。

$$万米吊糙(次) = \frac{吊糙总次数 \times 10000}{箴速 \times 箴周 \times 测定绪数 \times 30 \times 运转率} \qquad (5-55)$$

（7）车厢温度、烘丝管蒸汽压力的检测方法。查看温度表和蒸汽压力表。

（8）小箴丝片回潮率的检测方法。

①近似干量测定法：选取测定用小箴 20 只，称出总重量，选定空箴上丝的车位，将测定用小箴 20 只套入箴轴内，在正常工艺条件下，缫完一回丝，在 5min 内称出全车丝重量，然后按照一定的工艺流程，返成大箴丝片并称出丝片重量。

$$W_1 = \frac{(m_1 - m_0) - m_2/(1 + W_2)}{m_2/(1 + W_2)} \times 100\% \qquad (5-56)$$

式中：W_1——小箴丝片近似回潮率；

m_0——空小箴重量，g；

m_1——丝小箴重量，g；

m_2——大箴丝片重量，g；

W_2——大篾丝片回潮率,一般为 7% ~9% 。

②肉眼观察法:小篾丝片回潮率可根据表 5 – 12 所列方法进行估计。

表 5 – 12　小篾丝片干燥程度肉眼观察法

检验用语	估计小篾丝片回潮率(%)	外观形态与手触干燥程度
适干	15 ~ 25	重挤丝片无水印,手触丝片略有潮感
潮湿	50 ± 20	重挤丝片能见水印,手触丝片有明显潮感
过潮	> 70	外观小篾丝片呈玉色,多数篾角有明显水印,重挤丝片能挤出水珠

(9)丝片宽度的检测方法。目测或用尺测量。

(六)分离机工艺条件和工艺检测方法

1.分离机工艺条件　分离机工艺条件见表 5 – 13。

表 5 – 13　分离机工艺条件

项　目		单位	工艺范围	项　目	单位	工艺范围
出水口水层厚度		mm	18 ~ 20	每只捕集器捕茧量	粒	30 ~ 40
出水口距圆栅滚筒	水平距离	mm	45 ~ 50	落绪茧分离效率	%	>92
	中心高度	mm	77 ~ 80	蛹衬分离效率	%	>95

2.分离机工艺检测

(1)出水口水层厚度、出水口位置的检测方法。目测或用尺测量。

(2)每只捕集器捕茧量的检测方法。目测。

(3)落绪茧、蛹衬分离效率的检测方法。在设备运转正常情况下,将落入输送带上的落绪茧和蛹衬取出,放在已准备好的容器内,时间为 3 ~ 5min,测定结束立即拿出蛹衬盘,分别数清落入输送带上和蛹衬盘内的落绪茧和蛹衬粒数。

$$蛹衬分离效率 = \frac{落入蛹衬盘中的蛹衬粒数}{落入输送带上的蛹衬粒数 + 落入蛹衬盘中的蛹衬粒数} \times 100\% \qquad (5 – 57)$$

$$落绪茧分离效率 = \frac{落入输送带上的落绪茧粒数}{落入输送带上的落绪茧粒数 + 落入蛹衬盘中的落绪茧粒数} \times 100\% \qquad (5 – 58)$$

二、设备管理

自动缫丝机在使用过程中,传动部件和工作部件会发生发热、磨损、松动等现象,从而会给产、质量和缫折带来较大影响,因此,必须做好自动缫丝机的日常维护、重点检修和定期检修;必须做好自动缫丝机的完好检查,使自动缫丝机处于完好技术状态,以充分发挥自动缫丝机的效能。

1.设备的日常维护

(1)机器润滑。自动缫丝机由零件、部结件等组成,润滑情况要求较复杂,润滑点多。其主要有各齿轮箱润滑、电动油泵集中供油自动润滑、直通式压注油杯和旋盖式油杯分散润滑和给茧机及传动链条的润滑等。

（2）故障检修。自动缫丝机的索理绪机、探索添绪机构、给茧机、络绞机构等易发生故障，必须及时检修和调整。

（3）设备清洁。自动缫丝机的清洁工作，主要有给茧机、感知器、捕集器、感知器框、玻璃导管、接绪翼、百灵台、鼓轮、缫丝槽、防沉板、索绪锅、理绪锅、新茧补充装置等的清洁工作。给茧机、感知器需安排专人清洗。

2. 设备的定期检修 自动缫丝机除了需做好日常维护外，还须根据设备运转和磨损状况，做好设备的定期检修，使设备经常处于完好状态，确保正常运行。定期检修一般分：大修理、小修理和重点检修。大、小修理完成后还须办理接交验收。

（1）大修理。每隔 3 ~ 4 年一次。主要内容是拆装和检查全部机架、轴与轴承、传动部各齿轮箱、感知器、添绪执行机构、丝故障切断防止装置、给茧机、络交装置、接绪装置、索理绪机和分离机以及电气控制部件等；更换因磨损锈蚀而损坏的零部件（超过大修理质量标准允许限度）；对所有传动部件，包括各齿轮箱进行拆卸清洗、检修，并加足润滑油；最后全机油漆。

（2）小修理。每隔 1 ~ 2 年一次。主要内容是拆装和检修机身传动轴、轴承、齿轮和链轮等部件，并清洗加油；拆装和检修变速箱、络交箱、索理绪传动箱体与工作部件；拆装和检修给茧机、捕集器、接绪、小篾传动部件；检查和校正络交往复部件、感知器部分和探索添绪执行部件、给茧机、自动加茧与探量机构；全面检修电动机。

（3）重点检修。因设备运转而不能检修的或会影响生丝质量的、易磨损的工作部件，需要重点检修。如探索添绪部件、接绪翼齿轮箱、转向部齿轮架、给茧机传动链、捕集器传动链、理绪机构、加茧探量装置等部分，可安排在平时工作间歇和固定节假日进行重点检修。

3. 设备完好管理 设备完好管理的主要指标为设备完好率和设备故障率。

设备完好率是反映企业机器设备的技术状况，是衡量企业管好、用好、修好设备水平的综合性指标。设备完好率检查是企业内部督促维修人员做好设备管理和维修工作的一种手段。自动缫丝机的完好率也反映了保养工的技术水平及工作责任心。

（1）设备完好率。每月进行 2 ~ 3 次抽查，抽查数每季累计机台数不少于全部机台数的 50%。其计算公式为：

$$设备完好率 = \frac{完好台数}{检查台数} \times 100\% \qquad (5-59)$$

（2）设备故障率。设备故障率以企业的生产设备发生的故障计算，故障停台台班数指当班不能修复的故障台数，其计算公式为：

$$设备故障率 = \frac{故障停台台班数（或台时数）}{计划运转台班数（或台时数）} \times 100\% \qquad (5-60)$$

三、操作管理

自动缫丝机的工艺控制、上丝、落丝、整理给茧机、处理故障及清洁工作需要人工操作。自动缫丝机新茧补充装置、索理绪机、加茧装置、生丝纤度控制系统、落绪茧蛹衬捕集和分离机构需要人工管理。自动缫丝机的产量、质量、消耗与缫丝挡车工、车头工、保养工技术熟练程度密切相关。因此,必须做好自动缫挡车工、车头工、保养工的岗前培训。

生丝需 10 件成批,每批丝共 3360 绞丝,需要 3360 绪(单簧成片,每片重 180g 左右)来缫制,即需要多名缫丝挡车工来操作完成,因而,生丝质量是缫丝挡车工整体水平的直接反映。整体水平包含两层含义,一是指缫丝挡车工的平均水平;二是指缫丝挡车工水平的差异。前者涉及生丝质量的平均等级,后者涉及生丝质量的稳定性。因此,自动缫丝机管理部门不仅要做好新工岗前培训,还需要做好日常操作管理,不断地提高员工的整体水平和缩小技术差异。

操作管理主要包括以下方面。

1. 新工培训 一般有两种方法,一是由操作技术优秀的员工负责担任培训员,进行集中培训;二是由师傅带徒弟,即安排技术过硬的员工带一名徒弟,传授操作技术。

2. 操作练兵 定期或不定期地举行操作比赛,如缫丝挡车工的四个单项(穿瓷眼、接结咬结、捻鞘、除颣捻添)比赛。

3. 日常操作测定 缫丝挡车工日常操作测定有 6 个项目,分别是运转率、规律巡回、错漏调绪头、三项基础操作、台面观察、处理故障占用时间。车头工日常操作测定有 4 个项目,分别是索理绪操作、新茧进茧量、加茧质量、万米吊糙。

4. 设立培训台 将操作技术差的员工集中到某一组自动缫丝机,安排操作技术优秀的员工负责指导、培训。

5. 操作技术等级评定 每年一次,根据操作测定成绩和生产成绩进行评定,技术级别按综合得分分为四级(一级、二级、三级、级外)。

四、质量管理

衡量生丝质量的综合指标,包括平均等级和正品率两方面。生丝的平均等级是按生丝各项品质检验指标,如外观、纤度偏差、纤度最大偏差、匀度、清洁、洁净、切断、抱合、强伸力等确定的。正品率是指整批生丝中正品所占的百分比。要提高正品率,必须避免纤度出格、丝色不齐、夹花丝、黑点丝等次品的产生。

自动缫丝机的质量管理主要是针对生丝的外观、平均纤度、纤度偏差、纤度最大偏差、匀度、清洁、洁净。其中平均纤度、纤度偏差、纤度最大偏差与生丝纤度有关,因此,纤度管理是自动缫丝机质量管理的重点。

(一)纤度管理

生丝纤度是衡量丝条的粗细程度的指标。生丝纤度成绩主要以平均纤度、公量平均纤度、纤度偏差和纤度最大偏差来衡量。

平均纤度反映整批丝的平均粗细程度,平均纤度超出规格范围称为出格丝,作为次品处理。

纤度偏差是表示整批生丝纤度偏离平均纤度的程度。纤度偏差越小,生丝纤度差异就越小,丝条的粗细均匀性越好。

纤度最大偏差表示整批丝中最粗最细纤度偏离平均纤度的程度。

定纤自动缫丝机通过生丝纤度控制机构系统来控制生丝纤度,生丝纤度控制机构以摩擦力作为控制量,并根据给定值 F_1 或 S_1 对生丝纤度进行自动控制。由式(5-23)可得 F_1 和 S_1 的关

系式为:

$$F_1 = 2\mu LK \sqrt{S_1} \frac{\mathrm{d}v}{\mathrm{d}\lambda} \tag{5-61}$$

又从式(5-61)可见,给定值 F_1 与工艺条件无关,因此,摩擦力的给定值 F_1 是相对固定的,即为一定值,因而,箴速、缫丝汤温、缫丝张力、煮熟程度、车间温湿度、丝条工作长度、隔距间隙以及丝鞘长度等工艺条件与生丝细限纤度 S_1 存在联系(表5-14)。

表5-14 工艺条件与生丝纤度的关系

工艺条件	纤度变化	纤度趋向	
		偏粗	偏细
小箴转速	20/22 旦:0.17～0.38 旦/(10r/min) 27/29 旦:0.28～0.55 旦/(10r/min) 40/44 旦:0.71～0.93 旦/(10r/min)	慢	快
缫丝汤温	20/22 旦:0.18～0.36 旦/10℃ 27/29 旦:0.20～0.45 旦/10℃ 40/44 旦:0.45～0.90 旦/10℃	高	低
丝胶膨润溶解程度	—	生	熟
车间温度	0.5 旦/10℃	高	低
车间湿度	—	高	低
丝条工作长度	—	长	短
隔距间隙	—	大	小

自动缫丝机的摩擦力的给定值 F_1 是可以调节的,当工艺条件发生变化引起生丝细限纤度 S_1 发生变化时,就可通过调整 F_1 使 S_1 得以修复。

自动缫丝机的生丝纤度由生丝纤度控制系统来自动控制,由于缫丝过程中箴速、缫丝汤温、丝胶膨润溶解程度、车间温湿度、丝条工作长度、隔距间隙以及丝鞘长度等工艺条件会发生变化,并且,某些绪头的摩擦力给定值 F_1 也可能产生变化,绪与绪之间的摩擦力给定值 F_1 就可能出现较大的差异;生丝纤度还会因机械、操作的原因而发生异常变化。因此,必须进行纤度管理,以保证生丝的质量。

自动缫丝机纤度管理主要是做好与纤度有关的工艺的管理、绪下茧粒数的测定、给定值的调整,如图5-53所示。

1.工艺管理 影响生丝细限纤度的工艺条件主要有箴速、缫丝汤温、丝胶膨润溶解程度、车间温湿度、丝条工作长度、隔距间隙以及丝鞘长度等。因此,自动缫丝机在生产过程中需要对上述因素进行管理,以保证生丝细限纤度的稳定和统一。

(1)箴速。主要是控制好线速度,控制线速度从两个方面着手。一是要使空箴上丝时和满箴落丝时的线速度相同;二是缫丝过程中绪与绪之间线速度相同。

①空满箴线速度:实测表明,空箴和满箴的直径相差10%左右,如果空满箴的箴速不变,则

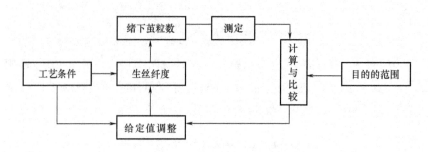

图5-53 生丝纤度管理方框图

线速度要相差10%左右,生丝细限纤度差为0.5~0.8旦,如果不加控制,就会影响生丝质量。飞宇2000新时代型、飞宇2008型自动缫丝机通过变频器与PLC进行实时动态调节小籰转速,基本上实现了恒线速缫丝。而D301A型、D301B型、飞宇2000型自动缫丝机的籰速不变,则线速度随着小籰丝片的增厚而增大,在生产过程中就需要对籰速进行调整,以缩小线速度变化。缫丝厂一般的做法是在中途(1/3丝片厚度、2/3丝片厚度)摇慢车速两次,每次摇慢3.3%(单籰成片),如图5-54所示,空籰和满籰线速度差可控制在3.3%左右。

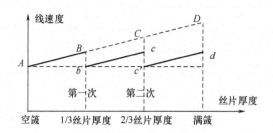

图5-54 小籰丝片厚度与线速度

②绪间线速度:小籰丝片厚薄不匀和小籰转速的差异就会造成绪间线速度的差异,从而影响生丝质量。主要原因有:小籰的弹簧销磨损、丝故障停籰装置失灵或丝故障检测装置迟钝造成丝条切断、丝故障检测装置过于灵敏造成无故障停籰、给茧机供茧能力不足、缫丝工操作不当等。故要对上述因素进行管理,一是做好小籰的检查与检修,提高设备的完好率,防止小故障变大故障;二是保证给茧机的供茧能力;三是提高缫丝工的操作技术水平。

(2)隔距间隙。隔距间隙的管理,实际就是感知器的管理,主要是感知器的装配、安装和清洗。以上工作需要专人负责。

①感知器的装配顺序与要求。

a.将图5-27中指示板6和芯轴9分别放在稀释的洗洁精溶液中洗净油污,用清水漂清,盛放在干净的容器内。

b.将芯轴9套上扇形调节重锤10,装上指示板6和塑料垫圈5待用。

c.将左隔距片、右隔距片平放,工作面朝上,每片滴上溶剂汽油少许后用绸布揩净隔距片上的灰尘,然后将左、右隔距片合拢,检查平整度,观察光圈,若符合要求,随即装到已装配的芯轴上。

d. 换一块绸布将每片隔距垫片 3、4 揩净灰尘,然后将两片隔距垫片合并,用杠杆千分尺测量数个点都要达到目标值才能使用,分开装配、装盒,分组使用。

e. 当合格的隔距垫片装入左、右隔距片时,必须将已揩净的左、右隔距片表面再揩一下,隔距垫片装进后,检查里面是否清洁,注意隔距片工作面的小端在下面,大端在上面,最后装上弹性垫圈 2、铜垫圈、特扁螺母 1。初步用手旋紧特扁螺母时,注意隔距片上下面要平,后端向指示板上面槽靠牢,调节重锤中心刻度线要与指示板中心刻度线对准,再用弹簧扳手旋紧,扭力扳到 4.5N·cm,每一只感知器要达到一致。

f. 将装配好的感知器放入盒内,保持清洁。

g. 感知器装配的注意事项。

• 零件与结合件应全数用目测及测量工具检验,不符合规定要求的一律不能用,主要要求:隔距片的平面度,芯轴的长度、同轴度,特扁螺母的配合,指示板孔与平面的垂直度,细限感知杆的长短、垂直度,调节棒的长短,调节重锤的中心刻度线是否正确等。

• 使用杠杆千分尺,指针校正到"0"位,固定目标值后,不能随意拨动,使用一段时间后要定期校验。

• 揩隔距垫片时,要检查隔距垫片是否平整,平面上不能有折皱痕、高低不平的小点,边缘不能有毛边等,如有发现必须剔除。

• 揩隔距片和隔距垫片的绸布要分开使用,保持清洁,使用一段时间后,绸面上有细纤维屑产生时必须更换,绸布需质地较厚、柔软而有筋骨,颜色以黑色或藏青色为好。

• 装配时,左、右隔距片的方向及其与指示板的相对位置必须正确。左、右隔距片工作面的相对位置确定后,所有纤度感知器的装配位置均应一致。

• 旋紧特扁螺母时,用左手五指握住感知器,大拇指在感知器左边中间,食指在右上方(细限感知棒一边),中指和无名指在右边中间,小指在后方;右手将弹簧扳手套住螺母稍用力向左面旋,左手拇指同时向右推,要用巧力,不要过于用力而使扭力超过规定值。

② 纤度感知器的安装:

a. 纤度感知器装入感知器框中必须转动灵活,指示板上的调节棒应处于纤度集体调节链条的调节杠杆头端上方。

b. 丝条应与纤度感知器的隔距间隙对直,使它们处于同一平面,避免丝条进入间隙时因歪斜产生擦边或擦角现象。

③ 感知器的清洗:感知器在生产过程中,会有丝胶黏附而影响感知器的细限纤度,要求每天清洗一遍。

(3)工作长度。如图 5-55 所示,在缫丝过程中,丝条在感知器中的工作长度是固定不变的。但调整定位鼓轮 5 的位置可以改变丝条在感知器中的工作长度。即通过调整定位鼓轮 5 的位置可以调整感知器的细限纤度 S_1。一般用作个别调整。

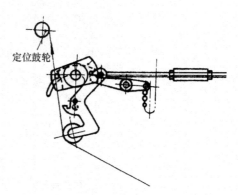

定位鼓轮

图 5-55　丝条与感知器

(4)其他。缫丝汤温、丝胶膨润溶解程度、车间温湿度会影响丝胶的黏性系数;丝鞘长度会影响丝条的圆整度,从而影响细限纤度。因此,需要对索理绪温度、汤色浓度、缫丝汤温、车间的温湿度以及丝鞘长度进行管理,控制在工艺设计的允许范围之内。

2. 绪下茧粒数管理 定纤自动缫丝机在缫丝中每绪均给定一个细限纤度 $S_{细}$,当绪下茧的茧丝纤度之和 $\sum\limits_{i=1}^{k} \Delta S_{茧i} < S_{细}$ 时,感知器就会发出信号要求添绪,探索添绪机构就会执行添绪操作,使 $\sum\limits_{i=1}^{k} \Delta S_{茧i} \geqslant S_{细}$ 。因此,自动缫丝机的生丝纤度控制系统会根据给定的细限纤度,自动调整和控制绪下粒数。

一般来说,细限纤度是相对稳定的,而绪下粒数则在不断地发生着变化,正常的绪下粒数变化不影响生丝质量。但是,生丝纤度控制系统可能会出现失添、多添甚至连续失添和连续添绪等现象,造成绪下粒数的异常变化。基本上可归纳为以下两种情形。

(1)绪下粒数变化并不显著,不易发现或判断,变化时间短,绪下粒数会自动得到修复。如给茧机空捞或多捞、手添、重添等。

(2)绪下粒数变化显著,容易发现或判断,变化时间长,绪下粒数难以自动修复。如感知器特扁螺母松开、玻璃片破裂、隔距片内有丝胶或毛丝阻塞、细限杆在感知器框缺口处卡牢、无丝鞘、小篝转速过慢、集体调节链条脱开或缠绕、添绪杆回复过快或过慢、添绪杆与感受杆同步配合不良、接绪翼转速慢等。

3. 细限纤度调整

(1)细限纤度的集体调整。

①细限纤度的集体调整条件。

a.在调换庄口或当篝速、车间温度等工艺条件发生较大变化时,可以根据对生丝纤度的影响程度,计算确定所需调整的刻度,通过纤度集体调节装置(图 5 - 56)事先进行细限纤度的集体调整。

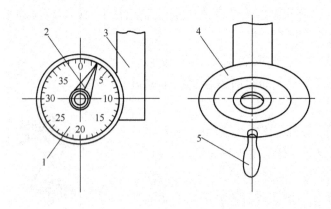

图 5 - 56 纤度集体调节装置

1—纤度调节表 2—指针 3—支架 4—手轮 5—调节手柄

b. 当绪下茧粒数调查的平均粒数高于或低于工艺设计允许范围时,若查明是工艺条件发生变化引起的,可算出需调整的刻度,通过纤度集体调节装置进行细限纤度的集体调整。

②细限纤度的集体调整方法:当外界工艺条件变化使实缫生丝纤度偏细时,调节手柄5沿顺时针方向转动,调节链条有效长度放长,同时纤度调节表1的指针2也沿顺时针方向转动,刻度数增加;反之,则减小。纤度调节表1上每格刻度的纤度调节是因生丝纤度规格而异,可参阅表5-15。

表5-15 感知器的集体调节方法

集体调节	纤度变化(旦)	纤度趋向	
		偏粗	偏细
调节链条放长或缩短, 纤度调节板每格调节量	20/22 旦:0.2 27/29 旦:0.3 40/44 旦:0.4	手柄逆时针方向转动, 使链条缩短	手柄顺时针方向转动, 使链条放长

③细限纤度的集体调整注意事项。

a. 调节时应以调节手柄向一个方向转动为基准,如需反向转动调节时,应多转过几格,再倒回所需刻度处,以消除调节机构因传动件间隙所造成的调节误差。

b. 纤度集体调整后,需进行批绪以验证调整后的平均粒数是否符合工艺设计要求。

c. 当绪下茧粒数调查的平均粒数高于或低于工艺设计允许范围时,若是茧丝纤度引起的,就不能进行纤度的集体调整,否则会事与愿违。最好的办法是不进行纤度的集体调整,但要查明茧丝纤度变化的原因,及时纠正。

(2)纤度的个别调整。当某绪生丝纤度控制系统给定的细限纤度超出允许范围时,可通过调整定位鼓轮的进出位置来调整细限纤度的给定值。

(二)生丝匀度

生丝匀度又称生丝均匀变化,是指生丝丝条粗细的均匀程度。丝条均匀程度高的,匀度好;反之,则匀度差。

匀度成绩是根据丝条在黑板上反映出来的变化深浅、变化宽度和变化条数三方面确定的。根据变化深浅可分为均匀一度变化、均匀二度变化和均匀三度变化,计算的条数与丝片中出现的丝条斑变化的宽度有关。生丝等级越高,要求出现的各类丝条斑变化的条数越少。

1. 匀度变化深浅 匀度变化的深浅是以纤度变化为主,并与丝条的透明度有关。纤度变化取决于落绪茧粒数的多少和添绪茧接替的正确度。透明度是光线透过丝条横截面的能力,它与丝胶含量的多少和生丝横截面形态有关。

(1)纤度变化对匀度的影响。缫丝过程中落绪或者茧丝纤度自然变化均会使纤度发生变化。落绪茧的茧丝纤度越粗,粒数越多,匀度变化就越深,成绩就越差;添绪茧的茧丝纤度与落绪茧的茧丝纤度差异越大,则匀度变化就越深,成绩就越差。

(2)透明度对匀度的影响。

①丝胶含量的多少。丝胶含有色素,呈半透明状;丝素呈白色,不透明。当光线照射到生丝

上时,因丝胶对光线的折射率大,减弱了丝素的白色反射程度。因此丝胶含量多的茧丝,即使纤度较粗,但反映出来的程度,容易有细的感觉(即通常所说的透明度好)。对于一粒茧子,由于外层茧丝丝胶含量较多,内层茧丝丝胶含量较少,故外层茧丝易在黑板上看细,而内层茧丝易看粗。

②生丝横截面形态的不同。茧丝的截面形态,一般是外层呈椭圆形,内层呈扁平形。构成生丝后,因茧丝的排列形状不同,也各有形状。一般抱合良好的生丝呈圆形。由于光线对圆柱形生丝的反射,近似凸镜,成球面反射,光线反射程度较弱,肉眼观察时容易看细;而扁平形的生丝,近似平面反射,光线反射程度较强,容易看粗。

2. 匀度变化宽度　匀度变化宽度取决于缫丝时丝条落细和添粗的变化长度。它与缫丝速度、丝条落细或添粗时间有关。

(1)丝条允许变化宽度。匀度检验时,检验员是站在离黑板2.1m处观察的。当黑板上丝条粗细变化的宽度很小时,肉眼不易发现,而要达到一定宽度(约1.5mm)才能被发现。因此把1.5mm作为丝条允许变化宽度,超过此宽度就要计数。

(2)丝条允许变化长度。丝条允许变化长度指1.5mm宽度内的丝条长度。

不同规格的生丝,由于卷绕的纤度不同,丝条允许变化长度也不同。

例如:当生丝为20/22旦(22.2/24.4dtex)时,丝条允许变化长度为4.7m。当生丝为28/30旦(31.1/33.3dtex)时,丝条允许变化长度为3.9m。

可以看出,生丝规格越粗,丝条允许变化宽度越短,匀度成绩不容易提高;生丝规格越细,丝条允许变化长度越长,匀度成绩容易提高。

(3)丝条允许失添时间。

$$丝条允许失添时间 = \frac{丝条允许变化长度}{缫丝线速度} \qquad (5-62)$$

生产同一规格的生丝,缫丝速度越快,允许失添时间越短;在相同的缫丝速度下,生丝纤度越粗,允许失添时间越短。所以生丝纤度越粗,缫丝速度越快,提高匀度成绩越困难;反之,就越容易。

3. 匀度变化条数　匀度变化条数与每个丝片内添绪点的多少有关。而添绪点的多少和解舒丝长、平均粒数有关。解舒丝长长、平均粒数少,则添绪点少,反之则多。一般来说,每个丝片的添绪点数越多,则生丝的匀度变化条数越多。但在实际生产中,只要将失添时间控制在允许失添时间内,丝片的匀度变化深浅不能显现,黑板检验中的匀度变化条数远比每个丝片内的添绪点数要少。

(三)生丝的清洁、净度

生丝的颣节可分为特大颣、大颣、中颣和小颣四种。其中,大、中颣属清洁范围,小颣属洁净范围。清洁成绩反映丝片上大、中颣的数量及种类,洁净成绩反映丝片上小颣的形状、大小、数量及分布情况。它们均为评定生丝品质的主要考察项目之一。

1. 清洁　清洁所指的大、中颣包括糙颣、废丝、添颣、结颣、螺旋颣、环结和裂丝等。

(1)糙颣。糙颣产生的原因主要是索绪温度过高、时间过长;理绪不清、用蓬糙茧缫丝;缫剩茧处理不当等。

(2)废丝。黏附于丝条上的松散丝团,且可用手拉去或剥离的,称为废丝。粘缠在丝条上后不能除去的,一般转化为大糙或小糙。废丝产生的原因与糙颣相似,是由于索绪汤温度不适导致理绪不清的蓬糙茧,在缫丝时一粒茧子有几根茧丝缠绕在生丝上,或相邻两绪由于绪下茧子的混合牵连卷绕,或丝条的切端附着于生丝而成。

(3)添颣。添颣又名黏附糙。主要是由于束添或断绪时切端过长,或捻添操作不良,茧丝曲折黏附在丝条上,致使部分丝条突然变粗而形成的。

(4)结颣。结颣是在断绪接结时操作不良(咬结过长,甚至没有咬结)形成的。

(5)螺旋颣。缫丝时构成生丝的茧丝间张力不匀、部分松弛的茧丝缠绕在丝条周围、使丝条的组合松弛不平,形成螺旋状的缠绕。其产生的原因是由于掐蛹、摘除蓬糙茧、有色茧、内印茧等以及换茧时,将应断绪的茧子拉得过急或拉得过长所致。

(6)环结。环结是丝条上单个或多个成线状或圈状的环。它是茧丝的8字形与S形胶着点未离解形成的小环圈,或是组成生丝的茧丝,其中一小段被分离,脱离生丝形成线状的环圈。

(7)裂丝。裂丝是指丝条分裂,长度在20mm以上者。裂丝产生的原因主要是环结断裂;小筬丝片干燥不及时,离解时产生裂丝;丝胶溶解过度、短鞘或操作不当使生丝抱合不良;丝条通道不光滑或有破损,使丝条损伤等。

2. 洁净 洁净所指的小颣包括雪糙、环颣、发毛颣、短结、轻螺旋、小糠颣(小粒)及其他不属于清洁范围内的各种小型糙疵。

(1)雪糙。雪糙是比小糙(丝条部分膨大或长度在2mm以下而特别膨大的颣节)更小的糙颣,其产生原因与小糙相同。主要是煮茧过熟,缫丝中理绪不清,索绪温度过高,时间过长,以及多次回索茧而产生的。

(2)环颣。环颣又称小圈。主要是由于茧层渗透不充分,煮茧偏生致使重叠的丝圈8字形或S形未能充分离解而成的。

(3)发毛颣。发毛颣是一根或数根茧丝断裂,在丝条上竖起成羽毛状,其长度在20mm以下。茧丝的毛羽颣未能被丝鞘除去,以及添绪断绪时有绪茧的丝头没有黏附在丝条上,均会形成发毛颣。

(4)短结。短结产生的原因与结颣相同,其结端比长结颣短,在3mm以下。

(5)轻螺旋。轻螺旋产生的原因与螺旋颣相同。主要是由于掐蛹时,强拉茧丝,茧丝断裂时产生收缩而卷绕在丝条外而形成的。

(6)小糠颣。又称小粒,它是丝条上形状很小的粒状颣节。这种颣节是由于纤维分裂或丝胶微粒凝聚而成。

(7)其他小颣。不属于清洁范围内的各种其他小型糙疵,如小型废丝等。

(四)外观疵点

缫丝产生的疵点,绝大多数直接形成生丝疵点。有些疵点虽可在后道工序中采取适当措施得以克服,但常是事倍功半;有的虽不是直接造成生丝疵点,但会给后道工序造成极大困难。所以,及时分析缫丝中产生疵点的原因,采取防止措施,是全面提高生丝质量的重要一环。

外观疵点有双丝、油毛丝、落环丝、厚薄丝片、丝片过湿、擦伤丝、污染丝、油污丝、直丝、扁丝、丝断头等。

1.双丝 双丝是指丝片中有一部分同时卷取两根或两根以上丝条。

2.油毛丝 油毛丝是指小籆丝片中卷入成团或成线的黑毛丝或白毛丝。

3.落环丝 指脱出在部分籆脚外。

4.厚薄丝片 指小籆丝片厚薄不一,复摇时丝绞重量相差25%以上的丝绞。

5.丝片过湿 指小籆丝片回潮率超过标准,一般在40%甚至高达80%以上,用手揿丝有水印,严重时可挤出水滴。

6.擦伤丝 指小籆丝片擦伤,呈现发毛、白点(又称白斑),甚至丝条断裂的生丝。

7.污染丝 指小籆丝片底层(除籆角部分)呈现淡灰色污染,光泽晦暗的丝。

8.油污丝 指小籆丝片沾有黄褐色块状油污,在大籆丝片上呈现点状油污渍,一般以大体相同的间隔连续出现,俗称油污丝;或者是小籆丝片均匀地沾染油污,呈现黄褐色夹花丝。

9.直丝 指丝条在丝片上重叠成一束状,严重的成棒状凸起。直丝主要是没有放入络交环引起的,在复摇时无法退绕。

10.扁丝 指丝条不呈圆柱形,略呈扁平形。

11.丝断头 指小籆丝片中有丝条切断现象。

影响自动缫丝机生丝质量的因素主要有人、机、料、法、环五大因素,因此,要保证自动缫丝机生丝质量,就要做好工艺管理、设备管理和操作管理。

五、生产管理

(一)产量

自动缫丝机的产量通常以台时产量表示,是指一台缫丝机1h所缫得的丝量。可用公式表示:

$$台时产量[g/(台·h)] = \frac{车速(转/min) \times 籆周(m) \times 生丝纤度(旦) \times 60 \times 20 \times 运转率 \times 工时效率}{9000} \quad (5-63)$$

可见,台时产量与车速、籆周、生丝纤度、运转率和工时效率有关。其中,车速由工艺设计部门确定,一般生产部门不能调整;籆周是一个固定值;生丝纤度与台时产量成正比,生丝纤度粗台时产量高,生丝纤度细台时产量低,但生丝纤度必须控制在允许范围之内。因此,在自动缫生产中,影响台时产量的主要因素是运转率和工时效率。

1.运转率 自动缫丝机的运转率是运转绪数与总绪数之比,即与停籆的多少有关。停籆多,运转率低;反之,就高。停籆的多少与缫丝中发生丝条故障多少和缫丝挡车工处理故障的能力有关。

(1)丝故障。缫丝中发生丝条故障多少可用万米吊糙或每台每分钟吊糙发生次数来表示。丝故障的发生不仅与原料茧茧质、煮茧质量、正绪茧质量有关,而且也与瓷眼的孔径、缫丝工的操作有关。

丝故障按处理时间长短可分为小故障、中故障和大故障。小故障为处理时间在8s以下的丝故障,大故障为处理时间在 40s 以上的故障。小故障转化为中故障或大故障主要是由停篢停添装置、切断防止装置、添绪杆、接绪翼、给茧机等故障引起;缫丝挡车工操作不当也会引起小故障转化为中故障或大故障。

自动缫丝机要减少故障的发生,就要对上述因素进行控制与管理。自动缫管理中特别要防止小故障转化为中故障或大故障。

(2)缫丝挡车工处理故障的能力。当自动缫丝机单位时间丝故障发生的数量,超过缫丝挡车工处理故障的能力时,运转率就会降低。反之,就会提高。

2. 工时效率 自动缫丝机的工时效率是自动缫丝机运转时间与额定工作时间之比,即与停台时间有关。停台时间长,工时效率低,反之就高。停台主要是与设备故障、供水、供电、供汽有关,也与新茧和正绪茧供给有关。

(二)缫折

缫折是指茧量占缫得丝量的百分比,习惯上指缫制 100kg 生丝所耗用的茧量。可用下式表示:

$$缫折 = \frac{茧量}{丝量} \times 100\% \tag{5-64}$$

式(5-64)中的茧量可分解为煮茧溶失的丝胶、缫丝(包括索理绪)溶失的丝胶、绪丝(包括给茧机卷绕杆卷取的绪丝)、小篢丝片、蛹衬、屑丝六部分,即:

$$茧量 = 煮茧丝胶溶失量 + 缫丝丝胶溶失量 + 绪丝量 + 小篢丝片丝量 + 蛹衬量 + 屑丝量 \tag{5-65}$$

得:

$$小篢丝片丝量 = 茧量 - 煮茧丝胶溶失量 - 缫丝丝胶溶失量 - 绪丝量 - 蛹衬量 - 屑丝量 \tag{5-66}$$

式(5-66)中茧量是一个定量,煮茧丝胶溶失量与煮茧工艺有关,可见,缫丝过程中缫折与缫丝丝胶溶失量、绪丝量、蛹衬量、屑丝量有关。因此,在缫丝工序中,要做小缫折,就必须对缫丝丝胶溶失量、绪丝量、蛹衬量、屑丝量进行控制和管理。

1. 缫丝丝胶溶失量 煮熟茧要经过新茧补充装置、索绪锅、理绪锅、给茧机、缫丝槽,最后变成蛹衬通过分离机排出。缫丝丝胶溶失量与上述装置的水温、汤色浓度及停留的时间有关。水温高、汤色浓度低、停留时间长,丝胶溶失就多;反之,丝胶溶失就少。因此,要控制好上述装置的水温、汤色和茧子在上述装置中停留的时间,其中重点是索绪锅的水温、汤色和茧子停留时间。在生产过程中尤其要努力减少和避免不必要的回索。

2. 绪丝量 绪丝分为索绪绪丝、理绪绪丝和给茧机卷绕杆卷取的绪丝,自动缫丝机主要为索理绪丝,索绪绪丝和理绪绪丝通过锯齿片理绪机构、偏心盘理绪机构、两棱体理绪机构后形成丝辫卷绕在大篢上。索绪绪丝与索绪锅水温、汤色(丝胶浓度)、pH 值、水位、索绪时间、茧量、索绪帚数量和新旧程度、索绪体的摆动角度、蒸汽压力、孔管出气孔的孔径和数量及方向等有关。理绪绪丝与理绪锅的水温、汤色、偏心盘下方的茧量、偏心盘与水平面的倾角、丝辫的线速度、理绪锅的水流、加茧部的茧量等有关。因此,在自动缫丝机的生产过程中,需要对上述因素进行管理和控制。

绪丝又可分为第一绪丝和第二绪丝,第一绪丝是新茧的绪丝,第二绪丝是无绪茧和落绪茧的绪丝。落绪茧的产生与煮熟茧的茧质、给茧机水温和汤色、抛添状况(力度、角度)、缫丝槽的水温和汤色、茧子新陈代谢等有关。因此,在自动缫丝机的生产过程中,还需要对上述因素进行管理和控制,特别要防止和避免将正绪茧变为落绪茧和无绪茧。

3. 蛹衬量 蛹衬量与分离机的分离效率有关,故需要对捕集器、分离机进行管理。

4. 屑丝量 缫丝生产中造成屑丝有两种情况:一是寻绪、弃丝、接结操作造成;二是落环丝、擦伤丝等疵点丝造成。生产中应严格执行寻绪、弃丝、接结的操作方法,同时要防止产生双丝、特粗纤度、落环丝、擦伤丝等疵点丝。

(三)换庄接缫

原庄口原料茧将缫完,需要接缫新庄口原料茧,这种交接时的缫丝称为接缫。接缫时,要合理处理好绪头茧、丝小篗和结庄原料茧及其缫制的丝绞。绪头茧的处理方法有并绪接缫、过渡接缫、拉捻接缫和直接接缫四种。处理小篗丝片的方法有成车落丝(满回落丝)和不成车落丝(称统落丝)。处理结庄原料茧及其缫制的丝绞有"以丝配茧"和"以茧配丝"两种。上述几种方法,须根据原料、生丝品位、规格等因素进行选择,以确保生丝质量,既能充分利用原料又能尽量减少产量损失。

1. 丝小篗的处理方法 小篗丝片重量到一定值时需进行落丝。通常情况下,一只小篗丝片复摇成一绞丝叫全回丝,两只小篗复摇成一绞丝叫半回丝。接缫时,小篗丝片按规定重量进行落丝叫成车落处;小篗丝片不到规定重量就落丝,复摇时按小篗丝片厚薄搭配成丝绞叫不成车落丝。不成车落丝增加复整工作量,且要求正确并篗成绞,丝厂一般不大采用。但如遇停机数天再进行缫丝,小篗丝片受到影响,退绕也会发生困难,故常采用不成车落丝。

2. 结庄原料茧及其缫制丝绞的处理方法

(1)以丝配茧。将结束庄口所缫制的生丝按成批或成件配准尚需的缫茧量,计算出缫丝总桶数,再进行接缫叫"以丝配茧"。结束庄口所剩的原料茧另行安排,一般与季别相同、茧色相近、茧丝工艺性能差不多的其他庄口一起缫制。

(2)以茧配丝。将结束庄口原料茧全部缫完叫"以茧配丝"。结束庄口缫制成件但不成批的生丝叫零件丝;成包而不成件的叫零担丝,又叫零包丝。零件丝、零担丝可单独处理,也可以与等级、光泽、手感、颜色相近的其他生丝并合成批。

3. 绪头茧的处理方法

(1)并绪接缫。并绪接缫就是结束庄口原料茧缫终时,将绪头茧全部并绪缫丝,接缫庄口原料重新索理绪上丝后进行缫丝。并绪接缫一般适用于下列情况:接缫不同季节的原料茧;接缫茧色与结庄茧色差距很大;落丝后需停机数天(冬季三天以上,夏季满两天)再缫丝。接缫原料茧上丝后,要防止生丝纤度偏粗或偏细以确保生丝质量。

(2)过渡接缫。过渡接缫就是在调换原料茧庄口时,事先将结束和接缫两庄口原料茧更改混茧配比的接缫方法。该方法只要根据工艺设计适当控制混茧即可。但是混茧时必须掌握好比例顺序,即接缫和结束两庄口原料,在混茧时采取 1:4、2:3、3:2、4:1 的比例顺次递增,顺次送煮茧接缫,最后全部缫接缫庄口原料茧。当原料比例为 3:2、4:1 时,煮茧和缫丝工艺按接缫庄口要求掌握。凡符合以下条件的即可采用过渡接缫法:缫制生丝规格相同,等级不超过一级;同一季节原料茧,茧色基本接近;茧丝纤度相近,一般不超过 0.2 旦(0.22dtex)。

过渡接缫在缫丝、复摇、整理等加工过程中运用比较方便,但必须在保证生丝质量处于允许范围内的前提下进行。

(3)拉捻接缫。拉捻接缫就是结束庄口将缫完时,在原有绪头上拉下一部分茧子,捻上一部分接缫原料茧。具体的做法:待台面茧子基本缫完,立即将接缫茧加入有绪部(或给茧机),然后停车落丝,在每个绪头上拉下一半左右的绪头茧(视结束和接缫庄口原料茧质差距而定,茧质越接近越可少拉),同时捻上规定绪粒数的接缫茧,此时,捻添的是未缫过丝的新茧,拉下的是已缫过且尚待继续添绪缫丝的茧子。绪头上拉捻完毕,将每绪的绪丝拉过丝鞘后除去,然后上丝缫丝。这种方法介于并绪接缫和过渡接缫之间,一般符合以下条件的才可采用拉捻接缫:缫制的生丝等级不超过一级;茧色差距在半级以内;平均绪粒数相差0.5粒以下。

拉捻接缫时拉下的茧子必须回用,而且要均匀地搭配添绪,防止甩掉和集中添绪缫丝。此外,拉捻接缫和并绪接缫一样,采用成车落丝。

(4)直接接缫。直接接缫就是待结束庄口缫完或成车落丝后,立即加入接缫茧继续缫丝。这种接缫方法最简便,要符合以下条件时才可采用:缫制生丝规格、等级相同;同一季节的原料茧、茧色相同、原料茧性能基本相同。由于结束庄口缫完就加入接缫茧进行缫丝,此时会产生两种原料茧缫制一绞丝的情况,应进行反复对比试验检查,不仅检查其丝色、夹花,而且对光泽、手感等也应加以检查,不能轻易采用。

(四)缫剩茧的处理

缫丝生产,有时不能连续进行,如缫丝车间为一班或两班制生产,每天均要停车一段时间,节假日也需要停车。停车后剩下的茧子称为缫剩茧,包括绪头茧和非绪头茧。有时也将绪头茧与非绪头茧分开,这时缫剩茧专指非绪头茧。缫剩茧若不及时处理,即有变色、腐败的可能,特别在夏秋季更易发生。这样的茧缫丝时多生颣节,增加落绪,并影响丝色。缫剩茧变质,是由于细菌繁殖的结果,轻则变色,重则腐败。缫剩茧处理的实质,就是抑制细菌繁殖。

在正常情况下,在停车前1h,必须根据缫丝机的生产情况,正确估计所需茧量,即做好定茧工作,不使缫剩茧过多或过少。过多时,处理不当,茧子容易变质;过少时,效率利用不足或次日开车缫丝全为新茧,影响生丝的纤度和匀度成绩。一般每台车缫剩茧(非绪头茧)以控制在50粒左右为宜。

1. 缫剩茧处理方法　处理缫剩茧的方法,应随气温不同而异,一般分低温、常温、高温三种。

(1)低温(8℃左右)时的处理方法。

①当停车6~20h时,缫剩茧用冷水渍冷,浸渍在理绪锅或桶内;绪头茧用冷水浇冷,浸在缫丝槽内或用长网搁起。

②当停车20~40h时,绪头茧并绪至五六台车时拉下,缫剩茧用冷水渍冷,浸渍在理绪锅或桶内。在停车中途时间,更换浸渍水一次。

(2)常温(20℃左右)时的处理方法。

①当停车6~20h时,将缫剩茧渍冷,并浸在理绪锅内,绪头茧浸渍在缫丝槽内,并开放30~60min冷水置换浸渍水,使茧子充分冷却。

②当停车20~40h时,绪头茧并绪至五六台车时拉下,将缫剩茧渍冷,并浸在理绪锅内,开

放 40 ~ 60min 冷水置换浸渍水。关闭冷水后,在浸渍水中加入适量防腐剂。次日应更换缫剩茧的浸渍水数次(一般上下午各一次),并于换水后加入防腐剂。有条件的,可将缫剩茧和绪头茧储藏于冷库。

(3)高温(28℃左右)时的处理方法。

①当停车 6 ~ 20h 时,将缫剩茧和绪头茧充分渍冷,分别浸渍在理绪锅、缫丝槽内,开放 30 ~ 60min 冷水置换浸渍水,必要时可经常放水置换,并打开门窗,使车间通风,或采用机械通风。当气温在 30℃ 以上时,应在浸渍水中加入适量防腐剂。

②当停车 20 ~ 40h 时,并绪后留下的缫剩茧应充分渍冷,再浸渍于容器内,放在阴凉通风处,多次换水,并加入防腐剂。有条件的,可将缫剩茧储藏于冷库。

2. 防腐剂常用浓度　处理缫剩茧所用的防腐剂有冰醋酸、亚硫酸钠等。

(1)冰醋酸(CH_3COOH)。为澄清无色酸性液体,常用浓度为 0.03% 。

(2)亚硫酸钠(Na_2SO_3 或 $Na_2SO_3 \cdot 7H_2O$)。为无色风化晶体,常用浓度为 0.04% 。亚硫酸钠对茧色有漂白作用,但防腐力不强,一般不单独使用。

思考题

1.缫丝基本工艺流程是什么?

2.自动缫丝机对茧腔吸水有哪些要求? 为什么?

3.索绪的工艺要求是什么? 影响索绪的因素有哪些?

4.理绪的原理是什么? 自动缫丝机是通过哪些方法进行理绪的?

5.影响解舒张力的因素有哪些?

6.什么叫作"落细"? 自动缫丝机是如何解决"落细"的?

7.生丝纤度控制机构由什么组成?

8.隔距式定纤感知器的工作原理是什么?

9.给茧机的作用和基本要求是什么?

10.缫丝时为什么要经过集绪器和丝鞘后才能卷绕成形?

11.生丝卷绕的要求是什么?

12.影响自动缫丝机生丝纤度的因素有哪些?

13.什么是生丝匀度? 匀度成绩由什么决定? 影响生丝匀度的因素有哪些?

第六章　复摇整理

本章知识点

1. 复摇整理的目的和要求。

2. 小籰丝片平衡。

3. 小籰丝片真空给湿的基本原理。

4. 复摇机的构成。

5. 复摇工艺管理。

6. 绞装丝整理方法和要求。

7. 复摇成筒工艺。

从缫丝机上落下的小籰丝片,还需经复摇和整理工序加工成绞装或筒装丝,才能成件成批出厂,目前,大部分缫丝企业加工成绞装丝,有少部分企业加工成筒装生丝。

复摇也称扬返或返丝,是将小籰丝片返成大籰丝片或筒装生丝的生产过程。复摇后再加工整理,使大籰丝片或筒装生丝成形良好,疵点减少,丝色和品质统一;防止切断,便于运输、储藏,满足用户使用要求。复摇整理应满足下列要求。

(1)使绞装丝片或筒装筒子丝达到一定的干燥程度和规格(包括生丝回潮率、重量、丝片宽度、周长或筒子直径、筒子硬度、外观形态等)。

(2)必须尽量保持生丝的弹性、强度、伸长率,以减少织造时的断头和绸面产生亮丝、急经或急纡等病疵,提高织物的品质。

(3)除去缫丝中造成的部分疵点,如特粗特细丝、大糙、双丝、长结、飞入毛丝、落环丝等。发现小籰丝片厚薄不匀时,及时向缫丝车间反映。

(4)使丝片有适当的籰角,络交花纹平整或筒子成形良好,有利于下道工序的使用。

(5)充分发挥复摇机或络筒机的生产效能,并尽量减少回丝、坏筒,以达到节约的目的。

(6)整理中不损伤丝质。

经复摇整理得到的绞装或筒装生丝,应做到整形良好,手感柔软,消灭疵点和减少切断。复摇丝片整形良好的要求是籰角挺括,板而不黏,捻之即松,花纹稍浑,手感柔软,一层到底,不带浮丝,消灭宽丝。

为达到上述目的和要求,现行绞装丝复整工艺,一般经过如下程序:小籰丝片平衡→小籰丝片给湿→湿小籰丝片平衡→复摇→大籰丝片平衡→编检→丝片平衡→绞丝→称丝→配色→打包→成件成批→复摇成筒。

第一节　小篾丝片平衡及给湿

一、小篾丝片平衡

小篾丝片平衡是指对缫丝车间落下的小篾丝片在一定的温湿度(或室温,开鼓风机)条件下通过一定时间的静置,达到小篾丝片内、中、外层之间和不同小篾丝片之间回潮率统一的过程。

小篾丝片回潮率的高低,与丝片整形、手感软硬、生丝机械性能等有着密切的关系。如小篾丝片回潮率过高,则大篾丝片容易产生硬篾角或在篾角处发生丝条黏结现象,复摇时容易产生切断。如小篾丝片回潮率过低,则大篾丝片易成松篾角,容易造成丝片成形不良,切断增加。

若小篾丝片外、中、内层回潮率差异大,则大篾丝片会产生分层现象,使丝片整形不良,也易增加切断。在缫丝过程中,卷绕在小篾上的生丝,虽经干燥,但落下时仍留有一定量的水分。一般认为,当小篾丝片回潮率控制在18% ~30%时只需稍经平衡,使外、中、内层回潮率差距减小,就能进行给湿复摇。若是由缫丝速度快等原因引起的烘丝管的干燥能力不足,落下的小篾丝片回潮率较高,就需要较长时间的平衡,且效果相对较差。表6-1是工厂实际测量得到的小篾丝片平衡前后的回潮率。

小篾丝片平衡时间的长短,应根据落下小篾丝片回潮率的高低及大气温湿度情况掌握。最好设置专门的平衡室,容纳全厂20%的小篾。室内装有可以调节温度的蒸汽管,并在墙脚处开有进风口,室顶设排气筒,以便排除潮湿空气。平衡室温度一般为 20 ~ 35℃,相对湿度为45% ~ 55%;平衡时间 15 ~ 45min。在没有平衡室的工厂,可在复摇车间中平衡,当室内相对湿度较大或小篾回潮率偏高时,可将落下的小篾丝片用风机鼓风干燥,使丝片回潮率达到平衡。

表6-1　小篾丝片平衡前后各层生丝回潮率变化

试验编号	层次	平衡前回潮率(%)	平衡后回潮率(%)		
			15min	30min	60min
甲	外层	22.2	20.6	19.6	18.4
	中层	25.2	23.8	21.3	20.5
	内层	15.6	15.3	14.9	14.7
乙	外层	25.4	23.2	21.7	19.9
	中层	28.2	26.4	23.9	22.7
	外层	19.6	19.1	18.4	17.8

注　1.编号甲,浙江嘉兴制丝针织联合厂,20/22 旦(22.2/24.4dtex)自缫春茧生丝。平衡时温度为25 ~ 27℃,相对湿度为50% ~53%。

　　2.编号乙,浙江嘉兴制丝针织联合厂,27/29 旦(29.9/31.9dtex)自缫秋茧生丝。平衡时温度为28 ~ 29℃,相对湿度为55% ~ 57%。

小篾丝片平衡后的干燥程度与丝片整形状态的关系见表6-2。

表6-2 小筴丝片平衡后的干燥程度与丝片整形状态的关系

小筴丝片平衡后的干燥程度	丝片整形状态
过干	筴角偏松,丝片花纹偏浑,表面略有浮丝
适干	筴角挺括,板而不黏,捻之即松,手感柔软,不带浮丝
过潮	筴角板而带黏,捻之不易松,丝片偏硬

注 浙江嘉兴制丝针织联合厂生产技术科自缫生丝27/29旦试验资料。

二、小筴丝片给湿

(一)给湿的作用

由于小筴丝片经过平衡后已适当干燥,丝条间有一定的胶着力,退绕时容易产生切断。为此,在复摇前,需要对小筴丝片进行给湿,使丝条外围的丝胶得到适当的软和,削弱丝条间的胶着力,以利于复摇过程中丝条的退解。目前常用的给湿方式为真空给湿。

真空给湿是指将小筴丝串浸在水中,借助多次减压和恢复常压,使丝片吸水的过程。它有吸湿透而均匀,操作方便,不伤丝、不塌边和减轻工人劳动强度,提高劳动生产率等优点。

(二)真空给湿的基本原理

当小筴丝片浸没于密闭的真空给湿桶内的溶液中时,用真空泵抽去桶内空气,以降低液面压力,使丝片中的空气体积膨胀,同时有部分空气不断以气泡的形态向液面逸散,直至丝片中的气压与液面压力平衡为止。当真空泵停转,桶外空气重新进入时,液面压力大于丝片中的压力,由于两者压力差而迫使水渗入丝层之间。这样反复抽气进气,使丝片中的空气逐渐排除,水被丝片充分吸收,达到小筴丝片均匀给湿的效果。

假如小筴丝片在抽真空后(进气前)丝片中的空气体积为V_1,此时空气压力为P_1(其值等于大气压力减去真空度);进气后,丝片中的空气体积为V_2,此时丝片中空气的体积为P_2(即大气压),那么:

$$P_1 \times V_1 = P_2 \times V_2 \tag{6-1}$$

一次真空后,丝片的理论给湿量Q为:

$$Q = \rho_W(V_1 - V_2) = \rho_W\left(1 - \frac{P_1}{P_2}\right)V_1 \tag{6-2}$$

式中:ρ_W——水的密度,g/cm^3。

从式(6-2)可以看出,真空度越大,丝片中空隙越多,理论给湿量越大。即当真空度恒定时,小筴丝片卷绕得越紧密,吸湿量越小,反之则越大。由于在抽真空和进气过程中,丝片中的空气会出现部分逃逸,因此,实际的丝片给湿量还与进气次数、进气速度等因素有关。实际的丝片给湿率η可按下式计算:

$$\eta = \frac{W_2 - W_1}{W_1} \times 100\% \tag{6-3}$$

式中:W_1——给湿前小筴丝片质量,g;

W_2——给湿后小筴丝片质量,g。

(三)真空给湿机

真空给湿机如图6-1所示,主要由真空给湿桶、真空泵、丝杆、铝盘及自动控制箱等组成。真空给湿桶1的内径为0.95m,深度为1.17m,埋在地坑里,与真空泵10连通。桶底装有蒸汽加热管,供冬季加温用。为了控制桶内的液位,装有浮球式液位计,以不断补充被小箯丝片吸收的水量。在桶的法兰圈上垫上一圈橡胶密封圈,使桶盖与桶体能完全密闭。在地面上,桶的四周装有立柱三根,作为桶盖升降的轨道。顶部装有电动机8、内螺丝槽轮和电气自动控制箱4。内螺丝槽轮内穿有一根丝杆7,丝杆下面连接桶盖6、箯串夹和多孔铝盘2。十多串小箯丝串3就竖在多孔铝盘上,并用固定架固定。电气自动控制箱内装有真空度自动控制器和给湿次数调节器,可按生产需要调节。

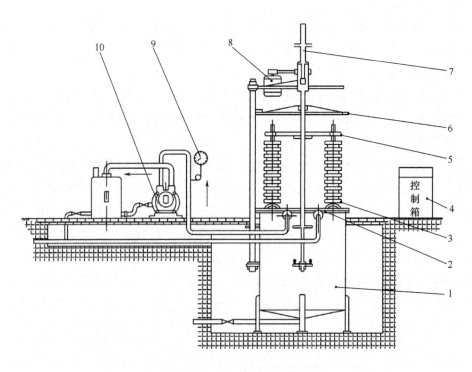

图6-1 丝小箯真空给湿机

1—真空给湿桶 2—多孔铝盘 3—小箯丝串 4—电气自动控制箱 5—固定架
6—桶盖 7—丝杆 8—电动机 9—真空表 10—真空泵

给湿时,先开冷水阀,将水放入真空给湿桶1内,至规定水位时,进水阀门自动关闭。然后将小箯丝串3竖在多孔铝盘上,电动机8带动内螺纹槽轮使丝杆7及铝盘2和桶盖6缓慢下降,直至桶盖与桶体完全合上,电动机停止转动。真空泵10由系统控制自动抽气,抽气至预定的真空度停止抽气,自动打开进气阀,空气进入桶内。待真空度回到零时,关闭进气阀,真空泵又自动抽气。真空泵按照预先调节好的次数抽气(一般为2~4次),使桶内数次减压和恢复常压,促进小箯丝片吸水。

小箯丝片给湿率随着真空度的增加而增大。给湿次数增加,丝片给湿率也有所增大,但有一定的临界值,达到此值时,给湿率不再增大,说明丝片已吸足水分。

小箴丝片给湿率的大小,应视小箴丝片回潮率的高低和生丝规格而定。不同的条件,给湿量的掌握趋向见表 6-3。对于 27/29 旦以下的自动缫小箴丝片,丝片给湿率一般为 80% ~ 120%。对于 27/29 旦以上的自动缫小箴丝片,丝片给湿率一般为 60% ~ 100%。

表 6-3 不同条件的给湿量趋向

项　　目	给湿量少	给湿量多
原料茧别	春茧	夏秋茧
生丝纤度	粗	细
缫丝车速	快	慢

表 6-4 真空给湿的工艺条件

生丝类别		真空度 (kPa)	真空次数 (次)	给湿水温 (℃)
春茧丝	隔夜丝	55 ~ 80	2 ~ 3	15 ~ 35
	当日丝	40 ~ 70	2 ~ 3	15 ~ 35
夏秋茧丝	隔夜丝	40 ~ 70	2 ~ 3	15 ~ 35
	当日丝	25 ~ 55	2 ~ 3	15 ~ 35

小箴丝片给湿后,到上丝复摇要有一段待返时间,这一过程称为湿小箴丝片平衡,平衡时间为 10 ~ 45min。做到以手捏丝片有水挤出、无水滴下为平衡适当。若平衡时间过短,小箴丝片表面水分过多,容易造成大箴丝片底层硬胶;时间过长,对丝色不利。特别是冬夏季,要防止湿小箴丝串过夜,夏天易产生生物黄丝片或夹花丝,冬天易冰冻,损伤丝质。

(四)真空给湿中助剂的使用

为了促进丝片手感柔软,丝身光洁挺括,防止丝片固着,减少切断,提高生丝的强伸度,有些丝厂采用在真空给湿过程中加入化学助剂,使生产的生丝表面润滑、柔软而富有弹性。常用的化学助剂及使用方法如下。

1. 柔软剂 HC "阳离子型"乳化体,外观为白色稠厚乳液,pH 值为 3 ~ 5,能扩散于水,在水中稳定,使用时泡沫多,手感有滑性。有促进小箴丝片离解,使大箴丝片柔软、光滑、富有弹性的作用。使用时,先将柔软剂与热水按 1:1 混合后,搅拌均匀。按 0.1% ~ 0.5% 的浓度将计算量的溶液加入到给湿桶的清水中,在使用过程中,根据耗用水量计算出一定间隔时间柔软剂的加放量,并定时加入。一般夏天每天换水一次,冬天隔天换水一次。

2. 柔软剂 101 非离子表面活性剂混合体,外观为白色或微黄色稠膏状液体,呈中性,可与水以任何比例稀释为乳化液体。有防止丝胶胶着,促使生丝柔软、光滑的作用。常用浓度为 0.1% ~ 0.2%。使用方法同柔软剂 HC。

3. 太古油(土耳其红油) 阴离子表面活性剂,是由蓖麻油和浓硫酸在较低的温度下反应,再经由氢氧化钠中和而成。外观为黄色或棕色稠厚油状透明液体,溶解于水,呈弱碱性,有润滑和渗透作用,能促进丝胶软化,纤维柔软而光滑。常用浓度为 0.1% ~ 0.3%。使用方法同柔软剂 HC。

此外,丝厂有时也根据丝织厂的要求,在小篼丝片给湿时,加入其他的助剂,满足丝织厂的特殊要求。

第二节 复摇机及复摇工艺管理

一、复摇机

复摇机主要由小篼浸水装置、导丝装置、络交装置、大篼、停篼装置和干燥装置等组成,如图6-2所示。

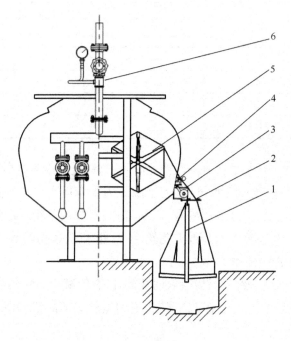

图 6-2 复摇机

1—小篼浸水装置 2—导丝圈 3—导丝杆 4—络交装置 5—大篼 6—干燥装置

(一)小篼浸水装置

小篼浸水装置位于复摇机的前下方,由浸水槽、浸篼盘、升降机构等组成,用于小篼丝片中间给湿。在复摇过程中,若小篼丝片呈现白斑,说明小篼丝片偏干,需要进行中间给湿,否则容易产生大篼丝片分层或增加切断。复摇时,小篼放置在浸篼盘上,需要中间给湿时,扳动升降机构,浸篼盘下降,使小篼浸于水中;水浸足后,再扳动升降机构将浸篼盘提出水面。目前也有工厂以水管不定期洒水给小篼加湿。

(二)导丝装置

导丝装置包括导丝圈和导丝杆(一般为蓝色玻璃杆)。复摇时,大篼转动,带动丝条从小篼上快速退绕,产生回转运动,在离心力的作用下使丝条抛离小篼轴线,在空间形成一个特殊形状的表面,称为气圈。退绕速度越快,气圈就越大。若气圈过大,就会与临近小篅的丝条相碰,互相纠缠而产生双丝。导丝圈可以限制气圈的大小,防止双丝产生。玻璃杆既可防止丝条起毛或切断,又可调节丝条卷绕到大篅上所受的张力。

(三)络交装置

为了保证丝片整形良好,干燥容易,色泽正常,丝条间不过分胶着及切断时容易寻绪接结,每台复摇机上装有单独的络交装置,如图6-3所示。由于大篅丝片较薄且宽,一般采用单偏心络交型,已能满足丝片成形的要求,且结构简单,制造成本低,耐用。

复摇机的篅络速比是指大篅转速与络交杆往复速度之比。由于大篅转速和络交杆往复速度均是由络交箱中的络交齿轮的转速决定的,因此,篅络速比 i 可由下式计算得到:

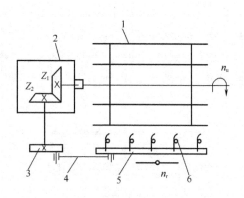

图6-3　复摇机络交装置图

1—大篅　2—络交箱　3—偏心盘
4—连杆　5—络交杆　6—络交钩

$$i = \frac{n_u}{n_r} = \frac{Z_2}{Z_1} \tag{6-4}$$

式中:i——篅络速比;

n_u——大篅转速,r/min;

n_r——络交往复速度,次/min;

Z_1——大篅端络交齿轮齿数;

Z_2——偏心盘端络交齿轮齿数。

复摇机上常用的篅络速比有26:17、25:16两种。因 Z_2 与 Z_1 为不可约数,故丝条卷绕的周向重叠周期为17、16次。几种常见的不同机型络交装置技术参数见表6-5。

表6-5　不同机型络交装置技术参数

项　目	单位	复摇机			
		D112C 型	ZH79A 型	D113A 型	FY118 型
篅络速比	—	26:17	25:16	25:16	25:16
大篅端络交齿轮齿数 Z_1	齿	17	16	16	16
偏心盘端络交齿轮齿数 Z_2	齿	26	25	25	25
丝条卷绕的周向重叠周期	络交往复	17	16	16	16

大篅丝片上的络交花纹的网眼数 N 可由下式求得:

$$N = Z_1(Z_2 - 1) \tag{6-5}$$

当篅络速比 Z_2/Z_1 为不可约数时,Z_1 值为丝条在大篅周向上的换向点个数,当换向点数为 Z_1 时,大篅转过 Z_2 转,网眼数为 Z_1Z_2;由于丝片两边的网眼均为半眼,因而 $Z_1(Z_2 - 1)$ 为实际的网眼数,但当计算网眼的面积时,则应包括丝片两边的半个网眼,故每个网眼所占的面积 A 为:

$$A = \frac{bL}{Z_1Z_2} \tag{6-6}$$

式中:b——大篊丝片宽度;

　　L——大篊丝片周长。

由上式可知,在篊络速比 Z_2/Z_1 为不可约数时,Z_1 和 Z_2 值越大,则丝片上的网眼数越多,网眼面积越小,络交花纹不清;Z_1 和 Z_2 值越小,则网眼数越少,网眼面积较大,络交花纹清晰。按丝片整形要求既要减少丝条重叠,又要利于干燥,因此络交花纹以稍浑为宜。

为了得到良好的络交花纹,需注意大篊的位置不可歪斜和摇摆,回转要平稳,不能忽快忽慢;络交齿轮啮合正常;络交钩不松动摇摆;络交杆与篊角应有适当距离(一般为 50mm 左右)。

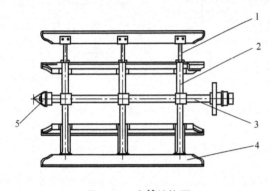

图 6 - 4　大篊结构图

1—伸缩篊脚　2—篊架　3—篊轴

4—篊角　5—大篊端络交齿轮

(四)大篊

大篊用于卷绕大篊丝片。其右端装有的小擦轮与大擦轮相接触而摩擦传动。如图 6 - 4 所示,篊架多用铝合金浇铸成形或钢管焊接成形;篊角多为硬质不易变形的木料,经蒸煮处理,除去木浆待充分干燥后使用。大篊一般为六角形,周长 1.5m,重量在 5kg 左右。篊角处一般有凹槽,这既有利于丝片干燥,又可形成适当的篊角,减少切断。为了便于取下大篊丝片,在大篊上都装有一只伸缩篊脚。运转前,要注意伸缩篊脚是否拍紧,防止松动走样。

返成的大篊丝片的宽度和重量根据绞装要求而定,常用的长绞丝的宽度为 75~80mm,丝片重量为 180g。

(五)停篊装置

在复摇的上丝、落丝及中间处理故障时,均须停篊。停篊装置的作用是将大篊上的刹车轮抬起,使大、小擦轮脱离接触而制动大篊。要求大篊及时停转,并防止倒转。

(六)干燥装置

为了使丝片得到适当干燥,必须在车厢内保持一定的温湿度。一般是在车厢内两排大篊上下、前后共装设 4~6 根直径为 50mm 或 40mm 的蒸汽烘管,也可在蒸汽管上再装散热片,以增加大篊丝片的干燥效果。在复摇机上装有保温窗或保温罩板,以节约能源。有的复摇机在车顶板上每隔 4~5 台装设一个排气筒,加快湿热空气的排除。

浙江理工大学研究的复摇红外辐射加热干燥系统,具有能耗省、升温快、车厢温度低等特点,节能效率在 30% 以上,且对降低车间环境温度有较明显效果,目前该研究成果已经在湖州大东吴丝绸有限公司、浙江嘉欣金三塔丝针织有限公司等企业应用。

二、复摇工艺管理

(一)温湿度管理

真空给湿后的小篊丝片含有大量的水分,需要利用复摇车厢的干燥系统,在复摇过程中除去大部分水分,使复摇后的大篊丝片落丝回潮率达到规定的要求,丝片整形良好,尽可能不产生切断。因此,复摇车厢的温湿度管理是复摇生产中的重要环节。温湿度的高低直接影响着大籰丝片落丝回潮率和丝片整形质量。

若大籰丝片的落丝回潮率过低,则丝质发脆,强伸力降低,籰角松弛,络交紊乱,切断增加;而大籰丝片回潮率过高,则籰角胶着,切断增加,造成络丝困难,甚至在储藏运输中有发霉变质的危险。因此,需要控制大籰丝片的落丝回潮率。

一般认为,大籰丝片的落丝回潮率控制在7.5% ~9%的范围内,也有资料认为应该控制在7% ~9%的范围内。编者结合多年的生产实践经验认为,大籰丝片的落丝回潮率应该控制在8% ~9%。特别是低于7.5%时,容易出现所谓的"金属丝"现象,丝条变硬,切断增加,且后续补救困难。

复摇温湿度的掌握标准,随不同地区和季节的变化而异。在一、四季度,外界温度低,气候比较干燥,丝片水分容易发散,应该注意保暖和补湿。在二、三季度,特别是黄梅季节,外界温湿度高,车厢里的湿气不易排出,在这种情况下,除了适当减少丝片给湿量外,还需尽量注意排湿。一般情况下,复摇车厢的温湿度可以参考表6-6。

表6-6　复摇温湿度范围

季　别	车厢温度(℃)	车厢相对湿度(%)	车间温度(℃)	车间相对湿度(%)
一、四	36 ~45	30 ~40	20 ~38	60 ~75
二、三	38 ~48	37 ~44		

在同一季节里,由于所缫原料茧茧质和工艺条件等的变动,对标准温湿度的掌握也应有所区别,具体说明如下。

1. 原料茧　一般而言,春茧生丝,车厢温度宜高;秋茧生丝,车厢温度宜低。因为一般春茧的丝胶含量较秋茧多,黏性大,若车厢温度太低,相对湿度太高,丝条容易黏着,产生硬籰角。根据复摇温湿度管理的经验,在复摇中,以春茧丝片手摸微温带凉,秋茧丝片手摸凉而不湿;落下的大籰丝片板而不黏,捻之即松为掌控的具体标准。

2. 生丝纤度　复摇粗纤度生丝,车厢温度宜高;而返细纤度生丝时,车厢温度宜低。因为返粗纤度生丝与返细纤度生丝相比较,返成同样绞装重量所需的时间要短,如果车厢温度太低,相对湿度太高,则丝条不易干燥,容易胶着,增加切断。

3. 复摇车速　复摇车速偏快,温度宜高;复摇车速偏慢,温度宜低。

综上所述,复摇温湿度应根据地区、季节、原料茧以及工艺条件等不同情况,加强现场管理,使大籰丝片达到整形要求,并具有一定的回潮率。

(二)复摇张力

复摇张力一般是指络交钩到大籰间一段丝条上所受的张力,其大小对丝片整形和切断有一定的影响。实际生产中,复摇张力大时,络交花纹清晰,籰角处切断多,丝片两边松散较少;反之,复摇张力小时,络交花纹偏浑,籰角处切断较少,但丝片两侧容易产生松散丝。因此,在保证丝片整形良好的情况下,应给予一定的复摇张力。

复摇时,丝条从小籰上引出,通过导丝圈、玻璃杆、络交钩卷绕在大籰上,如图6-5所示。

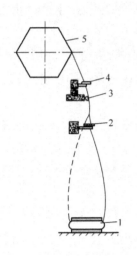

图 6-5　复摇时丝条退绕状况

1—小籰丝片　2—导丝圈
3—玻璃杆　4—络交钩　5—大籰

复摇张力主要由小籰的退绕张力和摩擦力决定。丝条的退绕张力是由丝条间的胶着力和气圈造成的张力组成,其中,气圈造成的张力比较稳定,变化不大,丝条间的胶着力变化较大。当小籰丝片回潮率高又未经平衡,或给湿量少而不均匀时,丝条间的胶着力大。满籰时张力变化比较稳定,薄籰时张力变化幅度较大。这是因为外层丝片对内层的压力使内层丝条黏着力增大,另外,内层中丝条与籰壁间的摩擦力增大也增加了退绕张力。此外,若大籰速度增加,使丝条从小籰上退绕的速度加快,气圈的离心力作用相对增强,则退绕张力也有一定程度的增加。

摩擦力的大小,取决于丝条通路(导丝圈、玻璃杆、络交钩等)的光滑程度、丝条在通路中的移动速度及小籰的排列位置。因此,丝条通路零件应采用摩擦因数小的材料,而且表面要光滑。实际生产中,应经常注意检查这些零件是否发毛,以防止丝条切断。小籰与导丝圈位于同一中心线上,可以减小丝条对导丝线的包角,从而减小复摇张力。玻璃杆位置向内移,可以减小丝条对玻璃杆的包角。因此,可通过改变玻璃杆的相对位置来调节复摇张力。复摇中丝条张力范围见表 6-7。

表 6-7　复摇中丝条张力

生丝规格［旦(dtex)］	小籰形态	张力范围(mN)
20/22(22.2/24.4)	厚小籰	10.5~14.5
	薄小籰	12.2~15.5

由表 6-7 可以看出,正常条件下,复摇张力不致使生丝产生过多的塑性形变,也不影响生丝的强伸力,也不会造成生丝切断的现象。若发现复摇张力超出范围,应采取适当措施,以保证丝片整形良好,减少切断。

(三)复摇车速和产量计算

复摇产量取决于复摇车速(即大籰转速)、生丝规格和运转率。大籰速度过慢,不仅产量低,而且丝条张力小,干燥时间长,使丝片松散,花纹凌乱,增加切断;大籰速度过快,丝条干燥困难,易生硬籰角且有损大籰。因此大籰速度应根据前道工序(缫丝)、复摇干燥能力、生丝纤度粗细、丝片给湿程度等进行调节。

复摇 20/22 旦(22.2/24.4dtex)左右的生丝,速度较快;返特粗特细的生丝时,速度最慢。这是因为细丝容易产生塑性形变,影响强伸力,所以籰速不宜过快;粗丝不易干燥,所以应适当降低籰速,以延长干燥时间。

复摇大籰速度,可以通过测定络交杆往复次数,按籰落速比来推算,即:

$$大籰速度(r/min)=络交杆往复次数(次/min)×籰络速比 \tag{6-7}$$

根据大籰速度,可以计算复摇台时产量:

$$复摇台时产量[g/(台 \cdot h)] = \frac{箕速(r/min) \times 箕周(m) \times 生丝纤度(旦) \times 每台绪数 \times 60 \times 运转率}{9000} \quad (6-8)$$

由此可以推算出落一回丝需用的时间、每日复摇回数以及每百公斤生丝需开复摇机台数等,即:

$$落一回丝需用时间(h) = \frac{丝片标准质量(g) \times 每台绪数}{复摇台时产量[g/(台 \cdot h)]} \quad (6-9)$$

$$每日复摇回数(回/日) = \frac{每日运转时间(h)}{落一回丝需用时间(h)} \quad (6-10)$$

$$每百公斤生丝需开复摇机台数(台) = \frac{100(kg) \times 1000}{复摇台时产量[g/(台 \cdot h)] \times 每日运转时间(h)} \quad (6-11)$$

(四)疵点丝产生原因和处理方法

目前,复摇工序中产生的疵点丝除了由复摇工及时处理外,还需要由编丝工负责检查,并反馈给复摇工。疵点丝种类主要有下面几种。

1. 横丝 横丝是由于操作不慎,在两丝片中间产生横斜交叉的丝条。因此,复摇工在中途停车再需开车时,应先将各根丝条拉一把,注意检查各丝条是否都在络交钩中,然后才能开车。如果发现横丝1~2根,可拨进原丝片或进行接结处理。

2. 双丝 双丝是由于巡回时不注意,有一只小箕的丝条已断,飘附在邻近一只小箕的丝条上,被带进络交钩卷绕在丝片上造成的。复摇中如发现双丝应及时处理,如在编丝时发现,则由接头工分清层次,弃尽双丝。

3. 松紧丝 松紧丝是面紧底松或有几根丝特别松的丝片。原因是由于大箕活络箕脚松动或没有全部拉出,小箕的箕脚发毛,接结后没有拉直丝条所造成。因此,复摇工开车之前应该检查丝条卷取是否正常,寻绪时不可倒退大箕,复摇时面上发现松丝应及时处理,程度轻的可用木条撑起活络箕脚,严重的作降杂丝处理。

4. 油污丝 油污丝是由于络交齿轮箱漏油,在落丝时操作不慎,丝片上碰到油污所造成。发现个别轻度污染,可用汽油、乙醚等有机溶剂去污;局部重污染可进行掰片处理;重污染遍及丝片各层时,需作降杂丝处理。

5. 断头丝 断头丝是由于寻绪时捋断丝条,落箕时将丝片碰伤或带断等原因造成的。如发现1~2根断头,可分清层次,寻出正绪接结;断头较多的,则分层弃丝;断头严重的,作降杂丝处理。

6. 直丝 直丝是在大箕运转时,丝条脱出络交钩或络交失灵,形成棒状突起的丝片。发现后应全部弃去。

7. 落环丝 落环丝是在复摇中大箕左右两端的丝片、丝条脱落在大箕脚外边而形成的。可在落下大箕丝片之前,分清层次接丝或弃丝。

8. 硬箕角 箕速太快,车厢温度低或湿度高都会形成丝条硬胶,特别在箕角底层丝条黏合成硬块,翻捏不能松散而形成硬箕角。可待丝片烘干后,将胶着的硬块搓松。

此外,疵点丝还有分层丝、飞入丝等,在复摇中必须给予重视,尽一切可能减少和消除。

第三节 绞装丝的整理

复摇后的丝片,如不加以整理,在储存、运输及后道工序的使用中都会增加困难。因此,整理的目的就是使丝片保持一定的外形,便于运输和储藏,同时可使丝色和品质统一,利于丝织。整理的工序主要包括大籰丝片平衡、编检、丝片平衡、绞丝、称丝、配色、打包、成件、外观检验、成批。

一、大籰丝片平衡和编检

复摇落下的丝大籰,送至编检室编检前须进行大籰丝片平衡,使丝片吸湿,回潮率达到8.5% ~10%,且使面、中、底层吸湿均匀,籰角挺括,并增加丝的韧劲。平衡时间应视编检室温湿度条件而定,一般为 20~40min。编检室的温湿度条件规定见表 6-8。

表 6-8 编检室温湿度规定

季 别	温 度(℃)	相对湿度(%)
一、四	15 以上	75~85
二、三	25~35	70~80

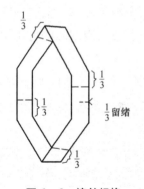

图 6-6 编丝规格

通常在编检处附近放置 10~20 只丝大籰,循序编检,从而达到丝片平衡的目的。一般雨季可以适当缩短平衡时间,秋季可以开喷雾。

编检时,先留绪,即将丝片的面头和底头接在一起,以便络丝时容易寻头。然后编丝,目的是使丝片保持原有整形,丝条不致紊乱,减少切断。因绞装形式不同,编丝也有不同规格,如图 6-6 所示,大绞丝和长绞丝为四洞五编五道,编丝时应注意针钩不要扎断丝条。留绪、编丝结束,即进行大籰检查,查看丝片上有无各种疵点,如缫丝过程中的色泽、颣节,复摇过程中的毛丝、双丝、横丝、断头和油污等,一旦发现,应及时处理,并向管理人员反映,后续注意防止。

经编检后落下的大籰丝片,还要送至平衡室进行平衡(对于长绞丝而言尤为重要),使丝片的回潮率达到 10%~11%。这样,丝条不会因回潮率过低而呈现脆弱现象,能保持丝条一定的韧性,以减少切断。丝片平衡的工艺条件要求见表 6-9。

表 6-9 丝片平衡的工艺条件

季 别	温 度(℃)	相对湿度(%)	时 间(h)
一、四	15~25	70~85	2~6
二、三	25~37	70~80	2~6

注 经平衡后的丝片,一般还要再逐片检查有无疵点。若发现疵点,须及时加以处理。

二、绞丝和称丝

绞丝是将平衡和检查后的丝片,按绞装形式逐片绞好,并兼看丝片上有无疵点。绞成的丝绞应不紊乱,不松散,外观光洁,便于打包。长绞丝的成绞规格如图 6－7 所示。丝绞成形要求:绞 2～3 转,不折转,绞长 600mm。

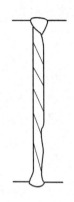

绞丝间的温度条件与编检室相同。绞丝时若发现疵点,应交给疵点丝整理工(接头工)处理。

绞丝方法可分为手工绞丝和机械绞丝两种。

手工绞成的丝角不易松散。绞丝的设备简单,绞丝装置一般由绞丝钩和工架组成。绞丝钩和工架上的钩子大多用铜制,均要求光滑,免伤丝条。

机械绞丝时,将丝片套在绞丝机的绞丝钩上,用手包住丝片后,借助机械传动绞丝钩,使绞丝钩旋转规定的转数后停转,这样,丝片即绞成规定的转数。由于绞丝机代替了一部分手工操作,因此减轻了一部分工人的劳动强度。

图6－7 成绞规格

称丝是将绞好后的丝绞逐绞称重、记录,为计算缲折、产量提供数据。称丝是要分清车号,注意号带颜色,不要搞错。

三、配色、打包和成件

为使每包生丝的色泽基本接近,在打包前必须逐绞进行配色,并检查其中有无夹花丝、断丝、污染丝等。若有发现,立即剔除。配色一般是在利用北面天然光线的肉眼检查室内进行;也可在灯光下配色,即在检验台上方装有 30W 荧光灯四支,使光线均匀地照射到台面上,将需要配色的丝绞和丝包放在台面上进行配色。

配色后,即打成小包。丝包实物照片如图 6－8 所示,长绞丝包装规格见表 6－10。打包时,长绞丝要求铺平拉挺,两端头尾对正,纱绳勿抽移,拿出丝箱时要轻缓。拆下来的号带要及时清理,发现遗缺要找寻补足,以便周转使用。

图6－8 丝包实物照片

表 6 – 10　长绞丝包装规格

每绞重量(g)	每包排数(排)	每排绞数(绞)	每包绞数(绞)	每包重量(kg)
180	7	4	28	5

　　打包机的箱体规格与成包式样、操作难易和是否扎伤丝条等有很大关系,所以制造时尺寸必须正确,各部结构必须紧密,应选用木质坚韧、光滑和不脱色的木材。

　　为便于运输和储藏,避免受潮、擦伤和虫蛀,小包生丝还需成件或成箱。根据不同绞装的要求,丝包成件或成箱有一定的规格,见表 6 – 11。成件成箱时,要求丝包头尾交错排列放入丝袋或纸箱内。

表 6 – 11　成件成箱规格

项　目	成 件 规 格	成 箱 规 格
每件(箱)排数(排)	6	3
每排包数(包)	2	2
每件(箱)包(包)	12	6
每件(箱)重量(kg)	57 ~ 63	30

　　目前有的工厂简化内销生丝的包装手续,将成件改为装箱形式。配色后的丝绞不再打包,直接将 15 包生丝的绞数装成一箱。装箱时,要先将纸箱与丝袋称重,丝绞要排整齐,层次要分清。每两箱作为一件,过秤时抽取公量检验样丝 4 绞,然后用麻绳捆好待运。打包、成件间的温湿度条件与编检室相同。

　　整理后的丝包和丝件堆放在干燥整洁的丝库内,切勿放在普通的茧库内。丝库的相对湿度保持在 60% ~ 70%,以免生丝过干和受潮,并严防虫蛀、鼠伤。

第四节　复摇成筒

　　复摇成筒是指生丝卷绕成筒装生丝的过程,以满足国内外真丝针织和新型织机的需要。目前,复摇成筒工艺有干返和湿返两种,其工艺流程和工艺条件分述如下。

一、干返成筒
　　干返成筒,是指经过干燥处理的小篾丝片,在常温下成筒,在成筒时不需要再干燥。其工艺流程可以分为两种。

(一)工艺流程 1#
　　缫丝→小篾丝片干燥平衡→成筒→包装成件(缫丝车速较慢时使用)。

　　1. 缫丝　为使小篾丝片在缫丝卷绕、干燥过程中丝条不产生胶着,成筒时便于退解,适合丝织、针织对生丝有关柔软滑爽的工艺要求,缫丝过程中,丝条必须经过含有水化白油等助剂的混合液处理。混合液的一般配比:水化白油为 2% ~3%、柔软剂 101 为 1% ~2%,水为 95% ~ 97%。可以在上下鼓轮之间或络交器下方设置一油槽,槽内装一滚筒并加注混合液,使丝条经过滚筒时表面沾上一层溶液薄膜。

丝条经助剂混合液处理后卷绕在小筸上,必须充分干燥,使小筸丝片回潮率达到 11% ~ 13%。若小筸丝片干燥不充分,成筒时丝条就难以退解而发毛,小筸丝片底层退解不彻底,造成浪费。若小筸丝片回潮率差距大,会造成筒装生丝各层软硬不一,影响卷绕成形,甚至塌边;而且丝条干燥后收缩不一致,易造成张力不均匀。小筸丝片的干燥方法一般是在缫丝车厢内增添烘丝管数目,以提高车厢温度;或改用红外线干燥,即将远红外涂料涂在蒸汽管上,蒸汽热能被远红外涂料所吸收,激发远红外线转换为辐射能,以 $3 \times 10^3 \mathrm{m/s}$ 的电磁波速度传递至丝片上,可以大大提高干燥效率。

2. 小筸丝片干燥平衡 由于缫丝车速、车厢温度、丝鞘长度等变化,丝片各层卷绕有先后次序,受烘时间也各不相同,因此,各只小筸丝片之间和每只小筸的外、中、内层丝片回潮率差异较大,必须进行干燥平衡。如不进行干燥平衡,随即成筒卷绕,则会造成筒装生丝各层软硬不一,影响成形,甚至塌边。小筸丝片干燥平衡,一般在烘房中进行,根据缫制生丝的目标纤度的不同,其工艺条件也不尽相同,见表 6 – 12。

表 6 – 12 小筸丝片干燥平衡

平衡条件	目标纤度[旦(dtex)]	
	19/21(21.1/23.3) 20/22(22.2/24.4)	40/44(44.4/48.8)
温度(℃)	40 ~45	45 ~50
相对湿度(%)	50 ±5	50 ±5
时间(h)	4 ~5	6 ~8

经过干燥平衡后的小筸丝片,回潮率应达到 10% ~12%,然后放在相对湿度 65% ~75% 的平衡室中自然平衡 8 ~16h,给予适当还性。用远红外线干燥的小筸丝片,必须自然平衡 12 ~ 24h,使小筸丝片外、中、内层回潮率达到 11% ~12% 范围内,方可上车成筒。经过还性的丝条退解顺利,张力均匀,筒装丝成形良好,手感柔软,富有弹性。

3. 成筒 小筸干返成筒,目前主要采用 VC604 型往复式络丝机和 SGD0101 型精密络筒机两种,前者应用最早,两者的结构及工作原理大同小异。现以 SGD0101 型精密络机为例作简要介绍。

(1)SGD0101 型精密络筒机的结构及工作原理。该机由卷绕机构、构成机构、张力递减装置、筒子承压力递减装置、筒子卷绕变速机构、超喂装置、断头自停装置、清糙装置、上油装置等组成,如图 6 – 9 所示。

生丝从小筸装置 1 退解后经超喂装置(2 和 3)主动送出,以减少卷绕成形过程中的张力波动;在经过上油装置 4 后进入门栅式张力器 7,此时丝条接受一定的卷绕张力,此张力随卷绕筒子 20 的卷绕直径的增大而递减;清糙装置的清丝器 9 清除丝条上糙节等疵点,然后经导丝器 18

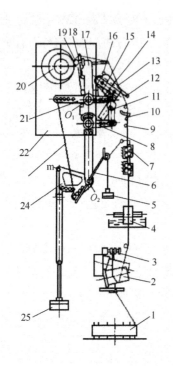

图 6-9 SGD0101 型精密络筒机

1—小箴 2—超喂辊 3—分丝杆

4—上油装置 5—张力调节重锤 6—张力调节杆

7—门栅式张力器 8—变速下摆杆 9—清丝器

10—断头自停装置 11—变速调节连杆

12—成形凸轮支架 13—成形凸轮板

14—变速上摆杆 15—成形摇板

16—导向杆 17—摇架 18—导丝器

19—压辊 20—卷绕筒子 21—承压力摆杆

22—锭箱 23—调节连杆 24—承压力调节板

25—承压力重锤

被卷绕筒子 20 所卷取。通过成形机构使导丝器 18 作不同规律的导丝运动,从而卷绕成不同形状的筒子丝。筒子承压力递减装置通过压辊 19 给予筒子丝以适当的压力,此压力随卷绕筒子 20 的卷绕直径的增大而递减,以利于筒子丝的良好成形。

(2)SGD0101 型精密络筒机的特点。

①张力控制和筒子承压力均能随筒子卷绕半径增大而递降,能使筒子卷绕成形良好、软硬适中,有利于络成松式筒子。

②设有超喂装置,能积极主动送丝,使筒子卷绕张力稳定、均匀,尤其对小箴成筒而言,能消除丝条退解张力波动对卷绕张力的影响。

③设有筒子变速机构,能实现恒锭速、恒线速或各种组合卷绕,尤其对于小箴成筒而言,能实现恒锭速→恒线速的组合卷绕,既保证筒子丝质量,又能提高生产效率。

④设有凸边机构,能减小筒子两端的卷绕密度。防止筒子两端过硬或凸边现象,有利于筒子卷绕成形、络成松式筒子。

⑤卷绕机构的导丝速比设计成三档可调,能适应真丝、化纤等多种丝织原料络筒。

4.包装成件 每只筒子的丝量为 500g,误差不超过 ±5%,统一丝色后,包装成箱。每箱筒子丝量为 30kg。

(二)工艺流程 2#

缫丝→小箴丝片真空给湿→小复摇(干燥)→成筒→包装成件(缫丝车速较快时使用)。

1.缫丝 对于工艺流程 2# 的缫丝,一般与常规绞装丝无异。

2.真空给湿 一般在真空给湿中放入助剂,助剂的组成同工艺流程 1# 中的缫丝助剂。

3.小复摇(干燥) 小复摇机实际是由复摇机改装而成的。将大箴换成专用小箴进行复摇,一般车厢温度为 60~75℃,相对湿度为 25%~35%,落丝回潮率为 8%~10%。

4.成筒工艺 与工艺流程 1# 同。

二、湿返成筒

湿返成筒,就是将缫丝车间落下的小箴丝片,经过真空给湿后直接卷绕成筒,丝条在卷绕过程中进行干燥。其工艺流程为:缫丝→真空给湿→成筒(干燥)→包装成件。

缫丝和真空给湿的工艺要求,与绞装丝生产相同。小筬湿返成筒,目前采用化纤设备R701A型往复式络丝机,但对部分机构进行改装。图6-10为R701A型络丝机的工艺侧视图。丝条从小筬1上退解后,经过导丝圈2,移丝杆3穿过导丝器4,最后卷绕在圆锥筒子5上。

湿返成筒,必须解决筒子成形和干燥这两个关键问题。导丝速比对丝条卷绕角和成形有很大影响。一般采用导丝速比为4.158,起始导程为175～178mm,筒管平均直径为50mm,卷绕密度为0.34 g/cm³时,筒子成形良好,质量稳定。随着筒子卷绕直径的增大,其转动轮向摩擦盘的内径移动,通过连杆的作用而降低筒子转速,使筒子的线速度保持恒定,一般为250～270m/min,卷绕张力为10～20mN(20/22旦生丝),筒子最大卷绕直径平均为130mm,卷装量在500g左右。

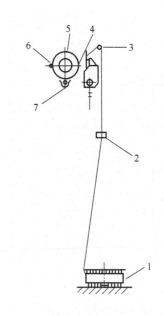

图6-10 R071A型络丝机的工艺侧视图
1—小筬 2—导丝圈 3—移丝杆 4—导丝器
5—圆锥筒子 6—导管 7—干燥装置

湿返成筒的干燥装置,是在筒子的下方,设电热干燥装置,主要由电热丝和外围绝缘、绝热托架所组成。随着筒子直径的增大,干燥装置相应地向外移动,与筒子表面始终保持8mm的距离,使筒子表面空气层的温度保持在125℃左右;同时,停车时必须切断电路,以免灼伤筒子。有的厂试验得出结论,使湿返成筒的筒子丝回潮率达到10%～11%,1kg筒装丝的耗电量为5～6kW·h。

小筬湿返成筒的特点是工艺比较简单,筒子成形良好,手感软硬均匀,内在质量如强度、伸长率、抱合力等比较稳定;但卷绕线速度较慢,效率低,且耗电量较大。在卷绕过程中,对车间温湿度的要求不如干返成筒严格,一般要求温度在20～26℃,相对湿度在60%～70%范围内。筒装丝的包装要求,与干返成筒相同。

思考题

1. 什么是复摇?
2. 复摇整理的要求是什么?
3. 绞装丝复摇整理工艺流程是什么?
4. 试述小筬丝片平衡的重要性。
5. 为什么小筬丝片在复摇前要进行真空给湿?
6. 复摇机的主要由哪些机构组成?
7. 大筬丝片的整形要求是什么?哪些因素影响大筬丝片整形的好坏?
8. 绞装丝的整理主要有哪些工序?
9. 复摇成筒通常有哪几种方法?有何特点?

第七章 生丝质量检验

本章知识点

1. 生丝检验的目的和依据。

2. 生丝检验的项目。

3. 抽样及其方法。

4. 各检验项目的目的和方法。

5. 生丝分级的目的和方法。

第一节 概 述

一、织造对生丝质量的要求

生丝是丝绸生产企业的主要原料,其质量的好坏直接影响到织造的顺利进行及丝织物的内在和外在质量。为了保证丝织物产品的质量,织造工程对生丝质量的主要要求如下。

(一)生丝纤度粗细要均匀一致

生丝纤度规格对织造厂在设计各种面料的匹长、匹重、幅宽及经纬密度等均有很大影响。其粗细程度影响织物组织的均匀度:平均纤度出格或平均纤度虽然合格,但丝条中有较明显的粗细段,即纤度偏差大、纤度最大偏差大,则会产生经柳、纬档、厚薄不匀等疵点,造成丝织品不合格。另外,如果生丝粗细变化大,则纤度细的部位在织造时容易产生断头,影响生产效率,且织物也容易破裂,降低织物的使用价值。

(二)生丝清洁成绩要好

生丝清洁不好,丝条上含有较多的大中糙节,在丝织生产过程中,丝条经络丝、并丝、捻丝、牵经、卷纬、织造的高速摩擦,会增加断头、降低工效,增加屑丝消耗;织物表面易起毛、糙结产生突起,失去丝织物固有的平滑感和光泽,也会造成染色不易均匀。近年来,迅速发展的高速织机和薄型织物的开发,对生丝清洁的要求越来越高。

(三)生丝的洁净成绩和抱合要好

丝条上如果小型糙疵多,洁净不好,茧丝之间相互胶着抱合不牢固,那么在织造过程中,由于织机上钢筘的水平往复运动和综框的上下往复运动使得钢筘与生丝、综框与生丝之间产生摩擦,洁净偏差或抱合不强部分经摩擦后发生茧丝断裂、起毛、起球现象,甚至断经造成停机而影响生产效率。这种不良部位染色后会与正常部位形成色差,影响织物表面光泽和美观,降低成品质量。随着新型高速织机的推广普及,织造生产对生丝的洁净成绩和抱合的要求会更高。

（四）生丝的其他质量指标

生丝的强度、伸长率、切断等品质指标的好坏，直接关系到丝织和针织生产过程中是否断头和织物外观质量以及织物的坚牢度。经线用丝需要在一定张力下进行织造，绸面才平挺。因此，张度、伸长率的好坏直接影响绸面的平挺。生丝强伸长率好，在丝织和针织生产过程中，断头少、工效高、原料耗用少，织物外观质量和坚牢度也较好；生丝强伸力差、切断次数多，在丝织和针织生产过程中，断头多、工效低、原料消耗多，织物外观质量和坚牢度也较差。

（五）生丝的外观质量

具有各种外观疵点的生丝，将影响织物的外观质量。如污染丝、夹花丝、颜色不齐等，织成坯绸经染色后，织物将呈现不同的色柳和色档；内印黑点丝会在织物上形成渍经或渍纬档，影响绸缎和针织品的质量。

二、生丝检验目的、项目和程序

（一）生丝检验目的

生丝是高档的天然纺织纤维材料，生丝的品质与丝织物的优劣有着密切的关系。衡量生丝质量的综合指标应包括平均等级和正品率两个方面。生丝的平均等级是按照生丝各项品质检验指标来确定的，如匀度、洁净、清洁、纤度偏差、纤度最大偏差、切断、强伸力、抱合等。正品率是指整批生丝中，正品所占的百分比。要提高正品率，必须防止纤度出格、丝色不齐、夹花丝、黑点丝等次品的产生。

我国目前是世界上最大的生丝生产国和出口国，我国的生丝产量占世界的70%以上，出口量占世界贸易量的80%，在对外贸易中占有相当重要的地位。这对生丝品质也提出了更高的要求。因此，必须按照一定时期国家标准部门统一颁发的标准，由法定检验机构，对生丝外观和内在质量运用科学的方法及精密的仪器进行质量、规格、重量、包装等方面的综合检查，评定等级。并根据国际公定回潮率标准检验公量，签发受验生丝品质及分量证单，作为贸易上按质论价、按量计值的依据。同时，又可及时反馈产品质量信息，改进技术和提高管理水平。本章依据的标准为2009年6月实施的中华人民共和国国家标准 GB/T 1797—2008《生丝》和 GB/T 1798—2008《生丝试验方法》。

（二）生丝检验项目

生丝检验项目从检验性质上可分为品质检验和重量检验两种，从检验方法上可分为外观检验和器械检验两类。外观检验是用感官的目测和手感来鉴定生丝色泽和手感等外观的一般性状和整理状况，以补充器械检验的不足。器械检验是通过各种检验仪器设备，检验生丝的各项性状指标，确定生丝的等级和生丝的公量。

品质检验项目分主要检验项目和辅助检验项目。主要检验项目有纤度偏差、纤度最大偏差、均匀二度变化、清洁、洁净；辅助检验项目有：均匀三度变化、切断、断裂强度、断裂伸长率、抱合。

重量检验项目有毛重、净重、回潮率、公量。

外观检验项目有疵点和性状。

选择检验项目有均匀一度变化、茸毛、单根生丝断裂强度和断裂伸长率、含胶率。

（三）生丝检验程序

根据国家标准 GB/T 1798—2008《生丝试验方法》，生丝检验程序如图 7−1 所示。

品质检验中的检验条件规定：切断、纤度、断裂强度、断裂伸长率、抱合的测定，按 GB/T 6529 规定的标准大气和容差范围，在温度为(20.0±2.0)℃、相对湿度为(65.0±4.0)%条件下进行，试样应在上述条件下平衡 12h 以上方可进行检验。

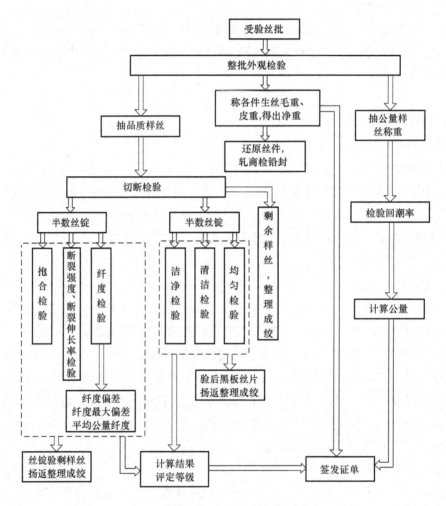

图 7−1　生丝检验程序

第二节　组批与抽样

一、组批

生丝以同一庄口、同一工艺、同一机型、同一规格的产品为一批，每批 20 箱，每箱约 30kg，或者每批 10 件，每件约 60kg。不足 20 箱或 10 件仍按一批计算。

二、抽样

(一)抽样方法

受验的生丝应在外观检验的同时,抽取具有代表性的重量及品质检验试样。绞装丝每把限抽 1 绞,筒装丝每箱抽 1 筒。

(二)抽样数量

1. 重量检验试样

(1)绞装丝 16~20 箱(8~10 件)为一批者,每批抽 4 份,每份 2 绞,共 8 绞。其中丝把边部抽 3 绞、角部抽 1 绞,中部抽 4 绞。

(2)绞装丝 15 箱(7 件)以下成批的,每批抽 2 份,每份 2 绞,共 4 绞。其中丝把边部抽 2 绞,中部抽 2 绞。

(3)筒装丝每批抽 4 份,每份 1 筒,共 4 筒。其中丝箱上、下层各抽 1 筒,中层抽 2 筒。

2. 品质检验试样

(1)绞装丝每批从丝把的边、中、角三个部位分别抽 12 绞、9 绞、4 绞,共 25 绞。

(2)筒装丝每批从丝箱中随机抽取 20 筒。

第三节　生丝质量检验项目及其设备和方法

一、重量检验

生丝富有吸湿和放湿的特性,常会受环境温湿度的变化影响含水率高低,进而影响生丝重量的变化。为了公平合理地进行生丝贸易,国际上将生丝的回潮率统一规定为 11%,称为公定回潮率或标准回潮率,作为计算重量的依据。重量检验是检验生丝净重和实际回潮率,将净重换算成公定回潮率时的重量,即为公量检验。

(一)检验设备

台秤(量程 200kg,分度值≤0.05kg);天平(量程 1000g,分度值≤0.01g);带有天平的烘箱(天平分度值≤0.01g)。

(二)检验方法

1. 净重检验

(1)称皮重。袋装丝取布袋 2 只,箱装丝取纸箱 5 只(包括箱中的定位纸板、防潮纸),用台秤称其重量,得出外包装重量;绞装丝任择 3 把,拆下纸、绳(筒装丝任择 10 只筒管及纱套),用天平称其重量,得出包装重量;根据内、外包装重量,折算出每箱(件)的皮重。

(2)称毛重。全批受验丝抽样后,逐箱(件)在台秤上称重核对,得出每箱(件)的毛重和全批丝毛重。毛重复核时允许差异为 0.10kg,以第一次毛重为准。

(3)净重计算。每箱(件)的毛重减去每箱(件)的皮重即为每箱(件)的净重,以此得出全批丝的净重。可由下式计算得到:

$$净重 = 毛重 - 皮重 \tag{7-1}$$

2. 公量检验

(1)称湿重(原重)。将按抽样方法规定抽得的试样,以份为单位依次编号,立即在天平上称重核对,得出各份的湿重。

筒装丝初次称重后,将丝筒复摇成绞,称取空筒管重量,再由初称重量减去空筒管重量加上编丝线重量,即得湿重。

湿重复核时允许差异为0.20g,以第一次湿重为准。

试样间的重量允许差异规定:绞装丝在30g以内,筒装丝在50g以内。

(2)称干重。将称过湿重的试样,以份为单位,松散地放置在烘篮内,以(140 ± 2)℃的温度烘至恒重,得出干重。

相邻两次称重的间隔时间和恒重判定按GB/T 9995—1997《纺织材料含水率和回潮率的测定》规定执行。

(3)计算回潮率。回潮率按下式计算,计算结果取小数点后2位。

$$W = \frac{m - m_0}{m_0} \times 100\% \qquad (7-2)$$

式中:W——回潮率;

$\quad m$——试样的湿重,g;

$\quad m_0$——试样的干重,g。

将同批各份试样的总湿重和总干重代入式(7-2),计算结果为该批丝的实测平均回潮率。

同批各份试样之间的回潮率极差超过2.8%,或者该批丝的实测平均回潮率超过13.0%或低于8.0%时,须重新整理平衡。

(4)公量计算。公量按式(7-3)计算,计算结果取小数点后2位。

$$m_K = m_J \times \frac{100 + W_K}{100 + W} \qquad (7-3)$$

式中:m_K——公量,kg;

$\quad m_J$——净重,kg;

$\quad W_K$——公定回潮率,生丝公定回潮率为11%;

$\quad W$——实际平均回潮率。

二、外观检验

生丝外观质量不仅是反映一批丝外形的整齐美观程度,而且与织造工艺、原料消耗、织物质量和使用价值等都有着密切的关系。因此,贸易上十分重视外观质量,列为重要检验项目之一,通过检验使生丝色泽手感达到一定的整齐度,疵点丝控制在一定范围内,获得整批生丝的统一性。它与品质抽样检验互为补充,对整批丝的质量作出全面评定。

影响生丝外观质量的因素较多,和原料茧的质量与选配、制丝用水、机械设备、缫丝工艺及后整理的良好与否,以及运输、储存等都有关系,必须加强各方面的质量管理,才能取得良好的外观成绩。

(一)检验设备

外观检验时,是将整批丝包放在表面光滑无反光的检验台上,在一定的灯光下用肉眼来观察进行检验,光源为一长方形的光斗,光斗内装有荧光管的平面组合灯罩或集光灯罩。光线以一定的距离柔和地均匀地照射于丝把(丝筒)的端面上,端面的照度为 450～500lx。

(二)检验方法

1.绞装丝外观检验 将整批受验生丝逐包拆除包丝纸的一端或者全部,绞尾向上,直立整齐地排列在检验台上,以感官检定整批生丝的外观质量;同时抽取品质试样,并逐绞检查试样表面、中层、内层有无各种外观疵点,对整批生丝作出外观质量评定。绞装丝需拆把检验时,拆10把,解开一道纱绳检查。

2.筒装丝外观检验 是将整批受验生丝逐筒拆除包丝纸或纱套,放在检验台上,随机抽取32只,大头向上,用手将筒子倾斜30°～40°转动一周,检查筒子的端面和侧面,以感官检定整批生丝的外观质量;同时抽取品质试样,并逐筒检查试样上、下端面和侧面,对整批生丝作出外观质量评定。

3.整批丝外观检验 有各项外观疵点的丝绞及丝筒必须剔除,若在一把中疵点丝有4绞及以上时,则整把剔除。

4.外观疵点分类 可根据疵点对织物品质的危害程度分为主要疵点和一般疵点两类。绞装丝、筒装丝的疵点分类及批注标准见表7-1和表7-2。

表7-1 绞装丝的疵点分类及批注标准

疵点名称		疵点说明	批注数量		
			整批(把)	拆把(绞)	样丝(绞)
主要疵点	霉丝	生丝光泽变异,能嗅到霉味或发现灰色或微绿色的霉点	10以上	—	—
	丝把硬化	绞把发并,手感糙硬呈僵直状	10以上	—	—
	簸角硬胶	簸角部位有胶着硬块,手指直捏后不能松散	—	6	2
	粘条	丝条粘固,手指粘揉后,左右横展部分丝条不能拉散者	—	6	2
	附着物(黑点)	杂物附着于丝条或块状(粒状)黑点,长度在1mm及以上;散布性黑点,丝条上有断续相连、分散而细小的黑点	—	12	6
	污染丝	丝条被异物污染	—	16	8
	纤度混杂	同一批丝内混有不同规格的丝绞	—	—	1
	水渍	生丝遭水浸湿,有渍印,光泽呆滞	10以上	—	—
一般疵点	颜色不整齐	把与把、绞与绞之间颜色程度或颜色种类差异较明显	10以上	—	—
	夹花	同一丝绞内颜色程度或颜色种类差异较明显	—	16	8
	白斑	丝绞表面呈光泽呆滞的白色斑,长度在10mm及以上者,程度或颜色种类差异较明显	10以上	—	—
	绞重不匀	丝绞大小重量相差在20%以上者,即:$\dfrac{\text{大绞重量} - \text{小绞重量}}{\text{大绞重量}} \times 100\% > 20\%$	—	—	4

疵点名称		疵点说明	批注数量		
			整批（把）	拆把（绞）	样丝（绞）
一般疵点	双丝	丝绞中部分丝条卷取两根及以上,长度在3m以上者	—	—	1
	重片丝	两片及以上丝重叠为一绞者	—	—	1
	切丝	丝绞存在一根及以上的断丝	—	16	—
	飞入毛丝	卷入丝绞的废丝	—	—	8
	凌乱丝	丝片层次不清,络交紊乱,切断检验难以卷取者	—	—	6

注 达不到一般疵点者,为轻微疵点。

表 7-2 筒装丝的疵点分类及批注标准

疵点名称		疵点说明	整批批注数量（筒）		
			小菠萝形	大菠萝形	圆柱形
主要疵点	霉丝	生丝光泽变异,能嗅到霉味,发现灰色或微绿色的霉点	10 以上		
	丝条胶着	丝筒发并,手感糙硬,光泽差	20 以上		
	附着物（黑点）	杂物附着于丝条或块状(粒状)黑点,长度在1mm及以上;散布性黑点,丝条上有断续相连、分散而细小的黑点	20 以上		
	污染丝	丝条被异物污染	15 以上		
	纤度混杂	同一批丝内混有不同规格的丝绞	1		
	水渍	生丝遭水浸湿,有渍印,光泽呆滞	10 以上		
	成形不良	丝筒两端不平整,高低差3mm或两端塌边者或有松紧丝层者	20 以上		
一般疵点	颜色不整齐	丝筒与丝筒之间颜色程度或颜色种类差异较明显	10 以上		
	色圈（夹花）	同一丝筒内颜色程度或颜色种类差异较明显	20 以上		
	丝筒不匀	丝筒重量相差在15%以上者,即: $\dfrac{大筒重量 - 小筒重量}{大筒重量} \times 100\% > 15\%$	20 以上		
	双丝	丝筒中部分丝条卷取两根及以上,长度在3m以上者	1		
	切丝	丝筒中存在一根及以上的断丝	20 以上		
	飞入毛丝	卷入丝筒内的废丝	8 以上		
	跳丝	丝筒下端丝条跳出,其弦长:大、小菠萝形的为30mm;圆柱形的为15mm	10 以上		

注 达不到一般疵点者,为轻微疵点。

5.批注规定

（1）主要疵点附着物（黑点）项目中的散布性黑点按两绞作一绞计算,若一绞中普遍存在该种疵点,则作一绞计算。

（2）夹花和颜色不整齐,如两项均为批注起点,可批注一项。

（3）宽紧丝、缩丝、留绪、编丝或绞把不良等疵点普遍存在于整批丝中,应分别加以批注,作一般疵点评定。

（4）不予检验的丝。

①油污丝:丝绞上有油渍。

②油花丝:丝条发污,断续出现点条状油污渍。

③虫伤丝:丝条被虫蛀断或蛀伤。

④其他品质受损严重或烘过的丝。

（5）器械检验时发现的外观疵点,应予以确认,并按外观疵点批注规定执行。

6.外观评等方法　外观评等分为良、普通、稍劣和级外品。具体规定如下:

（1）良:整理成形良好,光泽手感略有差异,有 1 项轻微疵点者。

（2）普通:整理成形尚好,光泽手感有差异,有 1 项以上轻微疵点者。

（3）稍劣:主要疵点 1～2 项或一般疵点 1～3 项或主要疵点 1 项和一般疵点 1～2 项。

（4）级外品:超过稍劣范围或颜色极不整齐者。

7.外观性状　性状包括颜色、光泽、手感。

（1）颜色:种类分白色、乳色、微绿色三种。颜色程度以淡、中、深表示。

（2）光泽:程度以明、中、暗表示。

（3）手感:程度以软、中、硬表示。

（三）检验结果记录

综合整批丝的颜色、光泽、手感的整齐度和整理方法、性状及疵点丝情况,按照外观评等方法,确定等级,分别记录。

三、切断检验

将整批品质检验样丝,按不同生丝规格的卷取速度和时间,卷绕到切断检验的锭子上,求得一定长度或一定重量生丝中发生断头的次数,称为切断检验,又称再缫检验。从近几年的生丝外贸出口情况看,客户对切断次数的要求越来越高。特别是高品质生丝,最好是"0"切断。切断检验属于生丝品质检验的补助检验项目之一,其目的如下。

第一,检验络丝过程中的切断次数,了解断头情况,为确定生丝等级和用户选择原料提供依据。

第二,为其他各项器械检验准备必要的试验样品,如卷绕成的丝锭做为纤度、均匀、清洁、洁净、强伸力和抱合力检验的样丝。

第三,在卷取过程中,观察和发现丝片内部的疵点,可补充外观检验的不足。

（一）检验设备

1.切断机　具有表 7-3 规定的卷取速度。

2.丝络　体质轻便,表面光滑、伸缩灵活。丝络直径可根据需要在 400～500mm 范围调节,丝络宽 100mm,每只重约 500g。

3. 丝锭 光滑平整,转动平稳,每只重约 100g,丝锭两端直径 50mm,中段直径 44mm,丝锭长度 76mm。

表 7-3　切断检验的时间和卷取速度规定

名义纤度[旦(dtex)]	卷取速度(m/min)	预备时间(min)	正式检验时间(min)
12(13.3)及以下	110	5	120
13~18(14.4~20.2)	140	5	120
19~33(21.1~36.7)	165	5	120
34~69(37.8~76.7)	165	5	60

(二)检验方法

(1)样品。由外观检验所抽出的品质样丝,先放置在温度为(20.0±2.0)℃、相对湿度为(65.0±4.0)% 条件下平衡 12h 以上,并在符合上述标准的恒温恒湿室内进行检验。

(2)将受验丝绞平顺地绷于丝络,按丝绞成形的宽度摆正丝片,调节丝络,使其松紧适度地与丝片周长适应。绷丝过程中发现丝绞中篓角硬胶、粘条,可用手指轻轻揉捏,以松散丝条。

(3)每批 25 绞试样,10 绞自面层卷取,10 绞自底层卷取,3 绞自面层的 1/4 处卷取,2 绞自底层的 1/4 处卷取。凡是在丝绞的 1/4 处卷取的丝片不计切断次数。

(4)卷取时间分为预备时间和正式检验时间。预备时间不计切断次数;正式检验时间内根据切断原因,分别记录切断次数。当正式检验时间开始,如尚有丝绞卷取情况不正常,则适当延长预备时间。

(5)同一丝片由于同一缺点,连续产生切断达 5 次时,经处理后继续检验。如再产生切断的原因仍为同一缺点,则不作切断次数记录;如为不同缺点则继续记录切断次数,该丝片的最高切断次数为 8 次。

(6)切断检验时,每绞丝卷取 4 只丝锭,共卷取 100 只丝锭。

(7)检验完毕,即抄录切断次数并进行核对。以正式检验时间内的切断次数相加作为该批切断检验结果。并将检验剩余样丝打绞,挂上标记,进仓库备查。

四、纤度检验

纤度,表示丝条的粗细程度。丝条粗细是有一定规格的,目前以 20/22 旦(22.2/24.4dtex)为主。根据需要,工厂也生产 19/21 旦(21.1/23.3dtex)、27/29 旦(30.0/32.2dtex)、40/44 旦(44.4/48.9dtex)等各种规格的生丝。

由于蚕品种和饲育条件不同,使茧丝纤度产生粒内和粒间变化;在制丝生产过程中,也受到制丝设备、工艺设计和操作管理等因素的影响,生丝纤度不可能均匀一致,经常会发生粗细变化。

生丝纤度成绩是织造厂选用原料的首要条件,与丝织工艺设计以及织物的品质有着密切的关系。如丝条中有较明显粗细段,则易使织物产生经柳、纬档、厚薄不匀等织疵,影响织物的质量。纤度检验包括平均纤度、纤度偏差、纤度最大偏差和平均公量纤度四项内容。计算结果取小数点后 2 位。

(一)检验设备

1.纤度机　机框周长为1.125m,卷绕速度为300r/min左右,并附有回转计数器,记录回转次数;设有自动停止装置,达到设定回数时自动停止。

2.纤度仪　分度值≤0.5旦。

3.天平　分度值≤0.01g。

4.带有天平的烘箱　天平分度值≤0.01g。

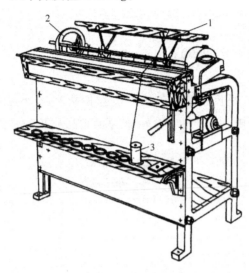

图7-2　纤度机

1—丝篾　2—样丝取出装置　3—丝锭

(二)检验方法

1.样丝准备

(1)绞装丝取切断检验卷取的一半丝锭50只(每绞样丝2只丝锭),用纤度机卷取纤度丝,每只丝锭卷取4绞,每绞100回,共计200绞。

(2)筒装丝取品质检验的20筒,其中8筒面层、6筒中层(约在250g处)、6筒内层(约在120g处),每筒卷取10绞,每绞100回,共计200绞。

(3)如遇丝锭无法卷取时,可在已取样的丝锭中补缺,每只丝锭限补纤度丝2绞。

(4)将卷取的纤度丝以50绞为一组,逐绞在纤度仪上称计,求得"纤度总和",然后分组在天平称得"纤度总量",把每组"纤度总和"与"纤度总量"进行核对,其允差规定见表7-4,超过规定时,应逐绞复称至每组允差以内为止。

表7-4　纤度丝的读数精度及允差规定

名义纤度[旦(dtex)]	纤度读数精度(旦)	每组允许差异[旦(dtex)]
33(36.7)及以下	0.5	3.5(3.89)
34~49(37.7~54.4)	0.5	7(7.78)
50~69(55.6~76.7)	1.0	14(15.6)

(5)将称量完毕的纤度丝松散,均匀地装入烘篮内烘至恒重得出干重。

2. 成绩计算

(1)平均纤度。了解整批纤度丝的平均粗细,并作为计算纤度偏差和纤度最大偏差的依据。平均纤度按式(7-4)计算:

$$\overline{d} = \frac{\sum\limits_{i=1}^{N} d_i}{N} \qquad\qquad (7-4)$$

式中:$\overline{d}$——平均纤度,且(dtex);

d_i——各绞纤度丝的纤度,且(dtex);

N——纤度丝总绞数。

(2)纤度偏差。纤度偏差是反映整批各绞纤度丝偏离平均纤度的离散程度。这种纤度差异的程度对织物的质量影响很大,该项检验作为生丝品质检验的主要检验项目之一。按式(7-5)计算:

$$\sigma = \sqrt{\frac{\sum\limits_{i=1}^{N} (d_i - \overline{d})^2}{N}} \qquad\qquad (7-5)$$

式中:σ——纤度偏差,且(dtex);

$\overline{d}$——平均纤度,且(dtex);

d_i——各绞纤度丝的纤度,且(dtex);

N——纤度丝总绞数。

(3)纤度最大偏差。纤度最大偏差也叫总差,是检验最粗2%或最细2%的纤度丝的纤度偏离平均纤度的最大差异程度,对织造的影响大于偏差的影响,该项检验作为生丝品质检验的主要检验项目之一。

方法为在整批纤度丝中,取总绞数2%的最细、最粗纤度丝,分别求其纤度平均值,再与平均纤度比较,取最大差值作为该批纤度丝的"纤度最大偏差"。

(4)平均公量纤度。生丝富有吸湿的特性,故不能以自然温湿度环境下所测得的平均纤度作为检验结果,而应以平均公量纤度为准。平均公量纤度只表示生丝的规格,不涉及生丝的品质,所以不列入生丝分级项目之内。但在贸易上对平均公量纤度极为重视,生丝的实测平均公量纤度如果超出该批生丝规格的纤度范围,在检测报告上则需注明"纤度规格不符",做为次品处理。

将偏差检验后的样丝烘至干重时取出(其方法与公量检验一样),然后在计算时加上此干量11%的水分即为受验样丝的公量。再按此计算平均公量纤度,其公式见下式:

$$d_k = \frac{m_0 \times 1.11 \times L}{N \times T \times 1.125} \qquad\qquad (7-6)$$

式中:d_k——平均公量纤度,且(dtex);

m_0——样丝的干重,g;

N——纤度丝总绞数;

T——每绞纤度丝的回数；

L——纤度单位为旦尼尔(旦)时,取值为9000;纤度单位为分特(dtex)时,取值为1000。

平均公量纤度与平均纤度允差规定见表7-5,超过规定时,应重新检验。

表7-5 平均公量纤度与平均纤度的允差规定

名义纤度[旦(dtex)]	允许差异[旦(dtex)]
18(20.0)及以下	0.5(0.56)
19~33(21.1~36.7)	0.7(0.78)
34~69(37.8~76.7)	1.0(1.11)

五、均匀检验

均匀检验,又称匀度检验或条斑检验。是以一定长度的丝条,按规定的排距连续并列卷取在黑板上,在特制的照明设备下,用目力观察评定生丝的粗细变化及丝条的透明度、圆整度等组织形态所发生的差异程度。根据其程度分为一度变化、二度变化、三度变化,其中二度变化列为生丝品质检验的主要检验项目之一;三度变化列为生丝品质检验的补助检验项目之一;而一度变化对织物品质影响不大,因此,在新标准中将其列为生丝品质检验的选择检验项目,当用户需要时可提出申请,进行委托检验。

均匀检验与纤度检验一样,都是检验生丝的粗细均匀程度,但检验的角度有所不同。纤度检验是以100回(112.5m)定长生丝的重量来测定纤度变化的程度,但在这个范围内,生丝粗细的变化就无法了解。均匀检验是在特定的光照下观察丝条连续性的和相邻各部分的粗细变化及组织形态扁圆程度的差异,凡长度在4~6m内的粗细变化都能显示出来;但当受验生丝全部偏粗或偏细时,均匀检验就难以准确检验出来,而需要靠纤度检验才能反映出来。所以,两者结合,才能较全面地了解生丝的内在质量。

(一)检验原理

以一定长度的丝条连续排列于无光的黑板上,由于丝条有各种规格以及同种规格丝条本身的粗细变化,产生覆盖面积的差异。丝条粗,直径大,覆盖在黑板上的面积大;反之,丝条细,直径小,覆盖的面积亦小;此外,丝条的组织形态、扁圆程度的差异也影响其在黑板上所占的面积。检验的要求是利用丝条覆盖在黑板上的面积变化,在特定的灯光检验室内,通过丝条的透光反射作用,以目力观察,清晰辨别丝条的粗细变化程度及其组织形态的差异。

不同规格的生丝纤度,若按相同排列线数卷取在相同面积的黑板上,则粗纤度生丝被覆的板面面积大于细纤度的,在同样的照度下,丝条粗细反映在板面上,丝条规格粗的呈白色,丝条规格细的呈暗灰色。而标准照片的基准只有一种,就无法与标准照片作比较。因此,不同目标纤度的生丝采取不同的排列线数,使丝条覆盖在黑板上的面积与板面的百分比基本一致,使得各种规格生丝的基准浓度基本一致。匀度检验就是利用丝条被覆度原理,在基准浓度基本相同的条件下检验丝条的粗细变化。表7-6规定了不同纤度规格生丝的黑板丝条排列线数。

根据上述原理,规定每片丝127mm宽的五分之一即25.4mm间丝条被覆黑板面积的百分比称为被覆度。计算公式如下：

$$被覆度 = \frac{d \times n}{25.4} \times 100\% \tag{7-7}$$

式中：d——生丝的直径，mm；

　　　n——每 25.4mm 内的卷绕线数。

（二）检验设备

1. 黑板机　如图 7-3 所示，其卷取速度为（100±10）r/min，可根据生丝规格调节排列线数。

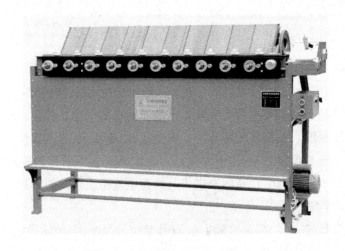

图 7-3　黑板机

2. 黑板　用黑色无光胶布包覆在木框上制成，要求板面平整，纯黑匀净无斑纹。黑板长 1359mm，宽 463mm，厚 37mm，周长为 1m。

3. 检验室　均匀检验是将生丝卷绕在黑板上，置于暗室内，在特定灯光下进行检验。灯光的配置适当与否，和检验的结果有密切的关系。设有灯光装置的暗室应与外界光线隔绝，其四壁、黑板架应涂黑色无光漆，色泽均匀一致。黑板架左右两侧设置屏风、直立回光灯罩各一排，内装日光荧光管 1~3 支或天蓝色内面磨砂灯泡 6 只，光线由屏风反射使黑板接受的光线均匀柔和，光源照到黑板横轴中心线的平均照度为 20lx，上下、左右允差为 ±2lx。

（三）检验方法

1. 样品准备

（1）绞装丝按规定取切断检验卷取的另 50 只丝锭，每只丝锭卷取 2 片。

（2）筒装丝取品质检验用试样 20 筒，其中 8 筒面层、6 筒中层（约在 250g 处）、6 筒内层（约在 120g 处），每筒卷取 5 片。

（3）每批丝共卷取 10 块黑板，每块黑板卷取 10 片，每片宽为 127mm。

（4）用黑板机卷取黑板丝片时，卷绕张力约为 10g。

（5）不同规格生丝在黑板上的排列线数规定见表 7-6。

表7-6 黑板丝条排列线数规定

名义纤度[旦(dtex)]	每25.4mm 的线数(线)
9(10.0)及以下	133
10~12(11.1~13.3)	114
13~16(14.4~17.8)	100
17~26(18.9~28.9)	80
27~36(30.0~40.0)	66
37~48(41.1~53.3)	57
49~69(54.5~76.7)	50

(6)如遇丝锭无法卷取时,可在已取样的丝锭中补缺,每只丝锭限补1片。

(7)黑板卷绕过程中,出现10只及以上的丝锭不能正常卷取的,则判定为"丝条脆弱",终止均匀、清洁和洁净检验。

2.评定方法

(1)将卷取的黑板放置在黑板架上。检验员在暗室内距黑板2.1m处,将丝片逐一与均匀标准样照对照,分别记录均匀变化条数。

均匀一度变化:丝条均匀变化程度超过标准样照V_0,不超过V_1者。

均匀二度变化:丝条均匀变化程度超过标准样照V_1,不超过V_1者。

均匀三度变化:丝条均匀变化程度超过标准样照V_1。

(2)确定基准浓度。以整块黑板大多数丝片的浓度为基准浓度。

(3)无基准浓度的丝片,可选择接近基准部分浓度作该片基准浓度,如变化程度相等时,可取其幅度宽的作为该片基准,上述基准要与整块黑板丝片的基准进行对照,若其程度差异超过V_1样照,则该基准按其变化程度作1条记录。其变化部分应与整块基准作比较评定。

(4)丝片匀粗匀细,在超过V_1样照时,按其变化程度作1条记录。

(5)丝片逐渐变化,按其最大变化程度作1条记录。

(6)每条变化宽度超过20mm者作2条变化记录。

3.成绩计算 将记录的整批均匀变化条数,按一度变化至三度变化分别求其总和,即为均匀检验结果。按分级标准规定进行评级。

六、清洁及洁净检验

生丝的䫓节可分为特大䫓、大䫓、中䫓和小䫓四种,特大、大、中䫓属清洁范围,小䫓属洁净范围。

(一)清洁检验

清洁检验是检验丝片上的特大、大、中䫓数量及其种类,特大、大、中䫓在络丝过程中会使生丝切断增加,在织绸过程中因不耐摩擦而容易断头,而且在织物上会产生显著斑点和染色不匀,有损织物外观和牢度。特别对于目前自动缫生丝而言,清洁的成绩影响生丝质量的现象尤为突出。随着高速织机的大面积推广,对清洁检验更为重视,因此,列为生丝品质检验主要检验项目之一。

1. 检验设备

(1)利用均匀检验室内装置的横式回光灯即可,光源均匀柔和地照到黑板的平均照度为400lx,黑板上、下端与横轴中心线的照度允差为±150lx,黑板左右两端的照度基本一致。

(2)标准照片一套,按清洁种类和形状制订主要疵点、次要疵点、普通疵点的实物照片,以此作为评定清洁的标准。

2. 检验方法

(1)清洁疵点分类。清洁疵点属丝条上的大型和较大型的糙疵,标准分为三类:主要疵点(又称特大糙疵)、次要疵点和普通疵点,见表7－7。

表7－7　清洁疵点分类规定

疵点名称		疵点说明	长度(mm)
主要疵点(特大糙疵)		长度或直径超过次要疵点的最低限度10倍者	—
次要疵点 (大颣)	废丝	附于丝条上的松散丝团	—
	大糙	丝条部分膨大或长度稍短而特别膨大者	7以上
	黏附糙	茧丝折转,黏附丝条部分变粗呈锥形者	—
	大长结	结端长或长度稍短而结法拙劣者	10以上
	重螺旋	有一根或数根茧丝松弛缠绕于丝条周围,形成膨大螺旋形,其直径超过丝条本身1倍以上者	100左右
普通疵点 (小颣)	小糙	丝条部分膨大或2mm以下而特别膨大者	2~7
	长结	结端稍长	4~10
	螺旋	有一根或数根茧丝松弛缠绕于丝条周围形成螺旋形,其直径未超过丝条本身1倍者	100左右
	环结	环形的圈子	20以上
	裂丝	丝条分裂	20以上

(2)评定方法。

①样品采用均匀检验所摇成的黑板,受验丝片数量与均匀检验相同。

②将受验样丝黑板逐块放置在检验室内黑板架上,开启横式回光灯,检验员视线应在距离黑板0.5m内。

③检验黑板的两面,对照清洁标准样照,分辨清洁疵点的类型,分别记录在工作单上。

④对黑板跨边的疵点,按疵点分类作1个计。

⑤废丝或黏附糙未达到标准照片限度时,作小糙1个计。

⑥凡遇有结头,需仔细辨别其结端形态,若是切断检验中的结头,不能作清洁疵点。

⑦凡遇有模棱两可的糙疵,以其最接近的一种作为该种糙疵。

(3)成绩计算。对工作单上所记各种糙疵数目分类扣分。主要疵点每个扣1分,次要疵点每个扣 0.4 分,普通疵点每个扣 0.1 分。以 100 分减去各类清洁疵点扣分的总和,即为该批丝的清洁成绩,以分表示,取小数点后 1 位。

(二)洁净检验

洁净检验是检验丝片上的小颣的数量、类型及分布状态。洁净不好,抱合也差,在织造过程中不断往复摩擦、易发毛或切断,织成的织物易产生斑点和染色不匀。洁净是生丝品质检验的主要检验项目之一,对目前自动缫生丝品质的影响显得尤为突出。

1.检验设备

(1)检验室与清洁检验室相同。

(2)洁净标准照片一套,是根据疵点个数、类型、大小及分布状态而制作,作为评分依据。分别有 100 分、90 分、80 分、70 分、60 分、50 分、30 分、10 分 8 张标准照片。

2.检验方法

(1)洁净疵点的种类。

①雪糙。丝条附着细小的糙颣,长度在 2mm 以下。

②环颣。又称小圈。是由一根茧丝过长屈曲而构成极小的小圈,长度在 20mm 以下。

③发毛。丝条上有部分茧丝竖起成羽毛状,一般长度在 20mm 以下。

④短结。结端在 3mm 以下者。

⑤轻螺旋。丝条上有轻微的螺旋形。

⑥小粒。又称小糠颣或微尘颣,丝条上附着的小粒,形如糠秕。

⑦其他。不属清洁范围的各种小型糙疵。

(2)洁净疵点的分类。根据丝片各种疵点的尺寸大小、数量多少及分布形态三个因素分为以下三种类型。

一类型:形状较小,类似洁净标准样照 100 分的糙疵。

二类型:形状较一类型大,类似洁净标准样照 80 分的糙疵。

三类型:形状较二类型大,类似洁净标准样照 50 分的糙疵。

(3)洁净评分规定。按丝片疵点的数量、大小和分布形态等三项,评定每片丝的洁净分数。评分规定见表 7 - 8。

评分标准规定最高为 100 分,最低为 10 分。在 50 分以上者,每 5 分为一个评分单位;50 分以下者,每 10 分为 1 个评分单位。

(4)评定方法。

①样品采用均匀检验所摇成的黑板,受验丝片数量与均匀检验相同。

②选择黑板任一面,垂直地面向内倾斜约 5°,检验员视线位于距离黑板 0.5m 处。

③检验时,黑板的任何一面,根据洁净疵点的尺寸大小、数量多少、分布情况对照洁净标准样照,逐片评分。

④检验结束后,计算各片丝的洁净平均值,即为该批丝的洁净成绩,以分表示,取小数点后 2 位。其公式如下:

$$平均洁净(分) = \frac{各片丝洁净分数之和}{受验丝片总数} \tag{7-8}$$

表7-8 清洁疵点扣分规定

分数	糙疵数量（个）	糙疵类型	说明	分布
100	12	一类型（100分样照）	①夹杂有第三类型糙疵则以一个折三个计 a. 轻螺旋长度以20mm以上为起点 b. 环裂长度以10mm以上为起点 c. 雪糙长度为2mm以下者 d. 结端长度为2mm以下者 ②夹杂有第二类型糙疵时，个数超过半数扣5分，不到半数不另扣分	①糙疵集中在1/2丝片扣5分 ②糙疵集中在1/4丝片扣10分 ③小糠集中在1/2丝片扣10分 ④小糠集中在1/4丝片扣5分 ⑤小糠分布不足1/4丝片者，不作扣分规定，但评分时可适当结合
95	20			
90	35			
85	50	二类型（80分样照）	①形状基本上如第一类型糙疵时加5分 ②夹杂有第三类型糙疵时，个数超过半数扣5分，不到半数时不另扣分	
80	70			
75	100			
70	130			
60	210			
50	310	三类型（50分样照）	①形状如第一类型时加10分 ②形状如第二类型时加5分	
30	450			
10	640			

七、断裂强度及断裂伸长率检验

在拉伸试验中，生丝被拉伸至断裂所施加的最大力，称为断裂强力，单位用千克力（kgf）或牛顿（N）表示。断裂强力除以生丝纤度叫做断裂强度，单位用克力/旦（gf/旦）或厘牛每分特（cN/dtex）表示，也叫做相对强力。生丝被拉伸至断裂时产生试样长度的增量对原长的百分比称为断裂伸长率，也叫做伸长度。

生丝的断裂强度和断裂伸长率也是通常所说的生丝强伸力，是衡量生丝性能和质量的重要指标。在丝织过程中，生丝要受到各种外力的作用，如果生丝的强伸力过低，则不能负荷各种外力，导致切断增加，影响织造效率和织物质量，增加原料消耗，因此，丝织厂对这个指标极为重视。断裂强度和断裂伸长率检验属于生丝品质检验的补助检验项目。

（一）检验设备

1. 等速伸长试验仪（CRE） 如图7-4所示，隔距长度为100mm，动夹持器移动的恒定速度为150mm/min，强力读数精度≤0.01kg

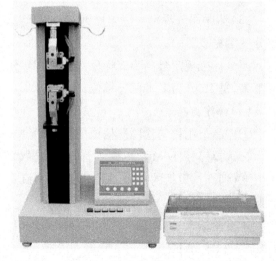

图7-4 等速伸长试验仪

(0.1N),伸长率读数精度≤0.1%。

2.天平 分度值≤0.01g。

3.纤度机 对生丝进行纤度检测的专用设备。

(二)检验方法

(1)绞装丝取切断卷取的丝锭10只;筒装丝取10筒,其中4筒面层、3筒中层(约在250g处)、3筒内层(约在120g处)。每锭(筒)制取一绞试样,共卷取10绞。不同规格的生丝按表7-9规定的卷取回数选取。

表7-9 断裂强度和断裂伸长率检验试样的规定

名义纤度[旦(dtex)]	每绞试样(回)
24(26.7)及以下	400
25~50(27.8~55.6)	200
51~69(56.7~76.7)	100

(2)用天平称计出平衡后的试样总重量并记录,逐绞进行拉伸试验。将试样丝均分、平直、理顺,放入上、下夹持器,夹持松紧适当,防止试样拉伸时在钳口滑移或切断。记录最大强力及达到最大强力时的伸长率作为试样的断裂强力及断裂伸长率。

(三)成绩计算

1.断裂强度 按式7-9计算,取小数点后2位。

$$P_0 = \frac{\sum\limits_{i=1}^{N} P_i}{m} E_f \tag{7-9}$$

式中:P_0——断裂强度,cN/dtex(gf/旦);

P_i——各绞试样断裂强力,N(kgf);

m——试样总重量,g;

E_f——计算系数(根据表7-10取值)。

表7-10 不同单位断裂强度计算系数 E_f 取值表

强度单位	强力单位	
	牛顿(N)	千克力❶(kgf)
cN/dtex	0.01125	0.1103
gf/旦❷	0.01275	0.125

2.断裂伸长率 按式(7-10)计算平均断裂伸长率,取小数点后1位。

---

❶ 1kgf = 9.81N

❷ 1gf/旦 = 0.8829cN/dtex

$$\delta = \frac{\sum_{i=1}^{N} \delta_i}{N} \qquad (7-10)$$

式中：δ——平均断裂伸长率，%；

δ_i——各绞样丝断裂伸长率，%；

N——试样总绞数，绞。

八、抱合检验

抱合是指构成生丝的茧丝，经摩擦后，分裂的难易程度，反映的是构成生丝的茧丝之间相互胶着抱合的牢固程度。生丝在制丝、丝织加工和使用过程中经常受到各种各样的摩擦，其抱合良好与否，对丝织工艺和织物质量有着很大影响。抱合不良的生丝，其强伸力也差，在织造加工过程中容易摩擦起毛，甚至发生切断；织成织物后，在抱合差的部位呈白色，染色后易出现吸色不匀、颜色不鲜艳等疵点。高速织机对生丝抱合的要求更高，所以贸易上很重视抱合成绩，属于生丝品质检验的补助检验项目之一。

（一）检验设备

生丝抱合检验，目前多采用杜泼浪（Dupan）式抱合机，如图7-5所示。抱合机的基本原理是利用摩擦器摩擦生丝，使生丝中的茧丝相互分离，并用目测的方法来判断生丝的抱合的好坏。

该抱合机主要由传动装置、张力装置、摩擦器、样品挂绕装置和计数器等组成。摩擦装置的上盖重量为300g，张力悬重由数个重锤和链条组成，摩擦往复运动的速度为120~140次/min，往复动程为90mm。

图7-5　抱合机

（二）检验方法

（1）抱合检验适用于33旦及以下规格的生丝。

（2）绞装丝取切断卷取的丝锭20只；筒装丝取20筒，其中8筒面层、6筒中层（约在250g处）、6筒内层（约在120g处）。每只丝锭（筒）检验抱合1次。

（3）检验时先将上摩擦板向外揭开，把丝条从左至右绕在 10 对丝钩上，并将其末端夹紧在螺丝上。然后，将上摩擦板放下压在绷紧的丝条上，同时将计数器拨至"0"位，即可开启电动机进行检验。

（4）每个丝锭的样丝检验抱合一次，一般摩擦 45 次左右时，停机进行第一次观察丝条分裂程度，以后每摩擦 10 次，松弛丝条，检验丝条是否裂开，如发现 20 条中有半数以上已经裂开，而且长度在 6mm 以上时就停止摩擦。计数器上读出的摩擦次数，即为该生丝的抱合成绩，计算公式如下：

$$平均抱合（次）= \frac{受验生丝抱合的总和（次）}{受验生丝的条数} \tag{7-11}$$

九、茸毛检验

生丝精练后在丝条上出现比小颣还小的异常细纤维，称为茸毛或微茸。生丝茸毛是丝条上丝素分裂纤维与分离纤维的总称。茸毛成绩差的生丝，对高档织物影响较大，特别是深色织物和缎面织物表面易产生白色染疵，降低了织物的质量和使用价值。因此，茸毛检验是观察茸毛的形状及其分布情况，通常会根据贸易需要，委托检验，在新标准中列为生丝品质检验的选择检验项目之一。

（一）检验设备

1. 卷取机　它的结构基本上和黑板机相同。机上装有铝制的金属框，每框可摇取 5 个丝片。此外，需备有铝制框架 4 只，每只框架可放置 5 个丝框。

2. 煮练池、染色池、洗涤池　内长 820mm、内宽 265mm、内深 410mm，具有加温装置。

3. 清水池　内长 1060mm、内宽 460mm、内深 520mm。

4. 检验室及灯光装置　检验室长 1820mm、宽 1620mm、高 2205mm，与外界光线隔绝，其四壁及内部物件均漆成无光黑灰色，正面挂有黑布帘，色泽均匀一致。设有弧形灯罩，内装 60W 天蓝色内面磨砂灯泡 4 只，照度为 180lx 左右。

5. 茸毛标准照片　茸毛标准照片一套 8 张，分别为 95 分、90 分、85 分、80 分、75 分、70 分、65 分、60 分，表示各自分数的最低限度。

（二）检验方法

1. 试样制备　取 20 只丝锭，用 4 只金属框，共卷取 20 个丝片，每个丝片幅宽为 127mm，丝片 25.4mm 排列线数规定见表 7-11。

表 7-11　茸毛检验卷取线数规定

名义纤度		25.4mm 内的	每片丝长	20 片丝长
旦	dtex	线数/根	（m）	（m）
12 及以下	13.3 及以下	35	87.5	1750
13～16	14.4～17.7	30	75.0	1500
17～26	18.8～28.8	25	62.5	1250
27～48	29.9～53.2	20	50.0	1000
49～69	54.3～76.7	15	37.5	750

2. 脱胶　用 300g 中性工业皂片或相当定量的皂液,加入盛有 60L 清水的精练池中,加温并搅拌,使皂片充分溶解。当液温升至 97℃时,将摇好的丝框连同框架浸入煮练池内脱胶,60min 后取出,放入装有 40℃温水的洗涤池中洗涤,最后在清水池洗净皂液残留物。

3. 染色　经脱胶后的丝框需进行染色,染色时先在染色池内注入 60L 清水加温,然后加入 24g 甲基蓝(盐基性染料),用玻璃棒充分搅拌,使其溶解,当溶液的温度升至 40℃以上时,将丝框连同丝架一起移入池内,保持池水温度 40~70℃,经过 20min 后取出放入清水池内清洗两次。

受验丝片经过脱胶、染色、干燥后还需经过整理,恢复原来的排列状态。

(三)检验评分

将丝框按顺序放在茸毛检验架上,逐片与标准照片进行比较评分。

(四)成绩计算

1. 茸毛平均分数　以受验各丝片所记载的分数相加之和,除以总片数(20 片),即为该批丝的平均分数,计算公式如下:

$$茸毛平均分数 = \frac{各丝片分数总和}{20(片)} \qquad (7-12)$$

2. 茸毛低分平均分数　在受验总丝片中取 1/4 片数(5 片)的最低分数相加,除以 5,即为该批丝的低分平均分数,计算公式如下:

$$茸毛低分平均分数 = \frac{5 片最低分数之和}{5(片)} \qquad (7-13)$$

3. 茸毛评级分数　以平均分数与低分平均分数相加,两者的平均值即为该批丝的茸毛评级分数,即:

$$茸毛评级分数 = \frac{茸毛平均分数 + 茸毛低分平均分数}{2} \qquad (7-14)$$

茸毛计算时均取 2 位小数。茸毛分级规定见表 7-12。

表 7-12　茸毛分级表

评级分数	等级	评级分数(分)	等级
95 及以上	全好	65~74.99	普通
85~94.99	优	50~64.99	劣
75~84.99	良	10~49.99	最劣

第四节　生丝分级

一、分级目的

生丝分级是根据生丝主要检验项目、补助检验项目及外观检验的综合检验成绩,按照国家规定的分级标准,进行综合评定,并用简明符号 6A、5A、4A、3A、2A、A 和级外品来表示,生丝的品质技术指标规定见表 7 – 13。

生丝分级的主要目的有以下四点。

（1）衡量生丝品质的优劣程度。

（2）为生丝贸易提供计价的依据。

（3）为生丝消费者提供材料选择的依据。

（4）为制丝企业提供改进品质的依据。

表 7 – 13　生丝品质技术指标规定

主要检验项目	名义纤度	级　别					
		6A	5A	4A	3A	2A	A
纤度偏差（旦）	12 旦（13.3dtex）及以下	0.80	0.90	1.00	1.15	1.30	1.50
	13 ~ 15 旦（14.4 ~ 16.7dtex）	0.90	1.00	1.10	1.25	1.45	1.70
	16 ~ 18 旦（17.8 ~ 20.0dtex）	0.95	1.10	1.20	1.40	1.65	1.95
	19 ~ 22 旦（21.1 ~ 24.4dtex）	1.05	1.20	1.35	1.60	1.85	2.15
	23 ~ 25 旦（25.6 ~ 27.8dtex）	1.15	1.30	1.45	1.70	2.00	2.35
	26 ~ 29 旦（28.9 ~ 32.2dtex）	1.25	1.40	1.55	1.85	2.15	2.50
	30 ~ 33 旦（33.3 ~ 36.7dtex）	1.35	1.50	1.65	1.95	2.30	2.70
	34 ~ 49 旦（37.8 ~ 54.4dtex）	1.60	1.80	2.00	2.35	2.70	3.05
	50 ~ 60 旦（55.6 ~ 76.7dtex）	1.95	2.25	2.55	2.90	3.30	3.75
纤度最大偏差（旦）	12 旦（13.3dtex）及以下	2.50	2.70	3.00	3.40	3.80	4.25
	13 ~ 15 旦（14.4 ~ 16.7dtex）	2.60	2.90	3.30	3.80	4.30	4.95
	16 ~ 18 旦（17.8 ~ 20.0dtex）	2.75	3.15	3.60	4.20	4.80	5.65
	19 ~ 22 旦（21.1 ~ 24.4dtex）	3.05	3.45	3.90	4.70	5.50	6.40
	23 ~ 25 旦（25.6 ~ 27.8dtex）	3.35	3.75	4.20	5.00	5.80	6.80
	26 ~ 29 旦（28.9 ~ 32.2dtex）	3.65	4.05	4.50	5.35	6.25	7.25
	30 ~ 33 旦（33.3 ~ 36.7dtex）	3.95	4.35	4.80	5.65	6.65	7.85
	34 ~ 49 旦（37.8 ~ 54.4dtex）	4.60	5.20	5.80	6.75	7.85	9.05
	50 ~ 69 旦（55.6 ~ 76.7dtex）	5.70	6.50	7.40	8.40	9.55	10.85
均匀二度变化条	18 旦（20.0dtex）及以下	3	6	10	16	24	34
	19 ~ 33 旦（21.1 ~ 36.7dtex）	2	3	6	10	16	24
	34 ~ 69 旦（37.8 ~ 76.7dtex）	0	2	3	6	10	16
清洁（分）	69 旦（76.7dtex）及以下	98.0	97.5	96.5	95.0	93.0	90.0
洁净（分）	69 旦（76.7dtex）及以下	95.00	94.00	92.00	90.00	88.00	86.00

续表

主要检验项目	名义纤度	级 别					
		6A	5A	4A	3A	2A	A
补助检验项目		附 级					
		(一)			(二)	(三)	(四)
均匀三度变化(条)		0			1	2	4
补助检验项目		附 级					
		(一)		(二)		(三)	
切断(次) (筒装丝不检验)	12旦(13.3dtex)及以下	8		16		24	
	13~18旦(14.4~20.0dtex)	6		12		18	
	19~33旦(21.1~36.7dtex)	4		8		12	
	34~69旦(37.8~76.7dtex)	2		4		6	
补充检验项目		附 级					
		(一)			(二)		
断裂强度[(cN/dtex)(gf/旦)]		3.35(3.80)			3.26(3.70)		
断裂伸长率(%)		20.0			19.0		
补助检验项目		附 级					
		(一)	(二)		(三)		
抱合(次)	33旦(36.7dtex)及以下	100	90		80		

二、分级方法

生丝分级定等的基本方法是：主要检验项目确定基本等级；补助检验项目按附级差数降级；外观检验再降级。

（一）根据主要检验结果评定基本等级

（1）根据纤度偏差、纤度最大偏差、均匀二度变化、清洁及洁净五项主要检验项目中的最低一项成绩确定基本等级。

（2）主要检验项目中任何一项低于A级时，评作级外品。

（3）在黑板卷绕过程中，出现有10只以上丝锭不能正常卷取者，一律定为级外品，并在检测报告上注明"丝条脆弱"。

（二）根据补助检验结果降级

（1）补助检验项目中任何一项低于基本等级所属的附级允许范围者，应予降级。

（2）按各项补助检验成绩的附级低于基本等级所属附级的级差数降级。附级相差一级者，则基本等级降一级；相差两级者，降两级；以此类推。

（3）补助检验项目中有两项以上低于基本等级者，以最低一级降级。

（4）切断次数超过表7-14规定，一律降为级外品。

表 7 – 14　切断次数的降级规定

名义纤度		切断（次）
旦	dtex	
12 及以下	13.3 及以下	30
13～18	14.4～20.0	25
19～33	21.1～36.7	20
34～69	37.8～76.7	10

（三）根据外观检验结果降级

外观评等：外观评等分为良、普通、稍劣和级外品。

（1）外观检验评为"稍劣"者，按（一）、（二）评定的等级再降一级；如（一）、（二）已定为 A 级时，则作级外品。

（2）外观检验评为"级外品"者，一律作级外品。

（四）其他规定

（1）出现洁净 80 分及以下丝片的丝批，最终定级不得定为 6A。

（2）生丝的实测平均公量纤度超出该批生丝规格的纤度上限或下限时，要在检测报告上注明"纤度规定不符"。

三、平均等级计算

平均等级是根据一个时期内所生产的生丝等级和件数计算的。计算时，将各等级的生丝分别由低至高顺次编号，然后乘以各等级生丝的件数，累计后除以总件数，即为平均等级。

例如：某工厂缫制生丝总件数为 80 件，其各等级所占件数见表 7 – 15。

表 7 – 15　生丝等级编号

等　　级	6A	5A	4A	3A	2A	A
编　　号	6	5	4	3	2	1
件数（件）	6	22	35	17	—	—

计算得：

$$平均编号 = \frac{6 \times 6 + 22 \times 5 + 35 \times 4 + 17 \times 3}{80} = 4.21$$

查表编号为 4 的是 4A 级，所以该企业该段时间生产的生丝的平均等级为 4A21。

思考题

1. 为什么要进行生丝检验？

2. 品质检验的主要检验项目有哪些？辅助检验项目有哪些？

3. 生丝检验时的组批要求是什么？

4. 生丝回潮率是如何检验的?

5. 什么是纤度最大偏差? 如何检验?

6. 判定受检生丝纤度规格不符的依据是什么?

7. 生丝均匀检验的原理是什么?

8. 清洁检验的目的是什么?

9. 生丝强伸力检验的目的是什么?

10. 抱合检验的目的是什么?

11. 生丝分级的目的是什么?

12. 生丝分级的基本方法是什么?

第八章 制丝工艺设计

本章知识点

1. 制丝工艺设计的任务和要求。

2. 原料茧选用的原则。

3. 生丝纤度、等级的设计。

4. 台时产量的设计。

5. 缫折的设计。

6. 新茧补充装置加茧频率、索理绪温度、给茧机工艺参数、落丝桶数的设计。

7. 试缫验证的目的、内容和方法。

制丝工艺设计是指根据原料茧的性能或生产需求,设计工艺程序和条件,为编制生产计划,确定庄口工艺指标和制订技术措施提供依据。通过制丝工艺设计能使生产按照最佳的工艺程序和工艺条件进行。因此,制丝工艺设计是制丝企业生产活动中的首要环节,在原料投入生产前,必须根据生产任务和对产品的要求,结合原料茧质情况和自动缫丝机的性能和特点,设计制造生丝的基本方法,制定合理的工艺。具体要求包括以下几个方面。

第一,准确性。工艺设计数据准确,才能在生产上起组织作用,在技术上起指导作用。

第二,全面性。工艺设计的内容必须全面,从指标来说,应包括质量、产量和消耗;从生产工序上来说,应包括混、剥、选茧、煮茧、缫丝、复整等工序,并全面考虑各工序指标和生产工序间的相互关系。

第三,及时性。工艺设计一定要在投产之前进行,否则会造成生产脱节。

第四,正确处理好产、质、耗之间的关系,内在质量与外观质量的关系,品种规格与生产工艺的关系,先进性与可能性的关系,生产者与用户的关系。

第一节 原料茧的选用

根据干茧检定的原料特性和订单要求(或生产计划),进行原料茧的合理选用。

一、并庄

缫制庄口太小,换庄太勤,不仅会增加工艺设计、生产管理的工作量,而且对生丝质量的稳定性也会带来影响,因此应尽可能扩大茧批。但庄口也不能太多,太多会影响混茧的质量,一般庄口不超过 5 个。

(一)并庄的条件

1. 条件相同 品种、季别、地区必须相同。

2. 茧色基本接近 混茧庄口的茧色要基本接近,色差最大不能超过半级。如将茧色不匀的蚕茧进行混合,容易造成丝色不齐或夹花丝,影响生丝质量。

3. 茧丝纤度开差要小 混茧庄口的茧丝平均纤度之间的开差,一般缫制 4A 等级生丝时,应控制在 0.3 旦(0.33dtex)以内;缫制 2A 级生丝时,控制在 0.5 旦(0.55dtex)范围内比较适当。否则,会增大生丝纤度偏差和降低生丝匀度成绩。

4. 茧丝长不能相差过大 因茧丝长短与茧丝纤度粗细有一定关系,相差过大会增大生丝纤度偏差。一般地说,同一品种蚕茧中,茧丝长长的,丝量多、纤度粗。长度相差 100m 时,茧丝纤度相差达 0.16 ~ 0.25 旦(0.18 ~ 0.28dtex)。为了控制庄口茧丝纤度相差不大于 0.4 旦(0.44dtex),茧丝长一般春茧相差不大于 150m,夏秋茧相差不大于 100m。

5. 解舒率 解舒率的相差范围一般应在 10% 以内,因为解舒率相差大的庄口,丝胶溶失率相差也大,丝胶溶失率差距应小于 1.5%。不同季节的蚕茧在茧质上有很大差别,特别是茧层丝胶溶失率相差较大。因此,在并庄时,一般春、秋茧不并,新、陈茧不并,春、夏茧尽量少并,以保证质量。

并庄要求详见表 8 - 1。

表 8 - 1 并庄要求

项目	单位	要求或范围	项目	单位	要求或范围
品种、季别、地区	—	相同	解舒率差距	%	小于 10
茧色	—	基本接近	茧丝纤度差距	旦	小于 0.3
一茧丝长差距	m	小于 100	煮茧丝胶溶失率差距	%	小于 1.5

(二)并庄的比例

并庄比例可按包数来计算,也可按重量来计算。

设庄口 $i(1\cdots n)$、包数 $B_i(B_1\cdots B_n)$ 或重量 $W_i(W_1\cdots W_n)$,则:

$$\text{庄口 } i \text{ 的比例} = \frac{B_i}{B_1 + \cdots + B_n} \text{ 或 } \frac{W_i}{W_1 + \cdots + W_n} \qquad (8-1)$$

(三)并庄后的茧丝纤度

设庄口 $i(1\cdots n)$、茧丝纤度 $S_i(S_1\cdots S_n)$。则并庄后的茧丝纤度 S_0:

$$S_0 = \frac{S_1B_1 + S_2B_2 + \cdots + S_nB_n}{B_1 + B_2 + \cdots + B_n} \qquad (8-2)$$

依此类推,可以计算出并庄后的茧丝长、解舒丝长、解舒率、万米吊糙、清洁、净度等茧质数据。

二、茧幅标准偏差与茧幅极差

茧幅标准偏差、茧幅极差较小的原料,有利于减少给茧机的多捞或空捞,提高给茧机的正确添绪率。一般缫制高等级的生丝,要选择茧幅标准偏差、茧幅极差较小的原料茧。降低茧幅标准偏差、茧幅极差有两条途径:一是在选茧时,剔除特大茧、特小茧(特大茧:茧幅 > 平均茧幅 + 4mm;特小茧:茧幅 < 平均茧幅 − 4mm);二是采用筛茧分型的方法。

三、茧丝纤度

在实际生产中,平均粒数少,如缫制 20/22 旦(22.2/24.4dtex)生丝时,若平均粒数少于 7.5 粒,容易产生野纤度、均匀二度变化;平均粒数多,如缫制 40/44 旦(44.4/48.9dtex)生丝超出 16.0 粒时,会给绪下茧粒数管理带来困难,以致给生丝质量带来影响。为了保证产品质量,便于绪下茧粒数的管理,在制丝工艺设计中要认真考虑原料茧的茧丝纤度。一般将茧丝纤度细的,安排缫制等级高的生丝或纤度规格;将茧丝纤度粗的,安排缫制等级低的生丝或粗纤度规格。下表是缫制不同的纤度规格生丝对平均粒数的要求。

表 8 − 2　纤度规格对平均粒数的要求

纤度规格[旦(dtex)]	平均粒数(粒)	纤度规格[旦(dtex)]	平均粒数(粒)	纤度规格[旦(dtex)]	平均粒数(粒)
20/22(22.2/24.4)	7.5 以上	27/29(30.0/32.2)	9.0 ~ 13.0	40/44(44.4/48.9)	16.0 以下

第二节　初步设计

一、纤度设计

纤度设计有两项任务:一是设计生丝中心纤度;二是设计绪下茧粒数。

(一)生丝中心纤度的设计

缫丝厂生丝纤度检验的样丝是从小籇丝片中抽取的,因此是湿丝抽检;而公检是从成件成批的丝片中抽取的,因此是干丝抽检。厂检与公检的生丝纤度存在差异。生丝中心纤度设计要以生丝规格或客户的要求为基础,同时还要考虑生丝厂检与公检的差距。

$$生丝中心纤度(旦) = 规格中心纤度(旦) - 生丝纤度修正值(旦) \qquad (8-3)$$

生丝纤度修正值是一个经验数据,工艺设计者要认真分析总结生丝厂检与公检的差距,确定本厂的纤度修正值,以保证生产的生丝纤度符合生丝规格或客户的要求。生丝纤度修正值一般为 0.3 ~ 0.5 旦(0.33 ~ 0.56dtex)。

(二)绪下茧粒数的设计

实缫中缫丝挡车工和工艺管理人员是通过控制与管理绪下茧粒数来保证所缫的生丝纤度,所以,必须对绪下茧粒数进行设计,绪下茧粒数的设计包括绪下茧的平均粒数的设计、中心粒数和允许粒数的确定、中心粒数率和允许粒数率的要求设计。

1. 平均粒数的设计　由于实缫的工艺条件与茧质检定的工艺条件不一致,因此,茧质检定的茧丝纤度与实缫茧丝纤度也会不相同,所以,在绪下茧粒数的设计时,需要对茧丝纤度进行修正。茧丝纤度修正值也是一个经验数据,工艺设计者要认真分析总结茧质检定的茧丝纤度和实缫茧丝纤度的差距,找出变化规律,确定本厂的茧丝纤度修正值,以保证生产的生丝纤度符合生丝规格或客户的要求。平均粒数可通过下式求得。

$$平均粒数(粒) = \frac{生丝中心纤度(旦)}{茧丝纤度(旦) + 茧丝纤度修正值(旦)} \qquad (8-4)$$

2. 中心粒数和允许粒数的确定 一粒茧的茧丝纤度,从外层到内层是不相同的。一般蚕茧从外层到内层,茧丝纤度逐渐变粗,变粗到一定程度后,又逐渐变细。因此,自动缫丝机的绪下茧粒数有多种组合,为了便于缫丝挡车工的操作和工艺管理,必须对绪下茧粒数作出规定,因此,有了中心粒数和允许粒数的概念。中心粒数和允许粒数的确定方法见式(8-5)。

$$允许粒数 = 中心粒数 \pm 1 \qquad (8-5)$$

中心粒数的划分,以 0.25 和 0.75 为界限,当平均粒数小数点后数值小于或等于 0.25,或者大于等于 0.75,为一档中心粒数,允许粒数为三档粒数;当平均粒数小数点后数值大于 0.25 小于 0.75 时,为二档中心粒数,允许粒数为四档粒数。

3. 中心粒数率和允许粒数率的要求 生丝纤度偏差的大小与中心粒数率和允许粒数率的高低有关,故生丝设计等级高,中心粒数率和允许粒数率要求就高。具体要求按表 8-3 确定,表中的中心粒数率为平均粒数并为整数粒时,如平均粒数为非整数粒,则需对中心粒数进行修正。修正的方法:当中心粒数为一档,平均粒数尾数偏离 0.00 粒,每 0.10 粒,中心粒数率降低3.0%;当中心粒数为二档,平均粒数尾数偏离 0.50 粒,每 0.10 粒,中心粒数率降低 2.0%。

表 8-3 中心粒数率和允许粒数率的要求

等级	一档粒数		二档粒数	
	中心粒数率	允许粒数率	中心粒数率	允许粒数率
5A 及以上	55%	99%	85%	99%
4A	52%	99%	80%	99%
3A 及以下	48%	99%	75%	99%

二、等级设计

自动缫丝机的生丝定级主要是洁净、清洁,其次是二度变化。故生丝等级设计以清洁、洁净为主要依据,但在缫制 20/22 旦(22.2/24.4dtex)及以下生丝规格时,由于二度变化定级增多,还需预测二度变化,并对照拟定等级二度变化条数标准是否在等级允许范围内,若预测二度变化条数超出拟定等级范围的,应向下调整设计等级。

(一)清洁、洁净

不同设计等级的清洁、洁净要求见表 8-4。

表 8-4 不同设计等级的清洁、洁净要求

等级	6A	5A	4A	3A	2A
清洁(分)	98.5	98.0	97.0	95.5	93.5
洁净(分)	95.5	94.5	92.5	90.5	88.5

(二)预测二度变化

均匀二度变化条数的多少,主要取决于解舒丝长、添绪次数和茧丝纤度等。预测二度变化的条数,可以通过三元一次回归方程式来计算:

$$Y = a + b_1 X_1 + b_2 X_2 + b_3 X_3 \qquad (8-6)$$

式中:Y——均匀二度变化条数,条;

X_1——解舒丝长,m;

X_2——添绪次数,次/min·绪;

X_3——茧丝单纤度,旦。

a、b_1、b_2、b_3 均为系数,随缫制规格、工艺条件和技术水平而定,见式(8-7)~(8-10)。

$$b_1 = \frac{\sum_{i=1}^{n} (X_{1i} - \overline{X_1})(Y_i - \overline{Y})}{\sum_{i=1}^{n} (X_{1i} - \overline{X_1})^2} \qquad (8-7)$$

$$b_2 = \frac{\sum_{i=1}^{n} (X_{2i} - \overline{X_2})(Y_i - \overline{Y})}{\sum_{i=1}^{n} (X_{2i} - \overline{X_2})^2} \qquad (8-8)$$

$$b_3 = \frac{\sum_{i=1}^{n} (X_{3i} - \overline{X_3})(Y_i - \overline{Y})}{\sum_{i=1}^{n} (X_{3i} - \overline{X_3})^2} \qquad (8-9)$$

$$a = \overline{Y} - b_1 \overline{X_1} - b_2 \overline{X_2} - b_3 \overline{X_3} \qquad (8-10)$$

其中:$\overline{X_1} = \frac{1}{n} \sum_{i=1}^{n} X_{1i}$;$\overline{X_2} = \frac{1}{n} \sum_{i=1}^{n} X_{2i}$;$\overline{X_3} = \frac{1}{n} \sum_{i=1}^{n} X_{3i}$;$\overline{Y_1} = \frac{1}{n} \sum_{i=1}^{n} Y_i$;$Y_i$ 为历年来的局验均匀二度变化条数。

三、产量设计

自动缫丝机的台时产量与原料茧的解舒丝长、吊糙发生的数量、篗速、缫丝运转率有关。台时产量的设计,需要设计好每绪每分钟的添绪次数、篗速、运转率后,才能设计台时产量。

(一)添绪次数的设计

按平均粒数与添绪次数的相关关系设计,表8-5以4A级为标准,每±1个等级,设计添绪次数±0.10次;当解舒丝长在450m以下时,设计添绪次数增加0.05~0.20次;当解舒丝长在700m以上时,设计添绪次数降低0.05~0.20次。

表8-5 平均粒数与添绪次数的相关关系

平均粒数(粒)	添绪次数[次/(绪·min)]	平均粒数(粒)	添绪次数[次/(绪·min)]
7.80~8.00	1.35~1.55	10.51~11.50	2.00~2.20
8.01~8.50	1.45~1.65	11.51~12.00	2.05~2.25
8.51~9.00	1.55~1.75	12.01~13.00	2.10~2.30

续表

平均粒数(粒)	添绪次数[次/(绪·min)]	平均粒数(粒)	添绪次数[次/(绪·min)]
9.01~9.50	1.75~1.95	13.01~14.00	2.15~2.35
9.51~10.00	1.85~2.05	14.01~15.00	2.20~2.40
10.01~10.50	1.95~2.15	15.01~16.00	2.30~2.50

(二)箴速设计

$$设计箴速(r/min) = \frac{解舒丝长(m) \times 添绪次数[次/(绪·min)]}{平均粒数(粒) \times 0.65(m)} \tag{8-11}$$

(三)运转率的设计

1. 等级运转率与等级的对应关系(表8-6)

表8-6 等级运转率与等级的对应关系

生丝等级	6A	5A	4A	3A及以下
等级运转率(%)	96	95	94	92

2. 预测吊糙次数的计算

$$预测吊糙次数[次/(台·min)] = \frac{设计箴速(r/min) \times 0.65(m) \times 20 \times 万米吊糙(次)}{10000} \tag{8-12}$$

3. 运转率与预测吊糙次数的关系 基准吊糙次数为0.67次/(台·min)(即每60绪30min的故障次数为60次),预测吊糙次数每高于基准吊糙次数0.10次/(台·min),设计运转率降低1.0%。

4. 运转率的计算

$$设计运转率 = 等级运转率 - \frac{预测吊糙次数 - 0.67}{0.1} \times 1.0\% \tag{8-13}$$

(四)台产设计

$$台产[g/(台·h)] = \frac{设计箴速(r/min) \times 0.65(m) \times 中心纤度(旦) \times 60 \times 20 \times 设计运转率}{9000} \tag{8-14}$$

四、缫折设计

由于茧检定和实缫的工艺条件、缫制方法、缫丝操作人员不同,茧检定所得解舒光折与实缫缫折存在差异,一般实缫缫折大于解舒光折,工艺设计人员要从生产实践中找出规律进行修正。缫折设计方法通常采用以下两种。

(一)方法一

解舒光折与实缫缫折的差距和解舒率关系比较密切,解舒好的差距小,反之就大,工艺设计人员要根据过去生产的庄口(已缫庄口),计算缫折递增率 Y:

$$Y = a + bX \tag{8-15}$$

式中: Y——缫折递增率;

X——解舒率。

a、b 为回归方程系数，$a = \bar{y} - b\bar{x}$，$b = \dfrac{\sum\limits_{i}^{n}(x_i - \bar{x})(y_i - \bar{y})}{\sum\limits_{i}^{n}(x_i - \bar{x})^2}$。根据以往实缫数据得到，取 n

只已缫庄口作为样本，x_i 为已缫庄口 i 的解舒率，则平均解舒率 $\bar{x} = \sum\limits_{i=1}^{n} x_i$；$y_i$ 为已缫庄口 i 的缫

折递增率，$y = \dfrac{\text{实缫缫折} - \text{解舒光折}}{\text{解舒光折}} \times 100\%$，则平均缫折递增率 $\bar{y} = \sum\limits_{i=1}^{n} y_i$。

以解舒光折为基础，结合各厂具体情况，按缫折递增率进行设计，公式为：

$$\text{设计缫折} = (1 + Y) \times \text{解舒光折} \tag{8-16}$$

缫折递增率受茧检定与实缫的解舒率、丝胶溶失率、长吐率、汰头率、毛丝率的差距影响，一般在 5%~10% 范围内，视各厂的具体情况而定。

（二）方法二

工艺设计人员也可根据以往经验，在解舒光折的基础上加上变量，从而得出设计缫折。即：

$$\text{设计缫折} = \text{解舒光折} + \text{变量} \tag{8-17}$$

选择若干只与设计庄口的茧别、产地相同，茧质相近的已缫庄口，将各已缫庄口的实缫缫折与解舒光折之差平均，即为式中变量值。

五、其他工艺的设计

（一）新茧补给装置加茧斗加茧频率的设计

$$\text{加茧斗加茧频率(次/min)} = \dfrac{\text{台产量} \times \text{台数} \times \text{设计缫折}}{60 \times 2 \times 100 \times \text{加茧斗每次加茧粒数}} \tag{8-18}$$

（二）索、理绪温度的设计

索绪温度一般为 82~92℃；理绪温度一般为 40~44℃。

（三）给茧机工艺参数的设计

1. 给茧机容茧量设计 给茧机容茧量可由式（8-19）求得，其中剩余茧量则视庄口情况而定，一般为 15~25 粒。

$$\text{给茧机容茧量(粒)} = \dfrac{a \times b \times c \times \text{运转率}}{60 \times \text{给茧机有效添绪效率}} + \text{剩余茧量} \tag{8-19}$$

式中：a——设计添绪次数；

b——一侧总绪数；

c——探索周期。

2. 给茧机水位的设计 根据式（8-20）可得给茧机水位，其中设计参数为 1.2~1.4。

$$\text{给茧机水位(mm)} = \text{平均茧幅} \times \text{设计参数} \tag{8-20}$$

3. 给茧机捞茧口宽度的设计 给茧机捞茧口宽度可用式（8-21）进行计算，其中设计参数为 2.8~3.0。

$$\text{捞茧口宽度(mm)} = \text{平均茧幅} \times \text{设计参数} \tag{8-21}$$

(四)落丝桶数和满籰圈数的设计

1. 落丝桶数设计

$$落丝桶数(桶) = \frac{丝片重量(g) \times 总绪数 \times 设计缫折}{每桶茧量(g) \times 100} \tag{8-22}$$

2. 满籰圈数设计 满籰圈数可由式(8-23)计算得到,其中效率系数则视各厂情况而定,一般为 0.92 ~ 0.98。

$$满籰圈数 = \frac{丝片重量(g) \times 9000}{设计中心纤度(旦) \times 0.65 \times 运转率 \times 效率系数} \tag{8-23}$$

第三节　试缫验证

为了验证初步设计是否合理,并进一步掌握原料茧的性能,正式工艺下达前,需进行试缫。一般按初定的工艺设计方案,试缫 3 天。

一、试缫时间及车位

试缫时间一般为 3 天。

试缫车位为所有做该庄口的车位;也可取一个组先行试缫。

二、调查与测定项目及其方法

(一)调查项目

调查项目主要包括生丝公量纤度、生丝纤度平均偏差、生丝纤度最大偏差、均匀变化、洁净、清洁、台产、等级、缫折、生丝外观等。

(二)测定项目及其方法

测定项目有籰速,平均粒数,运转率,中心粒数符合率,允许粒数符合率,计算纤度,不同煮茧温度下的解舒率、落绪分布率、万米吊糙次数、吊糙分布、煮茧丝胶溶失率、长吐量、索绪汤温,理绪汤温,缫丝汤温,索绪效率,理绪效率,分离效率,百粒蛹衣量等。

1. 吊糙测定

(1)测定绪数。测定绪数为 60 绪,时间为 30min。

(2)测定车位。测定车位为第 3 ~ 5 台车。

(3)测定方法。测定时,测定组别运转率保持正常,不掐蛹衬,分别记录类吊、糙吊、蛹吊及其他吊糙次数。

(4)测定次数。每种煮茧温度下的测定次数不少于 2 次。

(5)计算公式。

$$万米吊糙(次/万米) = \frac{吊糙总次数 \times 10000}{籰速(r/min) \times 0.65(m) \times 30(min) \times 60 \times 运转率} \tag{8-24}$$

$$各类吊糙率 = \frac{各类吊糙次数}{吊糙总次数} \times 100\% \tag{8-25}$$

2. 解舒测定

（1）测定车位。测定车位为被测机组的第 4 ~ 5 台车。

（2）测定绪数。测定绪数为 5 绪，时间为 30min。

（3）测定方法。升起防沉板，将长网搁在防沉板上，使落绪茧不掉入缫丝槽中被捕集器带走；测定前调整好绪头，处理好停箴，检查感知器的灵敏度；测定过程中分别记录有效添绪次数，拾出落在长网上的落绪茧数及蛹衬数（剔除给茧机所添的无绪茧）；测定结束后数清落绪茧粒数（分别记录外层落绪、中层落绪、内层落绪粒数）和蛹衬粒数；

（4）测定次数。每种煮茧温度下测定次数不少于 2 次。

（5）计算公式。解舒率计算同式（5 - 46），添绪次数计算同式（5 - 47）。

$$外中内层落绪分布 = \frac{外中内层落绪茧粒数（粒）}{落绪茧总粒数（粒）} \times 100\% \qquad (8-26)$$

3. 平均粒数的测定

（1）开车后 30min 左右，开始测定试样整组车的绪下粒数。

（2）计算内容包括平均粒数、中心粒数符合率、允许粒数符合率、运转率。

（3）注意事项：如有停箴，则作 ⊗ 记号，不计入绪下粒数。

（4）计算公式。

$$平均粒数（粒） = \frac{各绪头粒数总和}{工艺要求总绪数 - 停箴绪数} \qquad (8-27)$$

$$运转率 = \left(1 - \frac{停箴绪数}{工艺要求总绪数}\right) \times 100\% \qquad (8-28)$$

$$计算纤度（旦） = 茧丝单纤度 \times 平均粒数 \qquad (8-29)$$

$$中心粒数符合率 = \frac{中心粒数绪数}{工艺要求总绪数 - 停箴绪数} \times 100\% \qquad (8-30)$$

$$允许粒数符合率 = \frac{允许粒数绪数}{工艺要求总绪数 - 停箴绪数} \times 100\% \qquad (8-31)$$

$$越外率 = 1 - 允许粒数符合率 \qquad (8-32)$$

4. 给茧机效率的测定

（1）固定测定法。

①测定车位：被测机组的第 3 ~ 8 台车中任意连续 5 绪。

②测定时间：每次测定时间为 30min。

③测定方法：分类记录给茧机在所测 5 绪中捞添次数，并分别计算。

④计算内容及公式：给茧添绪总效率、给茧机有效率、捞茧效率、添绪效率可分别按式（5 - 29）~ 式（5 - 32）计算。

（2）移动测定法。测 10 只给茧机，每只给茧机加茧后，从第一台车开始，记录该只给茧机运转一周的添茧次数及类别。计算内容及公式同上。

5. 索绪、理绪温度及效率的测定 　不同的索绪温度及理绪温度下的索绪效率、理绪效率、索理绪效率。

（1）测定时间。每一种索理绪温度下的测定时间为3min。

（2）测定方法。

①测定前统一索理绪温度、索绪帚只数、索绪帚新旧程度、索绪帚入水深度等工艺条件。

②新旧茧有规律地补给。

③用容器收集从索绪锅内移过来的有绪茧和无绪茧,放在规定理绪温度的容器内,时间为3min。然后移动有绪茧,取出无绪茧,数清无绪茧粒数。最后用手工理绪,理清后,数出正绪茧及无绪茧粒数Ⅱ。

（3）计算公式。索绪效率和理绪效率可分别按式(5-39)和式(5-40)计算。

6. 百粒蛹衣量的测定　在分离机下随机取有代表性的蛹衬,剔除落绪茧,混合后抽取100粒,除去蛹和蜕皮,挤去水分烘干后,进行公量折算后,得出百粒蛹衣量。

7. 分离效率的测定

（1）测定时间一般为3～5min。

（2）在机器正常运转情况下测定。

（3）把测定时间内落入输送带上的落绪茧、蛹衬及落入蛹衬盘内的落绪茧、蛹衬分别取出,放入备好的容器内,并分别数清记数,分别计算落绪茧分离效率和蛹衬分离效率,按式(5-54)和式(5-55)计算。

思考题

1. 制丝工艺设计的任务和要求是什么?

2. 并庄的条件有哪些?

3. 纤度规格对平均粒数有什么要求?

4. 生丝等级设计的依据有哪些?

5. 台时产量与哪些因素有关?

6. 为什么要进行试缫验证?

7. 试缫验证需要调查哪些项目?

8. 计算:现有某地某年产的三只春茧庄口,茧质数据见下表。

庄口	茧量（kg）	包数（包）	茧丝长（m）	解舒丝长（m）	解舒率（%）	茧丝纤度（旦）	缫折（kg）	清洁（分）	净度（分）	万米吊糙（次）
1	23453	1100	925.5	486.5	52.57	2.840	255.0	99.5	93.5	1.44
2	18613	860	978.5	457.1	46.71	2.897	245.2	98	94.5	1.43
3	15547	721	967.9	436.1	45.06	2.750	245.7	99	93	1.93

（1）表中三只庄口的茧质数据是否符合并庄条件?

（2）若符合并庄条件,请分别算出三只庄口并庄后的茧质数据。

（3）现要缫制4A级、20/22旦(22.2/24.4dtex)生丝。请选用某一庄口,对制丝工艺进行初步设计。

第九章　制丝用水

本章知识点

1. 天然水中杂质的分类。

2. 水质指标。

3. 制丝用水的水质标准。

4. 水的总碱度。

5. 水的硬度。

6. 丝厂水质分析的主要方法。

7. 水质改良。

8. 水质与缫丝质量的关系。

制丝工艺流程主要包括选茧、煮茧、缫丝、复摇和整理过程,其中的煮茧、缫丝、复摇工序都需要用到大量的水,生产每吨生丝需要用水 800～1000 吨,且水质直接影响生丝的产量、质量和原料茧的消耗。因此,制丝生产时必须考虑水质问题,使生产顺利进行,达到优质、高产、低耗的目的。

本章主要介绍水中常见的杂质,水质对制丝生产的影响,以及丝厂用水的水质改良等方面的基本知识。

第一节　天然水中的杂质

天然水可分为地面水和地下水。地面水有江水、河水、湖水;地下水有井水、泉水。目前,我国的制丝用水大多数取自工厂附近的天然水源,在厂里进行适当的处理后供生产使用,也有部分企业采用回用水。另外,也有少量制丝企业采用自来水。由于水在自然界中循环,无时不与外界接触,水又极易与各种物质混杂,且溶解能力强,因此,任何天然水体都不同程度地含有各种各样的杂质。天然水中的杂质,按它们在水中存在的状态可分三大类:悬浮物质、胶体物质和溶解物质。

一、天然水中杂质的分类

表 9 - 1 为天然水所含杂质的分类。

表9-1　天然水中杂质分类

粒　　径(mm)	$<10^{-6}$	$10^{-6} \sim 10^{-4}$	$10^{-4} \sim 10^{-1}$	$>10^{-1}$
分　　类	溶解物质	胶体物质	悬浮物质	
特　　征	水质透明	水质光照下浑浊	水质浑浊	杂质肉眼可见

(一)悬浮物质

悬浮物质是指水中颗粒直径大于100nm而悬浮在流动水中的物质。这类物质主要由泥沙、黏土、原生动物、藻类、细菌、病毒以及高分子有机物等组成,在水中是不稳定的,分布也是不均匀的。当水静置时,一些较轻的物质会浮于水面;一些较重的物质则下沉。如果用这种水制丝,这些悬浮物质可能会黏附在丝条上,使生丝色泽不一,手感粗糙,外观质量下降。因此,丝厂生产用水必须采用去除悬浮物质的清水。一般情况下,可以通过沉淀和过滤的方法除去悬浮物质。

(二)胶体物质

胶体物质通常为较小的颗粒,一般直径在1~100nm之间,有的是许多分子和离子的集合体,有的则是高聚物大分子。天然水中无机物胶体主要是铁、铝及硅的化合物;有机物胶体则是动植物体腐烂和分解产生的腐殖质。若用于制丝生产,丝条就有被胶体不均匀黏附的可能,从而影响丝色,产生夹花丝等疵点。所以制丝生产用水必须除去胶体物质。一般情况下,可以通过混凝澄清处理及过滤去除胶体物质。

(三)溶解物质

溶解物质是指溶解于水中的物质,主要是呈离子状态的盐类,另外,也有如溶解的二氧化碳、氧气、氮气等以分子状态存在的溶解物质。溶解物质的颗粒直径小于1nm。最常见的离子见表9-2中的第I类。

溶解于水中的气体常见的有氧气、二氧化碳、氮气,有时还有硫化氢、二氧化硫和氨等。溶解于水中的游离氧称为溶解氧,其含量一般在8~14mg/L,水中溶解氧的含量与水温、气压有关。一般地下水溶解氧的含量较少;地面水中的溶解氧含量,则因水源不同,相差很大。

表9-2　天然水中溶有离子的概况

类别	阳离子		阴离子		浓度的数量级(个/L)
	名称	符号	名称	符号	
I	钠离子	Na^+	重碳酸根	HCO_3^-	$1 \sim 10^6$
	钾离子	K^+	氯离子	Cl^-	
	钙离子	Ca^{2+}	硫酸根	SO_4^{2-}	
	镁离子	Mg^{2+}	硅酸氢根	$HSiO_3^-$	
II	铵离子	NH_4^+	氟离子	F^-	$10^{-1} \sim 10$
	亚铁离子	Fe^{2+}	硝酸根	NO_3^-	
	锰离子	Mn^{2+}	碳酸根	CO_3^{2-}	

续表

类别	阳离子		阴离子		浓度的数量级（个/L）
	名称	符号	名称	符号	
Ⅲ	铜离子	Cu^{2+}	硫氢酸根	HS^-	$<10^{-1}$
	锌离子	Zn^{2+}	硼酸根	BO_3^-	
	镍离子	Ni^{2+}	亚硝酸根	NO_2^-	
	钴离子	Co^{2+}	溴离子	Br^-	
	铝离子	Al^{3+}	碘离子	I^-	
	—	—	磷酸氢根	HPO_4^{2-}	
	—	—	磷酸二氢根	$H_2PO_4^-$	

如果天然水源受有机物污染，水中溶解氧就会降低。天然水中的二氧化碳主要是水中或泥土中有机物分解和氧化作用的产物，也有的是由地层深处所进行的地质化学反应过程而生成的。所以有些地下水的二氧化碳含量很高，而地面水的二氧化碳含量不超过 20 ~ 30mg/L。

二、各种水源的含杂情况

各种水源的主要特征见表 9 – 3。

（一）江水、河水

我国的江水、河水与地下水相比，通常悬浮物质的含量较多，而溶解盐类的含量较少。含盐量在 200mg/L 以下的约占一半，且含盐量与地域有关，东南沿海含盐量较低而西北内陆含盐量较高。通常水中的含盐量由东南沿海的约 50mg/L 递增至西北内陆的 1000mg/L 以上。另外，江水、河水的水量和杂质成分有季节性变化。在冬季因雨量少，往往会使含盐量稍增；洪水期间的江水、河水浑浊，含盐量有所下降，江水、河水受流经地区沿岸的工业污水、生活污水以及农田排水（含农药、化肥）等的影响，水质也会有所变化。

（二）湖水

湖水的流动性较小，悬浮物质较易沉淀，故湖水往往比江水、河水清些。湖水的含杂情况季节性变化小，但在夏季，水中藻类繁殖旺盛时，可能使水具有颜色。

（三）地下水

地下水泛指存在于地下多孔介质中的水。与地面水相比，悬浮物质少，比较清澈透明，且杂质成分随四季变化小，但含盐量比地面水要高，含盐量的多少又取决于其流经地层的矿物质成分、接触时间和流经路程的长短。

表 9 - 3　各种水源的主要特征

水源	主　要　特　征
一般河水	1. 悬浮杂质较多 2. 无机盐含量较高 3. 有机物含量较井水及山溪水高,略低于近海河水 4. 水质不稳定,季节性变化大 5. 水质因地而异,变化较大
井　水	1. 悬浮杂质少 2. 水中溶解的无机盐总量大,常常总碱度大于总硬度 3. 有机物含量甚低 4. 水质稳定,季节性变化很小
山溪水	1. 悬浮杂质少,平时水质稳定,大雨后悬浮物显著增多,透明度大为降低 2. 水中溶解的无机盐总量很小 3. 硬度小,氯离子含量低 4. 有机物含量甚低
近海河水	1. 悬浮杂质多,透明度不佳 2. 水中溶解的无机盐总量大,电导率高,硬度也高 3. 有机物含量较高 4. 水质不稳定,季节性变化幅度大

第二节　水质常用指标

水中各种杂质,即使有些含量甚微,也会对工农业生产带来不利影响。所以,需要对水质进行评价。

一、评价水质的指标

(一)温度

水的温度习惯上用摄氏度(℃)表示,在制丝的煮茧工序中,也有用华氏度(°F)来表示的,1华氏度 = 32 + 摄氏度 × 1.8。水的温度在工业用水中,尤其是对于冷却用水,显得非常重要。

(二)色度

色度是指含在水中的溶解性的物质或胶状物质所呈现的类黄色乃至黄褐色的程度。一般用铂钴比色法测量。即用氯铂酸钾(K_2PtCl_6)与氯化钴($CoCl_2$)配成标准液。每升水中含有相当于 1mg 铂所造成的色度,被定为 1 色度单位。具体可以参照 GB 11903—1989。

(三)透明度和浑浊度

透明度和浑浊度是用来表征水的清浊程度的。透明度是水能见度的一个量度。测定透明度的方法有塞氏盘法、铅字法、十字法,单位用厘米(cm)表示。浑浊度代表了水中悬浮物的多少,一般是采用光学方法测量。1L 水中含有相当于 1mg 高岭土(一般以漂白土为标准,粒度为 74～62μm)的浑浊度,被定为 1 浑浊度单位,单位为 NTU。具体可以参照 GB 13200—1991。

(四)电导率

由于水中溶解有离子形态的盐类,当水中插入一对电极时,通电之后,在电场的作用下,水中阴离子移向阳极,阳离子移向阴极,使水溶液起导电作用。水的导电能力的强弱程度,用电导率 S(或称电导)表示,单位为 μS/cm。它能简便地表征水的含盐量的高低。对于同一类天然淡水,电导率与含盐量大致成正比例关系。温度为 25℃ 时,1μS/cm 相当于 0.55～0.9mg/L 含盐量。在其他温度时,需要加以校正。根据电导率大致推算出此种水的近似含盐量,但不能推算出水中含有离子的种类及它们各自的含量。

(五)pH 值

水的 pH 值为水中氢离子浓度的负对数,水中溶解物质的性质和其含量与水的 pH 值有关。尤其是天然水的 pH 值与水中游离的二氧化碳、重碳酸根、碳酸根的相对含量有很大的关系。在水中存在着下列平衡。

$$CO_2 + H_2O \rightleftharpoons H_2CO_3 \quad H_2CO_3 \stackrel{K_1}{\rightleftharpoons} H^+ + HCO_3^-$$

在 25℃ 时,$K_1 = \dfrac{[H^+][HCO_3^-]}{[CO_2]} = 4.45 \times 10^{-7}$

$$HCO_3^- \stackrel{K_2}{\rightleftharpoons} H^+ + CO_3^{2-}$$

在 25℃ 时,$K_2 = \dfrac{[H^+][CO_3^{2-}]}{[HCO_3^-]} = 4.69 \times 10^{-11}$

当水中 CO_2 与 HCO_3^- 共存时,则:

$$[H^+] = \frac{K_1[CO_2]}{[HCO_3^-]}$$

两边取负对数,得:

$$pH 值 = 6.35 + \lg[HCO_3^-] - \lg[CO_2]$$

天然水的 pH 值可以根据水中 HCO_3^- 与 CO_2 的含量计算,亦可用比色法或点位法测得。一般情况下,天然水的 pH 值接近 7,呈中性。

(六)酸度

水的酸度是指水中含有能与强碱作用的物质的物质的量,以 mmol/L 表示。水的酸度是由游离二氧化碳、有机酸、无机酸、强酸弱碱生成的盐所造成的,它们的总浓度称为总酸度。它们的含量可用滴定法求得。因天然水中无强酸性的物质,故平时测得的天然水的酸度,往往是水中游离二氧化碳所产生的酸度,也可用每升水中含游离二氧化碳的毫克数来表示。

(七)碱度

碱度是指水中含有能与强酸发生中和反应的物质的物质的量,以 mmol/L 表示,也可用德度(°dH)表示。水的碱度主要是由碱土金属、碱金属的重碳酸盐、碳酸盐及氢氧化物的存在所造成的。可以通过滴定法测量水中存在的碱度物质。

碱度有重碳酸盐碱度、碳酸盐碱度、氢氧化物碱度之分,这些碱度的总和称为总碱度。水的碱度在天然水中有以下五种可能存在的形式。

(1)氢氧化物单独存在时的碱度,即水中由 OH^- 产生的碱度。

(2)氢氧化物与碳酸盐同时存在时的碱度,即由水中 OH^- 与 CO_3^{2-} 产生的碱度。

(3)碳酸盐单独存在时的碱度,即由水中 CO_3^{2-} 产生的碱度。

(4)重碳酸盐、碳酸盐同时存在时的碱度,即由水中 HCO_3^-、CO_3^{2-} 产生的碱度。

(5)重碳酸盐单独存在时的碱度,即由 HCO_3^- 产生的碱度。

(八)硬度

硬度是反映水的含盐特性的一种指标。原则上水中除碱金属以外的金属离子都构成水的硬度。天然水中 Ca^{2+}、Mg^{2+} 的含量远比其他金属离子含量要高,所以,通常天然水的硬度就以 Ca^{2+}、Mg^{2+} 的含量求得:

$$水的总硬度 = [Ca^{2+}] + [Mg^{2+}] + [Fe^{2+}] + \cdots \cong [Ca^{2+}] + [Mg^{2+}]$$

Ca^{2+}、Mg^{2+} 在天然水中以碳酸盐、重碳酸盐、硫酸盐、氯化物等形式存在,所以水的硬度又可分为碳酸盐硬度和非碳酸盐硬度。由于碳酸盐硬度主要是由重碳酸盐组成,且钙、镁的重碳酸盐可在水煮沸后分解生成碳酸钙和氢氧化镁沉淀而除去。所以通常又把碳酸盐硬度称为暂时硬度,非碳酸盐硬度称为永久硬度。水的总硬度也可说是非碳酸盐硬度和碳酸盐硬度之和,即:水的总硬度 = 碳酸盐硬度 + 非碳酸盐硬度

表示硬度最常用的单位是 mmol/L。此外,还有用 °dH(德国硬度)和 ppm $CaCO_3$(又称美国硬度)作硬度单位的,1L 水中含有与 10mg CaO 相当的硬度物质时称为 1°dH;当一百万份水中含有 1 份相当于 $CaCO_3$ 的硬度物质时便称为 1ppm $CaCO_3$ 的硬度。这些单位是可以相互换算的。

$$1mmol/L = 5.6°dH = 100ppm \quad CaCO_3$$

(九)需氧量(耗氧量)

需氧量(耗氧量)是指 1L 水中还原性物质(有机物或无机物中的 S^{2-}、Fe^{2+}、NO_2^- 等)在一定条件下被氧化时所需氧的毫克数。

天然水的需氧量测定采用高锰酸钾作氧化剂,需氧量以 $O_2 mg/L$ 为单位,称为高锰酸钾需氧量。工业污水中有机物含量大,需氧量测定时用重铬酸钾作氧化剂,需氧量仍以 $O_2 mg/L$ 为单位,但称为重铬酸钾需氧量。

二、水质指标间的关系

水质指标中表示各种阴、阳离子的单独含量时,一般以该离子的含量 mg/L 来表示。

在水质指标之间,存在一定的相互制约关系,具体包括以下几项。

(一)阴、阳离子间的关系

水中的阳离子和阴离子,是由各种盐类溶解后在水中电离而成的,根据任何化合物都呈电中性原则,各阳离子的 $\sum C_+ \cdot n_+$ 应等于各阴离子的 $\sum C_- \cdot n_-$(C 为物质的量浓度,n 为电荷数)。

(二)硬度与碱度的关系

硬度是表示水中某些阳离子(主要是 Ca^{2+}、Mg^{2+})的量,碱度是表示水中某些阴离子(主要

是 HCO_3^-、CO_3^{2-})的量。阳离子和阴离子在水中都是单独存在的,但出于判断水质的需要,有时将它们组合成假想化合物。其组合顺序是按照水在加热蒸发浓缩时,阴、阳离子优先组合成溶解度小的化合物,再依次组合成溶解度大的化合物,表 9-4 为根据上述组合原则列出的天然水中阴、阳离子的组合关系。

表 9-4　天然水中阴、阳离子的组合关系

指标名称	阳离子组合顺序		阴离子组合顺序	指标名称
硬度	Ca^{2+}、Mg^{2+}	1H_c 2H_f 3H_u 4 中性盐	HCO_3^-	碱度
钠、钾离子含量	Na^+、K^+		SO_4^{2-} Cl^-	强酸根离子浓度

注　H_c—碳酸盐硬度;H_f—非碳酸盐硬度;H_u—负硬度,即钠钾碱度。

由表 9-4 可以看出,阴、阳离子组合成假想化合物的顺序主要分以下几种。

(1)钙离子和重碳酸根首先组成化合物 $Ca(HCO_3)_2$ 之后,多余的重碳酸根才能与镁离子组合成 $Mg(HCO_3)_2$。这类化合构属于碳酸盐硬度 H_c。

(2)如果钙、镁离子与重碳酸根组成化合物之后,钙、镁离子有剩余,则与硫酸根组合成 $CaSO_4$,其次是 $MgSO_4$。当钙、镁离子还有剩余时,才与氯离子组合成 $CaCl_2$、$MgCl_2$。这些化合物均属于非碳酸盐硬度 H_f。

(3)如果钙、镁离子与重碳酸根组成化合物之后,重碳酸根仍有剩余,则与钠、钾离子组合成 $NaHCO_3$、$KHCO_3$,即为负硬度 H_u,这种水称为负硬水。

(4)最后钾、钠离子与硫酸根、氯离子组合成溶解度很大的中性盐。

由此可总结出硬度与碱度的关系,见表 9-5。

表 9-5　硬度与碱度的关系

分析结果	H_c	H_f	H_u
$H > A$	A	$H - A$	0
$H < A$	H	0	$A - H$
$H = A$	$H = A$	0	0

注　H 为总硬度;A 为总碱度。

(三)碱度与 pH 值的关系

pH 值是表示溶液酸碱性的指标,它直接反映水中 H^+ 或 OH^- 的含量;碱度则除包括水中 OH^- 的含量以外,还包括水中 CO_3^{2-} 和 HCO_3^- 等碱性物质的含量。因此,两者之间既有联系又有区别。它们的区别是,在相同碱度值情况下,由于碱度成分不同,水中 OH^- 含量可不同,所以 pH 值也不相同。

当水的 pH 值在 4 左右时,进入水中的 CO_2 几乎全部以 CO_2 和 H_2CO_3 的形式存在;当水的 pH 值在 8.3 左右时,水中碱度物质以 HCO_3^- 为主(此时酚酞指示剂为无色);pH 值在 10 左右时,是以 HCO_3^- 与 CO_3^{2-} 共存的碱度;锅炉中水的 pH 值在 10 ~ 12 之间,此时碱度物质仍以 CO_3^{2-}、HCO_3^- 为主。pH 值与碱度的关系详见表 9 - 6。

表 9 - 6 pH 值与碱度的关系

pH 值	4.0	4.5	5.0	5.5	6.0	6.5	7.0	7.5	8.0	8.5	9.0	9.5	10.0
CO_2 + H_2CO_3(%)	99.6	98.7	95.9	88.0	69.9	42.3	18.9	6.8	2.3	0.7	0.2	0.0	0.0
HCO_3^-(%)	0.4	1.3	4.1	12.0	30.1	57.7	81.1	93.0	97.3	97.8	95.3	87.0	68.0
CO_3^{2-}(%)	0.0	0.0	0.0	0.0	0.0	0.0	0.0	0.2	0.4	1.5	4.5	13.0	32.0

第三节 制丝用水的要求

一、水中杂质对制丝生产的影响

水中杂质对制丝生产的影响主要有两个方面:一是水中杂质被丝条吸附(物理吸附及化学吸附)后影响生丝品质;二是影响茧层丝胶的膨润溶解,从而影响茧层丝胶溶失率、蚕茧解舒率、出丝率和生丝外观质量等。

(一)制丝过程中水中可能存在的杂质及其变化

1. 加热时水中杂质发生的变化 在制丝生产中,各工序所用的水都有一定的温度要求,在不同的温度下,水中杂质会发生一些变化。

(1)当水加热后,悬浮物质会加速沉淀,胶体也因受破坏而沉淀。这些沉淀物往往会不均匀地黏附在茧层和丝条上,产生丝色不齐及夹花丝等疵点。

(2)溶解在水中的氧气、二氧化碳等酸性气体,在受热时,因溶解度降低而逸出,从而使水的 pH 值升高。另外,水中其他溶解物质受热后亦会发生变化,从而影响水的 pH 值。如水中重碳酸盐受热分解后,会改变水的 pH 值,同时还会产生沉淀,其反应式如下。

$$Ca(HCO_3)_2 \xrightarrow{\triangle} CaCO_3 \downarrow + H_2O + CO_2 \uparrow$$

$$Mg(HCO_3)_2 \xrightarrow{\triangle} MgCO_3 \downarrow + H_2O + CO_2 \uparrow$$

$$MgCO_3 + H_2O \longrightarrow Mg(OH)_2 \downarrow + CO_2 \uparrow$$

$$2NaHCO_3 \xrightarrow{\triangle} Na_2CO_3 + H_2O + CO_2 \uparrow$$

从以上反应式可看出,当水加热后,水的总碱度和总硬度亦随着重碳酸盐的分解而发生变化,随着沉淀物的产生使水的碳酸盐硬度下降,总碱度也随着下降。且水的碱度成分亦发生变化,即原来由 HCO_3^- 盐产生的碱度下降,而由 CO_3^{2-} 盐产生的碱度增加。而水的 pH 值、碱度、硬度等对茧层膨润度、丝胶的溶解度等有明显的影响。所以制丝企业用水,不仅要注意冷水的 pH 值等指标,更要注意升温后水的 pH 值、碱度、硬度等指标。

2. 茧层和蛹体中的可溶性物质在水中溶出 在制丝生产过程中,蚕茧和水接触,茧层上的丝胶发生膨润,并适当溶解,还有无机成分、蜡质物、色素也会部分溶出,蛹体中的蛹蛋白、脂肪酸、无机盐以及蛹体代谢产物中的一些低分子含氮化合物也会部分溶出。有些溶出物具有酸性,致使水的 pH 值下降,随着溶出物浓度增加,总酸度加大,pH 值下降至一定范围后就不再继续下降。但这些浸出物对茧层丝胶的膨润和生丝的色泽均有影响,必须同对待水中原来含有的杂质一样,同时加以考虑。

3. 缫丝机械零部件的金属材料的微量溶出 缫丝机械零部件,许多要接触到水,零部件的金属材料就有微量溶出的可能。这些物质溶出虽然极为微量,但也可以被丝条吸附,影响生丝的色泽。因此,煮茧、缫丝机械中与水和茧子接触的零部件多选用不锈钢、铜、塑料等材质。

4. 水中原有杂质和新增杂质的相互作用 水中原有杂质还可与在煮茧、缫丝过程中水中新增加的杂质发生相互作用,生成新的杂质。例如水中原有的钙离子和镁离子与从蛹体中溶出的游离脂肪酸结合,生成不溶性的钙皂、镁皂,具有黏附性,会沉积黏附于丝条上,使生丝手感粗糙,丝色不正常。

(二)水中杂质对煮茧、缫丝及生丝品质的影响

1. 电导率 在制丝用水中,为了控制水的含盐量,采用电导率这个指标。当水样含盐量不高时,水中 Cl^-、SO_4^{2-} 的含量较低,水的总碱度与总硬度较接近,即水的硬度主要为碳酸盐硬度。此时,茧层丝胶溶失率随制丝用水电导率的增大而增加,两者成正相关关系。但当水的含盐量增加时,水中 Cl^-、SO_4^{2-} 的含量也随之增加,此时水的电导率虽然也相应增大,但是茧层丝胶的溶失率并不会随之增大。

水的电导率相同或接近,并不表示其所含溶解物质相同,甚至可以完全不一样,因此,它们对茧层丝胶的溶失率的影响亦不相同。这也就是说,水中溶解的盐类总量虽可用电导率表示其大致范围,但它对制丝生产的影响,还必须结合其他水质指标一起考虑才行。

2. pH 值 水的 pH 值对茧层丝胶的膨润溶解有较大的影响。丝胶的等电点 pH 值为 4.1 左右。在等电点附近,丝胶膨润溶解性最小。若溶液的 pH 值远离丝胶的等电点,丝胶的膨润和溶解增加。天然水的 pH 值在冷水时差异不大,但因水中溶解的物质不同,升温后 pH 值会就出现差异。制丝生产各工序用水大多为热水,有的升温后 pH 值在 8 左右,有的则可达 9 以上,因此,升温后,随着水的 pH 值增大,丝胶的膨润溶解会加大和加快;当 pH 值大于 10 时,还会损伤丝素,使强力、伸度下降。煮茧用水的 pH 值对茧层丝胶溶失率的影响很大,尤其是采用钠型软水煮茧时,由于软水中含有负硬度,升温后 pH 值上升比原水要大,容易造成煮茧时茧层丝胶溶失偏多而影响出丝率。

制丝过程中,水与茧层、蛹体接触后,茧层上的丝胶、色素、无机物,蛹体中可溶的物质均会溶解于水中,也会改变水的 pH 值。因此,必须综合考虑。

3. 碱度 制丝用水的总碱度以重碳酸盐碱度单独存在的形式为多。构成这些重碳酸盐碱度的物质中又以 $Ca(HCO_3)_2$ 为主,也有少量的 $Mg(HCO_3)_2$,这是符合天然水的一般规律的。一

些地下水,除含有 Ca(HCO₃)₂、Mg(HCO₃)₂外,有时还会含有少量 Fe(HCO₃)₂、NaHCO₃。水的总碱度对茧层丝胶溶失率有明显的影响。如图 9 − 1 所示为水的总碱度与茧层丝胶溶失率的关系(水的碱度为配置碱度,碱度为 0 的水样为去离子水,样品茧层经过真空渗透后,在沸水中处理至茧层丝胶溶失率基本不变,每个样品测定 5 次)。

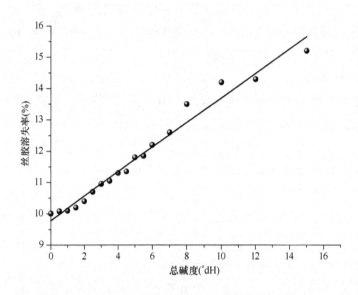

图 9 − 1   总碱度与茧层丝胶溶失率的关系

从图中可以看出,碱度越大,丝胶溶失率越大。丝胶溶失过多,不利于制丝生产,因此,制丝用水的碱度应控制在一定范围内,一般认为总碱度为 4°dH 较适宜。除了碱度指标以外,产生碱度的物质种类、水的总硬度等与制丝质量均有一定的关系,见表 9 − 7。

表 9 − 7   碱度、硬度对茧层丝胶溶失率的影响(pH 值为 7)

水　质				电导率 (μS/cm)	煮沸 20min 后茧层丝胶溶失率(%)
总碱度		总硬度			
°dH	mmol/L	°dH	mmol/L		
0.24	0.043	0	0	75	6.52
0.24	0.043	3.8	0.68	180	6.17
0.24	0.043	7.9	1.4	350	6.09
0.24	0.043	11.8	2.11	523	5.84
4.2	0.75	0	0	133	11.77
4.2	0.75	4.9	0.75	310	10.84
4.2	0.75	7.9	1.4	472	9.93
4.2	0.75	11.8	2.11	667	9.67
8.3	1.5	0	0	278	15.06
8.3	1.5	4	0.71	420	13
8.3	1.5	7.9	1.4	575	12.81

续表

水 质					煮沸20min 后茧层丝胶 溶失率(%)
总碱度		总硬度		电导率 (μS/cm)	
°dH	mmol/L	°dH	mmol/L		
8.3	1.5	12.2	2.18	753	11.8
12.2	2.18	0	0	408	19.71
12.2	2.18	8.3	1.5	615	13.98
12.2	2.18	11.8	2.11	685	14.1
12.2	2.18	15.6	2.79	845	12.14

水的碱度越大,增加硬度可使茧层丝胶溶失率下降越明显,这表明硬度有与碱度相抵消的作用。由于重碳酸盐产生的硬度也就是碱度,当水受热时可分解生成 $CaCO_3$、$Mg(OH)_2$ 沉淀物,从而降低水的硬度,碱度亦同时降低,故能使茧层丝胶溶失率减小。所谓相抵消的部分就是指可在加热时作为沉淀而去除的那一部分硬度。有文献认为,水的碱度、硬度对茧层丝胶溶失率的影响,可用下式来表示:

$$S = S_0 \times \frac{K^m}{K^H}$$

式中:S——丝胶溶失率;

S_0——碱度、硬度为 0 时的丝胶溶失率,与原料茧的基础性能有关;

K——常数,与原料茧的性能有关;

m——总碱度;

H——总硬度。

4. 硬度 碳酸盐含量高的水在受热后生成的沉淀物会沉积在水管壁上,水管内径变细,从而使各台缫丝机台面的水流量不一,缫丝汤浓度不一,造成丝色不齐。还由于沉淀物和丝胶等沉积在缫丝机的各种零件表面,使自动缫丝机感知器的灵敏度下降,从而影响生丝品质。另外,钙、镁离子或其沉淀物可能在丝条上附着,使丝的品质下降,如手感粗糙、光泽发暗等。

但适当的硬度可以抑制碱度对丝胶的溶解作用。在制丝过程中,除丝胶的膨润、溶解这一主要过程外,还包含着丝胶的凝聚、吸附等过程。硬度物质对已膨润或溶解的丝胶的再凝聚亦有一定影响。即硬度物质可与丝胶的反应基团相结合,促进网状结构的形成。因此,适当的硬度,有利于制丝生产。只有当制丝用水的硬度、碱度均适当时,煮茧、缫丝才能取得最佳效果。

我国制丝企业对煮茧用水十分重视,但对缫丝用水、复摇(真空给湿)用水相对不够重视,然而缫丝用水、复摇用水的水质却对生丝外观质量有很大的影响。因此,重视缫丝和复摇用水的硬度、碱度指标同样十分重要。

5. 酸度 天然水的酸度一般是因水中含有游离的二氧化碳所致。井水中的游离二氧化碳含量常高于地面水。为了使井水水质稳定,常把井水抽上后,在空气中暴露适当时间,促使二氧化碳逸出,此时水的 pH 值略会升高,所以天然水本身的酸度对制丝生产的影响不大。但在煮茧过程中,由于丝胶和蛹酸的溶出,使煮茧汤具有酸度,有时会影响丝胶的膨润和溶解。因此,在生产中,既要注意 pH 值,还要注意酸度。因为 pH 值达到一定值后,就不易再改变;但总酸度可随溶出物的增多而不断增大。

6. 金属离子 天然水中常见的重金属离子主要是铁的离子和锰的离子,其中又以铁的离子为主,其他金属离子的含量一般甚微。制丝过程中,经水膨润后的茧丝丝胶带有负电荷,具有较大的吸附能力,所以丝条很容易吸附水中带有正电荷的金属离子。金属离子被丝条吸附的量,一般随金属离子所带电荷量的增加而增加。即 $Na^+ < K^+ < NH_4^+ < Ca^{2+} < Mg^{2+} < Al^{3+} < Fe^{3+}$。离子被丝条吸附后,有些在生丝外观质量上即可反映出来,严重影响生丝的色泽;有些则需要从生丝的灰分中测出。

生丝吸附的金属离子,有的并不来自天然水源,而来自制丝生产过程中金属零部件遇水后的微量溶出物。金属离子被丝条吸附后,存在于生丝的丝胶中,大部分可在生丝精练过程中与丝胶同时除去,残留在丝素中的金属离子的量甚微。一般认为,金属离子对生丝质量的影响主要包括以下几个方面。

(1)在煮茧、缫丝、复摇三个工序中,缫丝用水对生丝的外观质量影响最大。

(2)从水质对生丝外观质量的影响来看,地下水的影响大于地面水。

(3)不同的离子对生丝色泽和手感有不同的影响。一般认为钙离子影响生丝的色泽和手感。钙离子含量低于 30mg/L 时,光泽、手感较好;镁离子往往使生丝的丝色白带乳色透微红;钠离子使丝色白带微绿透微黄,光泽明,手感较好;铝离子使丝色白带乳色略灰;铜离子使丝色白带乳色透微红;锰离子使丝色带微绿色;铁离子使丝色白带黑灰,光泽暗。因此,需要控制水中金属离子的含量。

7. 硫酸根 硫酸根是水中常见的阴离子之一,除了水源中本身含有外,在水处理过程中,若添加硫酸铝、硫酸亚铁、明矾、聚硫铝等硫酸盐类混凝剂,那么水中就引入了硫酸根。一方面,硫酸根对丝胶的膨润溶解有抑制作用,含量过大时影响生丝的手感和煮茧质量。另一方面,若水中硫酸根含量高,亦表明此水中含杂质的复杂程度增加,是水质不好的一种体现。因此,需要控制硫酸根的浓度。

8. 氯离子 虽然水中普遍存在氯离子,但不同水源中氯离子的含量差异很大。少量氯离子的存在对丝胶的膨润溶解有促进作用,但随着氯离子含量增加,茧层丝胶溶失率有一定的下降趋势,但浓度再逐渐加大时,茧层丝胶溶失率无显著变化,反而影响煮茧质量和生丝的丝色。

9. 有机物 天然水中所含有机物大部分是动植物腐烂后分解产生的。用含有机物的水制丝,有机物易被丝条吸附,使生丝色泽恶化,外观质量大大下降。在制丝用水水质标准中,反映水中有机物含量的指标为 $KMnO_4$ 需氧量,许可值是 8mg/L 以下。含量过高时,可以对水进行混凝净化处理。

二、制丝用水对水质的要求

制丝用水的水质对生丝的外观、手感、品质及生产效率等都有较大的影响。因此,选择适合制丝生产的水质,控制水中各种杂质的含量,对制丝生产的顺利进行有重要的作用。对于新建丝厂,在厂址选择时,就应考虑水源的情况和水处理设备。在一般情况下,制丝生产对于水质的要求见表9-8。

表9-8 制丝用水对水质的要求

项目	允许值	项目	允许值
透明度(cm)	70 以上	镁 Mg^{2+}(mg/L)	6 以下
pH 值	6.5~7.6	锰(mg/L)	0.15 以下
电导率(μS/cm)	50~500	铜 Cu^{2+}(mg/L)	0.3 以下
总硬度(°dH)	2~10	钙 Ca^{2+}(mg/L)	25 以下
总碱度(°dH)	2~8	铝 Al^{3+}(mg/L)	0.4 以下
游离 CO_2(mg/L)	45 以下	Cl^-(mg/L)	100 以下
$KMnO_4$耗氧量(O_2 mg/L)	10 以下	SiO_2(mg/L)	40 以下
总铁(mg/L)	0.3 以下	SO_4^{2-}(mg/L)	30 以下

对于一般丝厂而言,检测所有项目显然是比较困难的,因此,需要间隔一定期限测定水的透明度、电导率、总硬度和总碱度,并经常检测水的 pH 值。特别是对于废水回用的企业,更应在日常注重检测水的 pH 值。

由于制丝企业在生产中需要用到大量的蒸汽,因此,大部分企业用锅炉生产蒸汽。对于锅炉用水,应该达到国家标准 GB 1576—2008《工业锅炉水质》对水质的要求。

第四节　丝厂水质分析

丝厂的原水、经处理后的生产用水、锅炉给水和炉水都要定期进行分析,保证水质符合用水部门的要求。工厂用水的水质分析,一般是以定量分级为主。本节介绍丝厂用水分析的常用方法。

一、水样的采取与保管

使用正确的采样方法及很好地保管水样,是保证分析结果准确地反映水中被测定物质真实含量的必要条件。采样及保管的方法如下。

(1)一般成分测定用量为 2L。如作简单分析,用量为 500~1000mL。水样瓶采用无色带磨口玻璃塞的干净细口瓶。

(2)取样时,水缓缓注入瓶中,并注意勿使砂石、浮土颗粒或植物等进入瓶中。水样注入瓶中时,不要把瓶子完全装满(水面距离盖子不少于2cm),以防止水温及气温改变时将瓶塞挤掉。

(3)采集自来水或具有抽水设备的水时,应先放水数分钟,使积留在水管中的杂质冲洗出去,然后采集水样。

(4)采集河、湖表层的水样时,应将水样瓶浸入水下 20~25cm 处,再将水样装入瓶中。如遇水面较宽时,应在不同的地点分别采集,使水样具有代表性。

(5)取好的水样要将瓶盖塞紧,并及时分析,以防止水样放置太久后成分发生变化。如需转送他处分析,则需用石蜡或火漆封口。在运送途中仍要注意防止水样变质,不使封口破损,并应存放在不受光线直接照射的阴凉处,要求贮存时间不超过24h。

二、丝厂水质分析中主要项目的测定原理

水质分析中有关于物理、化学和生物等各方面的项目。工业用水的分析项目中,物理性质的测定项目主要有水的浑浊度(或透明度)、色、味和温度。化学成分的测定项目主要有 pH 值、总硬度、总碱度、重金属离子(特别是铁离子、锰离子)及 SO_4^{2-}、Cl^-、有机物等的含量,本节着重讨论测定原理。

(一)透明度与浑浊度的测定

透明度和浑浊度是从两个不同的方面来表示水中引起浑浊的物质的多少。

1. 透明度 清洁的水是透明的。当水中含有悬浮物质和胶体物质时,水的透明度就要降低。水中这些物质含量愈多,则水的透明度愈小,水的浑浊度愈大。因此,测出了水的透明度便可查表换算成水的浑浊度。测定水的透明度的方法有塞氏盘法、铅字法、十字法。其中十字法测水的透明度最为方便,所用的仪器为透明度计。在一根长度为50cm(或100cm)、内径为3cm的玻璃管上刻以 cm 为单位的刻度。管底下放一个白瓷片,片上具有宽度为1mm的黑色十字和四个直径为1mm的黑点,形成米字状。测定时,将水振荡均匀,倒入玻璃管内,眼睛自管口垂直向下看,直到十字完全消失为止。除去水内空气泡后,开启弹簧夹,逐渐将水从下面放出,直到能清晰地看到十字,而四个黑点尚不能看见为止。记下此时的水柱高度,即为水的透明度。所以水愈清,透明度愈大;水愈浑,透明度愈低。

2. 浑浊度 浑浊度表示水中悬浮物质和胶体物质对光线透过时所产生的阻碍程度。浑浊度不仅和该物质在水中的含量有关,而且和这些物质的颗粒大小、形状和表面反射性能有关。对天然水来说,悬浮颗粒总是大小混杂的,所以主要还是决定于悬浮物质的含量。为统一标准起见,以一升蒸馏水中含有1mg 二氧化硅(一般以精制高岭土即漂白土为标准,粒度为74~62μm)为一个浑浊度单位。水的浑浊度可以用浊度仪进行测定。浑浊度与透明度可以相互转换。

(二)碱度的测定

水中由于 OH^-、CO_3^{2-}、HCO_3^- 的存在而引起水的碱度。当水中加入适当的指示剂后,用标准酸溶液(如 0.05mol/L 的 H_2SO_4 或 0.1mol/LHCl)滴定时,则可分别测出水中 OH^-、CO_3^{2-}、HCO_3^- 的含量,因为当水中加入酸时,H^+ 与 OH^-、CO_3^{2-}、HCO_3^- 起作用,反应式如下:

与 OH^- 反应为: $\quad H^+ + OH^- \rightarrow H_2O \qquad\qquad (1)$

与 CO_3^{2-} 反应为: $\quad H^+ + CO_3^{2-} \rightarrow HCO_3^- \qquad (2)$
$$H^+ + HCO_3^- \rightarrow CO_2\uparrow + H_2O \qquad (3) \left.\right\} 2H^+ + CO_3^{2-} \rightarrow H_2O + CO_2\uparrow$$

与 HCO_3^- 反应为: $H^+ + HCO_3^- \rightarrow CO_2\uparrow + H_2O\,(4) \qquad (4)$

在这些过程中,反应分两个阶段进行。当(1)、(2)两个反应终了时 pH 值为8.3;当反应(3)终了时 pH 值为3.9。所以滴定时可选用在这两个 pH 值范围变色的指示剂,一个为酚酞,一个为甲基橙,酚酞由红色变为无色时指示(1)、(2)反应终了,但酚酞不能指示反应(3)的完成,只有甲基橙才能反映出第三个反应的终点。因此,使用此法测定碱度时,可先加酚酞,滴定

至溶液由红色变为无色时,记下滴定时标准酸溶液消耗的体积;再加甲基橙,用标准酸溶液继续滴定,直至溶液由黄色变为橙色为止。这样就可根据标准酸溶液消耗的量分别算出 OH^-、CO_3^{2-}、HCO_3^- 的含量。如果一开始就用甲基橙做指示剂,那么变色时三个反应都完成,所测得的碱度为总碱度。水中碱度的相互关系见表 9 - 9。

表 9 - 9　水中各种碱度的相互关系

M 和 P 之间的关系	水中各种碱度的滴定值(mL)		
	OH^-	CO_3^{2-}	HCO_3^-
$P = 0$	0	0	M
$P = M$	0	2P	0
$P < M$	0	2P	M - P
$P > M$	P - M	2M	0
$M = 0$	P	0	0

注　P 是用酚酞做指示剂滴定时所用标准酸溶液的毫升数;M 是在酚酞做指示剂滴定后加甲基橙指示剂,再滴定时所耗用标准酸溶液的毫升数。

(三) 总碱度和钙、镁、硫酸根离子含量的测定

丝厂水质分析中,一般采用乙二胺四乙酸(EDTA)络合滴定法测定 Ca^{2+}、Mg^{2+}。因 EDTA 在水中的溶解度小,在分析测定时常采用乙二胺四乙酸的二钠盐,分子式为 $C_{10}H_{14}N_2O_8Na_2 \cdot 2H_2O$,结构式如下:

$$NaOOCH_2C \quad CH_2COONa \cdot {}^{H_2O}_{H_2O}$$
$$N-CH_2-CH_2-N$$
$$HOOCH_2C \quad CH_2COOH$$

它易溶于水,且易提纯。EDTA 可以用 H_4Y 表示,EDTA 二钠盐则以 Na_2H_2Y 表示,习惯上二者统称为 EDTA。EDTA 能离解出 H^+,所以它的水溶液呈酸性。EDTA 能在适当的 pH 值范围内与很多金属离子生成络合物。EDTA 与金属离子络合后生成可溶性的络合物,其配位数一般为 4 或 6,以二价金属离子的络合物为例,其结构式如下。

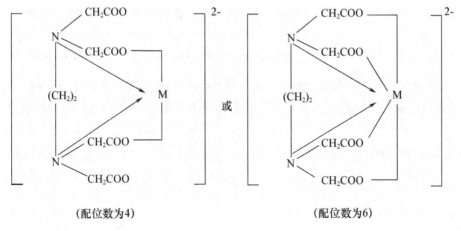

（配位数为4）　　　　　　　　　　（配位数为6）

　　通常以摩尔浓度来表示 EDTA 溶液的浓度,并且用摩尔分子数相等的原则进行计算。但 EDTA 与无色金属离子络合时生成的络合物也是无色的,反应终点不能明示,需要借助能与金属离子形成有色络合物的指示剂来指示终点。但形成的有色络合物没有 EDTA 与此金属离子形成的络合物稳定。当溶液中还存在着指示剂与此金属离子的络合物时,EDTA 的加入,就能将此金属离子从它与指示剂的络合物中夺取出来,形成 EDTA 与该金属离子的络合物,使指示剂游离出来。由于指示剂本身具有的颜色和金属离子与指示剂形成的络合物的颜色不同,所以当用 EDTA 滴定时,从溶液颜色的改变就可知道等电点的到达。在用 EDTA 作络合滴定时,不同离子与 EDTA 形成稳定络合物时溶液的 pH 值不一样。若要测定某一金属离子,必须选用使络合物最稳定的 pH 值来进行测定,故应控制滴定反应时的溶液 pH 值在一定范围内。而且 EDTA 与金属离子络合时产生 H^+,会使溶液中 $[H^+]$ 增加。为了滴定时溶液稳定在某一 pH 值范围内,故一般要在被滴定的溶液中加入缓冲溶液,以保持 pH 值不变。但由于 EDTA 可以与许多金属离子络合,故在测定某种金属离子含量时,如溶液中含有其他金属离子,往往会干扰测定。因此,必要时在测定前应先加入某些掩蔽剂,以减少影响。

　　碱度的测定也可以采用酸碱滴定法。其原理是在水样中加入酚酞或甲基橙指示剂,用酸的标准溶液进行滴定。当达到一定的 pH 值时,指示剂的颜色变化则表示某一化学计量点的到达。一般先以酚酞作指示剂,至 pH = 8.3,再以甲基橙作指示剂至 pH = 4.0,两者消耗盐酸的总量得到的碱度为总碱度。

　　测定水的总硬度时,调节水的 pH 值在 10 左右(用氨—氯化铵缓冲溶液)。此时 EDTA 能与 Ca^{2+}、Mg^{2+} 络合,并且最后能把 Mg^{2+} 从它与指示剂铬黑 T 的络合物中夺取出来,生成游离的铬黑 T,溶液的颜色由红经红紫变蓝,终点很为明显。EDTA 本身无色,EDTA 与 Ca^{2+}、Mg^{2+} 的络合物也无色,在 pH 值为 10 时,铬黑 T 指示剂本身为蓝色,且铬黑 T 指示剂能与 Mg^{2+} 形成红色络合物。

　　在测定硬度时如存在较多的干扰物质,影响终点观察时,则需要采取适当方法排除干扰。如水质硬度较高,而经稀释后干扰物质的浓度可降低到允许浓度以下时,一般采用稀释的办法来解决有机物的干扰;如有机物量多时,则可取适当水样蒸干,用 600℃灼烧至有机物完全氧化,再用 HCl 溶解,然后调节 pH 值进行测定;一般也采取如下办法抵抗水样中某些金属离子的干扰,加盐酸羟胺溶液消除锰离子的干扰;加氨基三乙醇消除铁的干扰;加硫化钠溶液消除微量铜的干扰。

　　EDTA 还可以测定水中的 SO_4^{2-}。SO_4^{2-} 是不能与 EDTA 作用的。当水中存在 SO_4^{2-} 时可先加入一定量(过量的)氯化钡溶液,使 SO_4^{2-} 全部生成 $BaSO_4$ 沉淀,剩余的 Ba^{2+} 在 pH 值 = 10 时可用 EDTA 标准溶液滴定,然后根据加入的 $BaCl_2$ 的量与剩余 $BaCl_2$ 的量的差值,间接计算 SO_4^{2-} 的含量。指示剂仍是铬黑 T,虽然铬黑 T 与 Ba^{2+} 生成的络合物不显色,但在氯化钡溶液中同时加入已知量的 $MgCl_2$ 即可较明显地判断终点。在反应中由于水样中的 Ca^{2+}、Mg^{2+} 也与 EDTA 反应,所以滴定后在 EDTA 的消耗量中还应扣除水中 Ca^{2+}、Mg^{2+} 所消耗的 EDTA 的量(相当于水的总硬度)。

　　用 NaOH 溶液调节 pH 值为 12 时,使水样中的 Mg^{2+} 变成难溶的氢氧化镁沉淀,再选用一种在 pH 值为 12 时能与钙离子络合的钙指示剂,就能测出水样中 Ca^{2+} 的含量。因为这种指示剂与 Ca^{2+} 生成的络合物比 Ca^{2+} 与 EDTA 生成的络合物要不稳定。

在溶液中滴加 EDTA 时,最后就可把 Ca^{2+} 从指示剂的络合物中夺取出来,使指示剂游离。故当到达终点时,呈现出游离的指示剂颜色。从 EDTA 耗用量就可直接求得 Ca^{2+} 的含量。在测定总硬度时已测得了 Ca^{2+}、Mg^{2+} 含量之和,当 Ca^{2+} 含量测得后,从总硬度与 Ca^{2+} 含量之差即可求得 Mg^{2+} 的含量。根据硬度的大小,可以对水进行分类。硬度在 4°dH 以下的为最软水,4 ~ 8°dH 为软水,8 ~ 16°dH 为稍硬水,16 ~ 30°dH 为硬水,超过 30°dH 为最硬水。

(四)氯离子含量的测定

水质分析中 Cl^- 的含量是经常测定的项目之一。其测定方法可以参照国家标准 GB 11896—1989《水质　氯化物的测定　硝酸银滴定法》。其测定原理是利用 $Cl^- + Ag^+ \longrightarrow AgCl \downarrow$ 的反应。在中性至弱碱性范围内(pH 值为 6.5 ~ 10.5),用硝酸银标准溶液滴定,以铬酸钾做指示剂。白色氯化银的溶解度小于红色铬酸银,当溶液中 Cl^- 和 CrO_4^{2-} 同时存在时,加入的 Ag^+ 首先产生 AgCl 沉淀。只有当溶液中 Cl^- 被完全沉淀后,CrO_4^{2-} 才开始与 Ag^+ 作用,生成红色的 Ag_2CrO_4 沉淀。故当用硝酸银标准溶液滴定至溶液中开始产生红色沉淀时,即说明 Cl^- 的滴定已经完成。但这时加入的 Ag^+ 已开始过量,故在测定 Cl^- 的计算中,必须把这刚过量的 Ag^+ 除去。为此,测定时要做空白滴定,一般以蒸馏水做空白样。

(五)需氧量的测定

水的需氧量在一定程度上反映了水中所含可被氧化的物质的数量。这些还原性物质包括腐殖质、其他有机物以及无机物如 NO_2^-、Fe^{2+} 等。需氧量的数值会随所加氧化剂的种类、浓度、氧化时的温度、接触氧化剂的时间以及有机化合物分子结构等因素的不同而有很大的差别。因此,按分析方法所得的需氧量仅能表示一部分有机物的数量。根据所用氧化剂的不同,测得的需氧量常分别称为高锰酸钾需氧量(天然水的需氧量常用此法测定)、重铬酸钾需氧量(生活污水与工业废水的需氧量常用此法测定)或强磷酸—碘酸分解法测定需氧量。

需氧量的测定方法以高锰酸钾法操作最为简单,可以参照国家标准 GB/T 5750.7—2006《生活饮用水标准检验方法　有机物综合指标》。其原理是高锰酸钾为强氧化剂,在加热时有机物可被氧化。在酸性溶液中其氧化反应可用以下示意式表示(式中的 C 指有机物质):

$$4 KMnO_4 + 6H_2SO_4 + 5C \longrightarrow 2K_2SO_4 + 4 MnSO_4 + 6H_2O + 5 CO_2 \uparrow$$

氧化后过剩的 $KMnO_4$ 用草酸钠还原,再用 $KMnO_4$ 标准溶液滴定过剩的草酸钠,这称为回滴法。反应式如下。

$$2 KMnO_4 + 5 Na_2C_2O_4 + 8H_2SO_4 \longrightarrow 5 Na_2SO_4 + K_2SO_4 + 2 MnSO_4 + 8H_2O + 10 CO_2 \uparrow$$

当水中 Cl^- 含量较高时(300mg/L 以上),在酸性溶液中氧化可以引起下面的反应,影响测定而使结果偏高。

$$2 MnO_4^- + 16H^+ + 10 Cl^- \longrightarrow 2 Mn^{2+} + 8H_2O + 5 Cl_2 \uparrow$$

为了避免这一干扰,水样可先加蒸馏水稀释,使 Cl^- 浓度降低;或改在碱性溶液中进行氧化,反应式如下。

$$4 MnO_4^- + 3C + 2H_2O \longrightarrow 4 MnO_2 \downarrow + 3 CO_2 \uparrow + 4 OH^-$$

然后再将溶液变成酸性,加入草酸钠,把二氧化锰和过剩的高锰酸钾还原。

$$MnO_2 + C_2O_4^{2-} + 4H^+ \longrightarrow Mn^{2+} + 2CO_2 \uparrow + 2H_2O$$

从反应式中可以看出,在碱性溶液中进行氧化时,虽然起初生成了二氧化锰,但最后仍被草酸钠还原为二价锰。所以这两个方法的结果还是相同的。

重铬酸钾需氧量常用于衡量废水(包括丝厂废水)中有机物含量。测量方法可以参照中华人民共和国环境保护行业标准 HJ/T 399—2007《水质 化学需氧量的测定 快速消解分光光度法》;也可以用指示剂法进行滴定。重铬酸钾在强酸性溶液中将还原性物质氧化,氧化程度可达 95% ~ 100%,其反应式如下:

$$Cr_2O_7^{2-} + 14H^+ + 6e \longrightarrow 2\,Cr^{3+} + 7H_2O$$

过量的重铬酸钾用硫酸亚铁铵标准溶液回滴,反应如下:

$$Cr_2O_7^{2-} + 14H^+ + 6\,Fe^{2+} \longrightarrow 6\,Fe^{3+} + 2\,Cr^{3+} + 7H_2O$$

以试亚铁灵作指示剂,根据消耗的重铬酸钾的量与空白值之差,可计算出水样中有机物质所消耗的氧的毫克数。用重铬酸钾可将大部分有机物氧化,但直链烃、芳香烃、苯等化合物仍不能被氧化。若加硫酸银作催化剂,直链化合物可被氧化,但对芳香烃类无效。氯化物在此氧化条件下也能被重铬酸钾氧化生成氯气,也需要消耗一定量的重铬酸钾,因而干扰测定。所以,当被测水样中氯化物大于 30mg/L 时,须加硫酸汞来消除干扰,氯离子与所加硫酸汞的重量比是1:10。在测定时为了保证氧化作用的完全进行,需加热回流 2h,加热回流后溶液中重铬酸钾的剩余量为加入量的1/5 ~ 4/5。若废水中有机物含量高,对水样要进行适当稀释后再进行测定。反应时必须保证酸性条件,一般浓硫酸的用量与反应时水样体积之比是 1:1。滴定的平均偏差一般小于 0.1mL。

(六)铁离子含量的测定

通常情况下,采用比色法测定天然水中微量铁离子。该方法灵敏度高,在 50mL 水中含有 2μg 铁也可以测出。用邻啡罗啉($C_{12}H_8N_2 \cdot H_2O$)比色法,可测定亚铁离子含量。如果水中含有高铁离子,可用还原剂(如盐酸羟胺)将高价铁还原成低价铁再测定。邻啡罗啉在 pH 值为 2 ~ 9 的溶液中能与亚铁离子生成稳定的橙红色络离子$[(C_{12}H_8N_2)_3]Fe^{2+}$,溶液的颜色在较长的时间内保持不变。当一定体积的溶液中邻啡罗啉的加入量一定时,产生的络合物所呈的颜色与 Fe^{2+} 的含量成正比。与已知浓度的标准亚铁离子溶液配成的色阶进行比较,就可以测得水样中 Fe^{2+} 的含量。

此外,采用硫氰酸盐法则可测定 Fe^{3+} 的含量,因 Fe^{3+} 与硫氰酸根(SCN^-)可生成血红色的络合物。在酸性溶液中 SCN^- 浓度一定时,它与 Fe^{3+} 生成的络合物颜色的深浅与 Fe^{3+} 含量成正比,因此可用于 Fe^{3+} 含量的测定。如水样中含有 Fe^{2+} 时,可用氧化剂(如固体过硫酸铵或高锰酸钾溶液)将 Fe^{2+} 氧化成 Fe^{3+},再进行测定。但此法易受酸类、氯化物等的干扰,且溶液不能较长时间放置,否则会褪色。

(七)pH 值的测定

天然水的 pH 值一般在 6.8 ~ 8.5 之间,其大小决定于水中所含 CO_2、HCO_3^- 及 CO_3^{2-} 相对量的关系;其他离子的存在对 pH 值也有一定的影响。

水的 pH 值的测定可用比色法或电位法。比色法的原理是基于各种酸碱指示剂在一定 pH 值范围内显示不同的颜色,反应很灵敏。所以,可在标准 pH 值溶液(缓冲溶液)中加入合适的指示剂,以其所显示的颜色作标准,和水样加相同指示剂所显示的颜色作比较,测出水样的 pH 值。但有些浑浊度高或带色的水样,以及水中存在氧化剂、还原剂时,就不能用比色法来测定 pH 值。

电位法测定 pH 值,是通过测定水中(或溶液中)指示电极与参考电极之间的电位差来进行的。参考电极的电位是恒定的,指示电极的电位则随溶液的 pH 值不同而改变,以此准确测定此两电极所组成的原电池的电动势,就可以测得溶液的 pH 值,在精度要求较高时,用此法测量。

(八) 总含盐量的测定

用离子交换法可以快速测定水的总含盐量,粗略地代替溶解性固体量的测定。这是因为当水样通过氢型阳离子交换剂时,水中的带正电荷离子即与强酸性交换树脂中的氢离子产生离子间的交换作用,交换反应可用通式表示为:

$$nRH + M^{n+} \rightarrow R_nM + nH^+$$

式中:RH——氢型阳离子交换树脂;

M^{n+}——n 阶的金属正离子。

在天然水中所发生的交换反应,一般有以下几种情况。

水中的强酸盐经交换后产生与强酸盐相当量的强酸:

$$RH + NaCl \longrightarrow RNa + HCl$$

$$2RH + Na_2SO_4 \longrightarrow 2RNa + H_2SO_4$$

氢氧化物经交换后产生相当量的水:

$$RH + NaOH \longrightarrow RNa + H_2O$$

碳酸盐类经交换后则产生二氧化碳和水:

$$2RH + Na_2CO_3 \longrightarrow 2RNa + CO_2\uparrow + H_2O$$

$$2RH + Ca(HCO_3)_2 \longrightarrow R_2Ca + 2H_2O + 2CO_2\uparrow$$

因此,经滴定总碱度以后的水样即氢氧化物、碳酸盐已变成硫酸盐或氯化物后,通过阳离子交换剂,然后以标准碱溶液滴定水样中生成的强酸,据此就可以算出水中总含盐量。

第五节 制丝用水的水质改良

如果水质指标不符合制丝用水要求,则需要对制丝用水进行改良。制丝企业对水质进行改良大体分两类:一是除去水中悬浮物和胶体,使水的透明度达到水质标准的要求,这可通过净化处理来达到;二是改变水中溶解物质的"质与量",调整溶解物质数量,通常是对净化后的清水再进一步减少原来溶解物质的含量或是再加入一些必要的物质,这就是软化、去盐及调整碱度等。丝厂一般都有水处理设备,对达不到制丝用水水质要求的原水进行处理。一般的水处理流程如下。

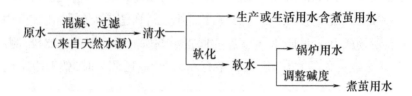

一、水的净化

水的净化是通过混凝、沉淀、过滤来完成的,以去除悬浮物和胶体杂质。

(一)混凝

水的混凝是将水中的悬浮物和胶体用加混凝剂的方法,使其转变为大块沉淀物而析出。混凝包括凝聚和絮凝两个过程,凝聚是指胶体双电层被压缩而脱稳的过程;絮凝是胶体脱稳(或由高分子物质的吸附架桥作用)后聚结成大的絮粒的过程,所以,凝聚是瞬时的,只需化学药剂扩散到全部水中即可;絮凝则不同,它需要一定的时间去完成。但一般情况下两者又不好截然分开,因此常把能起凝聚和絮凝作用的药剂统称为混凝剂。常用的混凝剂有如下几种。

1. 硫酸铝 硫酸铝可含有不同的结晶水,一般用 $Al_2(SO_4)_3 \cdot nH_2O$ 表示,其中 $n = 6$、10、14、16、18 和 27。常用的是 $Al_2(SO_4)_3 \cdot 18H_2O$,比重为 1.61,外观是白色有光泽的晶体,易溶于水,水溶液呈酸性,使用方便,混凝效果好,不会给处理后的水质带来不良影响;但当室温低时,硫酸铝水解困难,形成的凝絮较松散。使用时可以干态或湿态投入水中,湿态投入时,一般采用 $10\% \sim 20\%$ 的浓度,在水的 pH 值范围为 $5.5 \sim 8$ 时使用。

2. 聚合氯化铝 聚合氯化铝的质量要求是产品中的氯化铝在 10% 以上,碱化度为 $50\% \sim 80\%$,不溶物为 1% 以下。聚合氯化铝的化学式是 $[Al_2(OH)_nCl_{6-n}]_m$,其中 n 可取 $1 \sim 5$ 之间的任何整数,m 取小于或等于 10 的整数。聚合氯化铝中 OH^- 与 Al^{3+} 的比值称为碱化度 B,与混凝效果有很大关系。氢氧根离子 OH^- 过少,不利于形成聚合体;氢氧根离子 OH^- 过多,则容易产生沉淀。因此,使用时必须考虑碱化度。聚合氯化铝可以在 pH 值为 $5 \sim 9$ 的范围内使用,对污染严重及不同浊度的原水都可达到良好的混凝效果;且水温低时,仍可保持稳定的混凝效果。投药量一般比硫酸铝要低些。

3. 聚硫铝 是一种改性的聚合氯化铝,产品的碱化度可达 75%,其综合效果比聚合氯化铝更好。

4. 三氯化铁 三氯化铁是一种常用的混凝剂,为黑褐色结晶体,有强烈的吸水性,极易溶于水,其溶解度随温度上升而增加。处理低温水或低浊度水效果比铝盐好。三氯化铁的优点是易沉降,适宜的 pH 值范围也较广;缺点是有较强的腐蚀性,处理后水的色度比用铝盐处理的高,应慎重选用。

5. 硫酸亚铁 硫酸亚铁是半透明绿色结晶体,易溶于水。但混凝效果不如三价铁盐好,且残留于水中的 Fe^{2+} 会使处理后的水带色。

6. 聚丙烯酰胺 聚丙烯酰胺为非离子型聚合物,具有的阳性基团($-CONH_2$),能吸附和架桥分散于溶液中的悬浮粒子,有着极强的絮凝作用,是使用最多的重要的高分子混凝剂。聚丙烯酰胺还可作为助凝剂,与其他混凝剂一起使用,产生良好的混凝效果。一般情况下,当原水浊度低时,宜先投加其他混凝剂,后投加聚丙烯酰胺(相隔时间以 30s 为宜),使杂质颗粒先脱稳并达到一定程度,为聚丙烯酰胺大分子的絮凝作用创造有利条件。如原水浊度高时,宜先投聚丙烯酰胺,后投其他混凝剂,目的在于使聚丙烯酰胺在较高浊度水中充分发挥作用,吸附一部分胶粒,使浊度有所降低,而其余胶粒由其他混凝剂脱稳。由于聚丙烯酰胺的吸附和架桥作用,可降低其他混凝剂的用量。

除了混凝剂外,有时在水处理过程中也使用助凝剂。助凝剂本身可以起凝聚作用,也可以不起凝聚作用,但与混凝剂一起使用时,能促进水的混凝过程,如聚丙烯酰胺。

(二)沉淀和澄清

经混凝处理后的原水,其中微小悬浮物和胶体物质被聚集成较大的固体颗粒,这些固体颗粒依靠重力作用从水中分离出来的过程称沉淀,进行沉淀分离的设备称沉淀池。新形成的沉淀泥渣具有较大的表面积和吸附活性,所以称活性泥渣。活性泥渣对水中尚未脱稳的胶体或微小悬浮物有良好的吸附作用,产生所谓"二次混凝",这种作用称接触混凝。根据这一原理,在水处理设备中使用活性泥渣可使沉淀更加完全并加快沉淀物与水的分离速度,该过程称澄清,其设备称澄清池。实质上沉淀和澄清是同一现象的两种说法,只是区别沉淀方法的不同而已。目前水处理设备中,均采用澄清池。

澄清池一般采用钢筋混凝土结构,按泥渣的工作情况分悬浮泥渣(泥渣过滤)型和循环泥渣(泥渣回流)型两种。悬浮泥渣型澄清池的工作过程是:原水与混凝剂混合后,由下向上通过处于悬浮状态的泥渣层,该悬浮泥渣如同栅栏,截留水中悬浮物质并发生接触混凝,从而可提高出水的上升流速和产水量。循环泥渣型澄清池的工作过程是:泥渣不断与原水中悬浮微粒发生接触混凝作用,加速沉淀物的分离速度。丝厂常用的是水力循环澄清池,它属于循环泥渣型。这种澄清池结构简单,无需机械搅拌设备,操作管理方便。缺点是反应时间短,运行上不够稳定,不能适应处理大水量等。

(三)过滤

过滤是把具有一定浊度的水,通过一定厚度的粒状或非粒状材料而有效地除去悬浮杂质,从而使水变清的过程。这种过滤材料称为滤料,由滤料堆积起来的过滤层称为滤层,起过滤作用的设备称过滤器或过滤池。当过滤层中被截留的悬浮杂质较多时,滤层的孔径被堵塞,水流阻力增大,过滤速度减慢,于是过滤被迫停止。为了恢复过滤能力,需用清水自下而上冲洗滤料,这称反洗。反洗后,过滤设备连续运行的时间称过滤周期。

常用的过滤材料有石英砂和无烟煤。此外,还有去除水中某些杂质的专用滤料,如为除去地下水中的铁,可采用锰砂作滤料;为去除水的臭味和游离性余氯等,采用活性炭作滤料。

二、水的软化

对于硬度超出制丝用水要求的水源,一般需要经过软化处理,软化处理方法主要为离子交换法和石灰—纯碱软化法。

(一)离子交换软化法

离子交换法需要借助离子交换剂来进行。用于水处理的离子交换剂主要是离子交换树脂,包括阳离子交换树脂和阴离子交换树脂。离子交换树脂是人工合成的,它由母体和交换基团两大部分组成。母体即树脂的骨架,是由单体和交联剂共聚而成的多孔性树脂,然后在母体上引入交换基团。如常用的聚苯乙烯型离子交换树脂是由单体苯乙烯,以二乙烯苯为交联剂共聚后,再通过浓硫酸磺化,引入磺酸基团而成的。其反应过程如下。

(磺酸聚苯乙烯树脂)

三维网状结构的高分子母体上以化学键结合着许多交换基团,这些基团中的一部分被束缚在母体上,不能自由移动,称为固定离子;与固定离子以离子键结合的电荷相反的离子称为反离子。反离子在溶液中电离而成为自由离子,在一定条件下,它能与电荷相同的其他离子发生交换反应,故称可交换离子。在上面的反应式中,固定离子为 $-SO_3^-$,可交换离子为 H^+,$-SO_3H$ 合称交换基团。为了书写方便,母体用符号 R 表示,所以磺酸型聚苯乙烯阳离子交换树脂通常可用 $R-SO_3H$ 表示,有时更简单地用 RH 表示。图 9-2 为阳离子交换树脂结构模型的示意图,由图 9-2 可看出,在树脂网状结构的孔隙里充满着水,它和可交换离子共同组成一个高浓度溶液。实际上树脂微细孔隙中的水,应该看作树脂的组成部分,因为树脂孔隙中如果没有水,它就不能起交换作用。

离子交换过程一般按下列五个步骤进行。现以钠型离子交换树脂与水中 Ca^{2+} 的反应为例来说明(图 9-3)。

第一步是溶液中的钙离子向树脂表面迁移并通过树脂表面的边界水膜。

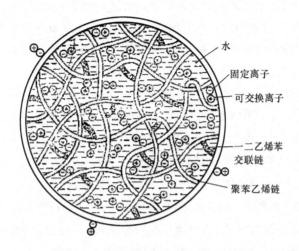

图 9-2 阳离子交换树脂结构模型示意图

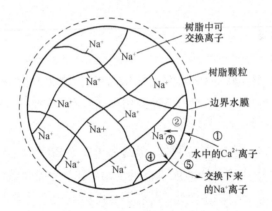

图 9-3 离子交换过程示意图

第二步是钙离子在树脂孔道里移动,到达交换点。

第三步是钙离子与交换基团上的钠离子进行交换反应。

第四步是被交换下来的钠离子从交换点通过孔道向外移动。

第五步是钠离子通过树脂表面的边界水膜进入外部溶液中。

决定离子交换速度的是上述五个步骤中最慢的一步,称控制步骤。在第三步中,钙离子与钠离子间的交换反应速度是非常快的,可瞬间完成,因此,整个离子交换的速度决定于扩散过程速度。通常离子交换过程被两种扩散过程所控制:离子通过附在树脂颗粒表面的边界水膜即第一步与第五步,称膜扩散;另一种是离子通过树脂本身的孔道即第二步与第四步,称孔道扩散,也称内扩散。

(二)石灰—纯碱软化法

对一些硬度高的原水,若用离子交换法软化,往往成本较高。为此,可先用较便宜且易得的石灰与纯碱对水进行预处理,去掉大部分硬度离子,然后再用离子交换法除去残余的硬度离子。

石灰能除去水的碳酸盐硬度,纯碱能除去水的非碳酸盐硬度。反应式如下。

$$Ca(HCO_3)_2 + Ca(OH)_2 \longrightarrow 2CaCO_3 \downarrow + 2H_2O$$

$$Mg(HCO_3)_2 + 2Ca(OH)_2 \longrightarrow 2CaCO_3 \downarrow + Mg(OH)_2 \downarrow + 2H_2O$$

$$CaCl_2 + Na_2CO_3 \longrightarrow CaCO_3 \downarrow + 2NaCl$$

$$MgCl_2 + Na_2CO_3 \longrightarrow MgCO_3 + 2NaCl$$

$$CaSO_4 + Na_2CO_3 \longrightarrow CaCO_3 \downarrow + Na_2SO_4$$

$$MgSO_4 + Na_2CO_3 \longrightarrow MgCO_3 + Na_2SO_4$$

在较高的 pH 值下,$MgCO_3$ 又和 H_2O 作用:

$$MgCO_3 + H_2O \longrightarrow Mg(OH)_2 \downarrow + CO_2 \uparrow$$

从反应式可看出,去掉的硬度离子是以 $CaCO_3$、$Mg(OH)_2$ 的形式沉淀的。但因 $CaCO_3$、$Mg(OH)_2$ 在水中还有一定的溶解度,故硬度不能完全去除。而且用这种方法处理,还有大量的沉淀物要过滤除去,需要的设备多,管理不易。同时这些沉淀物必须在进入交换器之前除掉,故还必须有一定的设备相配合。因此,现在一般较少采用此法。

三、水的其他处理方法

(一)电渗析法除盐

电渗析法是利用离子交换膜的特性,在电场作用下,使水得到除盐的方法。对于含盐量比较高的水,用电渗析法除盐比用离子交换法处理较为经济。有些制丝企业已配备电渗析法除盐的设备。

由离子交换树脂的基本结构和性质可知,湿的离子交换树脂与电解质溶液一样,可以通过离子迁移实现导电。将离子交换树脂做成膜,浸于水溶液中,置于电场内,其上可交换离子将在电场力的作用下发生定向运动,输送电流。当离子交换树脂浸在水中时,对于阳离子交换树脂来说,其固定离子为负离子。这些离子将在离子交换树脂的表面和网孔内部产生电场,在此电场作用下,只有正离子才能进入此离子交换膜,负离子将被排斥在外。同理,对于阴离子交换树脂来说,则只有负离子才能进入,正离子被排斥在外。如果将电解质水溶液用这种离子交换膜隔开,并且在垂直于膜的方向通以电流,使离子移动,则阳离子交换膜(简称阳膜),只允许阳离子透过,而阴离子交换膜(简称阴膜),只允许阴离子透过。离子交换膜的这种性质称离子选择透过性。电渗析法就是利用离子交换膜的这种特性来除去水中离子的。

(二)除铁

地面水中,含有的铁往往呈胶体或有机物状态存在,这种铁可在水的净化处理时,在混凝过程中与其他的悬浮杂质、胶体杂质一起除掉。在地下水中往往含有重碳酸亚铁 $Fe(HCO_3)_2$,要去除这种铁,可利用重碳酸低铁易发生水解而生成氢氧化亚铁,然后进一步氧化成氢氧化铁沉淀而除去。

如水中有足够的溶解氧存在,$Fe(OH)_2$ 很容易被氧化成 $Fe(OH)_3$ 除去。为了使 $Fe(OH)_3$ 沉淀完全,对有些水还可适量加入一些石灰乳,以提高水的 pH 值,使 pH 值稍大于7。常用的方法是把含有 Fe^{2+} 的井水用水泵打上来后,由扁平尖嘴管中喷出,水与空气充分接触(称为曝气),使 CO_2 逸出,并利用空气中的氧气促使 $Fe(OH)_2$ 氧化,经过滤后除去 $Fe(OH)_3$ 沉淀,便可得含铁量低于 0.2mg/L 的水供生产用。

用离子交换法也可去除 Fe^{2+}。如地下水中含 Fe^{2+},用离子交换处理时,必须注意原水不能与空气接触,否则因 Fe^{2+} 氧化,产生 $Fe(OH)_3$ 沉淀,沉淀物沉积在离子交换剂表面,会使交换剂的交换容量降低。如果已发生此种情况,可用稀 HCl 将交换剂浸渍淋洗,以除去沉积的 $Fe(OH)_3$ 沉淀。平时对水中 Fe^{2+} 的除去很少单独进行,一般是在净化、软化时一起考虑除去。在净化中若要除铁,则往往过滤以前进行处理,然后一道过滤,除去各种沉淀。

(三)除 CO_2

在一些制丝企业的水源中,游离 CO_2 含量较高,使水的 pH 值偏低。这种水一般是含盐量较低的浅井水,可采用曝气的办法,使 CO_2 在暴露后逸出,水的 pH 值得到升高。

如果采用氢—钠型离子交换处理,混合配水时,混合水中 CO_2 的去除必须有专门设备,一般用喷淋的方法。

综上所述,原水经以上各种方法处理,水质将得到如下的改善。

1. 混凝处理　去除了悬浮物质、胶体及部分有机物质,透明度提高。溶解于水中的盐类总量基本不变,但水中 SO_4^{2-} 略增加。

2. 软化处理　经钠型离子交换树脂软化后的软水,溶解性盐全部变为钠盐,硬度降低,碱度值不变,但碱度成分均成为 $NaHCO_3$。经氢型离子交换树脂软化后的水,硬度降低,碱度消失,并生成与 Cl^-、SO_4^{2-} 含量相当的强酸,使水的 pH 值下降到 4 以下。因去除了与碱度相关的盐,所以水中溶解性盐含量下降。经氢—钠型离子交换树脂软化后的水,硬度下降,碱度可按需要进行控制,溶解性盐的含量也下降,其中所含的溶解性盐是 NaCl、Na_2SO_4 及与残留碱度相关的碳酸盐。

3. 电渗析法除盐　将水中阳离子、阴离子各去掉一定的百分比,水的总含盐量大大下降,当然总硬度、总碱度和水的电导率也下降。一般将该处理水用于锅炉和煮茧。

以上均是水处理常用的方法。但因丝厂用水有其独特的要求,与锅炉用水要求不同,所以,在水处理后,若还有一些指标不符合煮茧、缫丝用水的要求时,则应作水质调整,使影响制丝生产的主要水质指标符合工艺要求,保证生产用水水质稳定。如水中 Cl^-、SO_4^{2-} 的含量在制丝用水标准允许的范围内,但因水的总硬度、总碱度偏高,经钠型离子交换软化处理后硬度下降,碱度数值虽然不变,但含 $NaHCO_3$ 的水,使硬度碱度的比值相差大,不利于制丝。对这种水应作碱度调整,可采用氢型软水或钠型软水和原水按一定比例混合,使硬度、碱度的比值接近。

思考题

1. 为什么缫丝企业要求水的硬度最好在 4~8°dH?

2. 水的碱度与水的硬度的异同点有哪些?

3. 某制丝企业水质经分析后得如下数据:

pH 值 = 7.4,$[Mg^{2+}]$ = 3.5mg/L,$[Cl^-]$ = 19.0mg/L,$[Ca^{2+}]$ = 20.5mg/L,$[SO_4^{2-}]$ = 6.0mg/L,总铁小于 0.1mg/L,总碱度为 2.48°dH。

请根据这些数据分析,分析水的其他指标。

参考文献

[1]苏州丝绸工学院,浙江丝绸工学院.制丝学[M].2版.北京:中国纺织出版社,1993.

[2]胡琛瑜.茧丝纤度特征数计算方法的探讨及外、中、内层的划分[J].丝绸,1993(10):37-38.

[3]周金钱.浙江省蚕品种的推广及对蚕茧质量的影响[J].丝绸,2010,47(10),26-29.

[4]虞晓华,刘毅飞.雌雄蚕茧茧质和丝质差异性分析[J].纺织学报,2005,26(4):36-38.

[5]陈小龙.雄蚕品种的茧质性状研究及其对雄蚕产业的影响[J].蚕桑通报,2011,42(2):14-18.

[6]陈锦祥.蚕茧干燥工艺讲座——Ⅰ蚕茧干燥的特征[J].丝绸技术,1995(4):55-58.

[7]陈锦祥.蚕茧干燥工艺讲座——Ⅲ工艺配置[J].丝绸技术,1996(2):51-54.

[8]陈锦祥.蚕茧干燥工艺讲座——Ⅳ蚕茧干燥程度[J].丝绸技术,1996(3):53-56.

[9]王小英.新编制丝学[M].北京:中国纺织出版社,2001.

[10]中国纤维检验局.GB/T 9111—2006 桑蚕茧(干茧)试验方法[S].北京:中国标准出版社,1996.

[11]中国纤维检验局.GB/T 9176—2006 桑蚕干茧[S].北京:中国标准出版社,1996.

[12]费万春.混茧与中途落绪次数波动的分析[J].江苏丝绸,2001(4):1-2.

[13]骆莲清.调整选茧方案,适应生丝市场需求[J].广东蚕业,2006,40(1):18-19.

[14]成都纺织工业学校.制丝工艺学[M].北京:纺织工业出版社,1986.

[15]陈文兴,吴鹤龄,戚隆乾.触蒸前处理机理研究[J].丝绸,1992(5):11-14.

[16]营方友,徐炜.解舒剂、抑制剂组合使用提高产品质量[J].江苏丝绸,2002(3):17,20.

[17]浙江省丝绸公司.制丝手册[M].北京:纺织工业出版社,1988.

[18]杭州纺织机械厂,杭州新华丝厂.自动缫丝机理论与管理[M].纺织工业出版社,1985.

[19]徐辉.真丝针织生产技术[M].北京:中国纺织出版社,1996.

[20]成都纺织工业学校.制丝工艺学[M].北京:纺织工业出版社,1986.

[21]黄国瑞.茧丝学[M].北京:农业出版社,1996.

[22]全国纺织品标准化技术委员会.GB/T 1797—2008,生丝[S].北京:中国标准出版社,2008.

[23]全国纺织品标准化技术委员会丝绸分会.GB/T 1798—2008,生丝试验方法[S].北京:中国标准出版社,2008.

[24]苏州丝绸工学院,浙江丝绸工学院.制丝化学[M].2版.北京:中国纺织出版社,1996.